Karl Kuhn
Wilfried Probst
Karl Schilke

Biologie im Freien

J. B. Metzlersche Verlagsbuchhandlung
Stuttgart

Biologie im Freien

herausgegeben vom
Institut für die Pädagogik
der Naturwissenschaften
an der Universität Kiel

bearbeitet von
Prof. Dr. Karl Kuhn, Freiburg
Prof. Dr. Wilfried Probst, Flensburg
Dr. Karl Schilke, Kiel

»Die US-amerikanische Ausgabe von OBIS wurde von der National Science Foundation finanziert, der Lawrence Hall of Science an der Universität von Kalifornien entwickelt und der Delta Education, New Hampshire veröffentlicht.«

Graphische Darstellungen:
Barbara Gay und Rainer Benz, Stuttgart
Redaktion: Gabriele Ernst

CIP-Kurztitelaufnahme der Deutschen Bibliothek

Kuhn, Karl:
Biologie im Freien / Karl Kuhn ; Wilfried Probst ; Karl Schilke. [Hrsg. vom Inst. für d. Pädagogik d. Naturwiss. an d. Univ. Kiel].
– Stuttgart : Metzler, 1986.
ISBN 3-476-30270-9

NE: Probst, Wilfried:; Schilke, Karl:

ISBN 3 476 30270 9

Satz: Typobauer Filmsatz GmbH, Scharnhausen
Lithographie: Graphische Werkstatt, Stuttgart
Druck: Philipp Reclam jun., Ditzingen
Printed in Germany

Bildquellennachweis

S. 49 Kirchner, Prof. Dr. W., Aachen.
S. 84 Grafik nach: Bielitz, H.:
Biologie in der Grundschule. Lehrbogen 14.
G. Kallmeyer Verlag, Göttingen, o. J.
S. 106 Grafik nach: Walter, H.:
Allgemeine Geobotanik, UTB, 1977.
S. 203 Häberle, W., Ostfildern 1.
Alle anderen Fotos
stammen von den Autoren.

Inhaltsverzeichnis

Einleitung

An einem schönen Herbstsonntag gehen Hunderte von Leuten in einer Kastanienallee vor dem Schloß Solitude bei Stuttgart spazieren. Mitten zwischen den herbstlich gefärbten Roßkastanien, deren stachelige Früchte zum großen Teil schon aufgesprungen sind, steht ein Baum in voller Blüte. Neben den Früchten und den verfärbten Herbstblättern sind junge, grüne Triebe mit schönen weißen Blütenkerzen zu sehen. Offensichtlich hat sich der Baum in der Jahreszeit geirrt. Einer der Autoren ist auch unter den Spaziergängern. Die vielen Leute, die vorbeigehen, wundern sich höchstens, was es da wohl besonderes zu fotografieren gäbe. Keinem scheint die Blüte des Kastanienbaumes besonderer Beachtung wert.

Diese Erfahrung zeigt, daß die meisten Menschen heute nicht nur mit Scheuklappen, sondern mit Milchglasscheiben vor den Augen durch die Landschaft gehen. Zwar ist man durch die Medien heute gut informiert über die verschiedensten und entlegensten Aspekte der Erde und des Weltraumes, vom Leben in Tiefseegräben bis zur Rückseite des Mondes. Zu der unmittelbaren Umgebung besteht jedoch eine erstaunliche Beziehungslosigkeit. Darauf wurde schon vielfach hingewiesen. So beklagte Martin Wagenschein schon vor 10 Jahren, daß »neun von zehn Deutschen Monat für Monat den Mond seine Lichtgestalt wandeln sehen und doch lebenslang glauben, in der Schule gelernt zu haben, daran sei der Erdschatten schuld«. »Sieht man bei den einzelnen Studenten genau hin«, so Wagenschein weiter, »so häufen sich die Fälle, bei denen das Wissen zerfallen ist, weil es sich von den Phänomenen abgeschnürt hat.«

Dieser Abschnürungsprozeß, den Wagenschein für die Physik diagnostizierte, hat mittlerweile auch in anderen Bereichen der »Erfahrungswissenschaften« um sich gegriffen, besonders auch in der Biologie. Wie anders etwa wäre ein Befragungsergebnis von über 1000 Studienanfängern im Fache Biologie zu erklären, bei dem sich zeigte, daß 50 % dieser zukünftigen Biologen weniger als 10 Pflanzengattungen richtig benennen konnten (Hesse 1983)?

Es handelt sich hier um mehr als einen Mangel, man könnte diese Abkapselung von der Naturerfahrung schon als die Symptome einer Krankheit deuten. Die einzig hilfreiche Therapie: Kinder und Jugendliche, aber auch Erwachsene, sollten möglichst oft Gelegenheit zur Naturbegegnung, insbesondere aber zur handelnden Auseinandersetzung mit der Natur, bekommen.

Diese Forderung nach unmittelbarer Naturbegegnung ist so alt wie die Biologiedidaktik, hat doch schon Comenius vor 350 Jahren festgestellt, daß die sinnlich erfahrbare Welt Ausgangspunkt allen Lernens sein müsse. Vor mehr als 60 Jahren hat der Reformpädagoge Cornell Schmitt einem ganzen Buch den Titel »Heraus aus der Schulstube« gegeben. Und wenn Winkel heute – wie Wagenschein vor 10 Jahren – fordert, »Rettet die Phänomene«, dann meint er wohl dasselbe wie Pestalozzi, der schon 1782 kritisierte: »Die Schule bringt dem Menschen das Urteil in den Kopf, ehe er die Sache sieht und kennt.«

Heute allerdings, angesichts der drohenden Umweltkatastrophen, hat mangelndes Verständnis für ökologische Zusammenhänge, mangelndes Umweltbewußtsein und vor allem mangelnde Handlungsbereitschaft weiter Kreise der Bevölkerung und der Verantwortungsträger eine andere Brisanz als vor 200 Jahren. Elementarbedingung für ei-

ne individuelle wie letztlich auch kollektive Verhaltensänderung gegenüber der Umwelt – so betont z. B. Meyer-Abich –, ist nicht nur die wissenschaftliche und verstandesmäßige, sondern auch die erlebnishafte Erkenntnis von Naturzerstörung.
Die dazu notwendige sinnliche Wahrnehmungsfähigkeit zu schulen, ist das wichtigste Ziel unseres Buches.

Vorbild für die hier vorgeschlagenen Freilandaktivitäten waren die an der University of California, Berkeley, entwickelten »Outdoor Biology Instructional Strategies«. Diese Aktivitäten wenden sich an Lehrer und Jugendgruppenleiter. Einsichten und Kenntnisse aus den Bereichen Biologie und Umwelt sollen gefördert werden. Dabei wird besonderes Gewicht auf den affektiven Bereich gelegt. Angelehnt an dieses Material wurden von uns die vorliegenden Arbeits- und Spielanweisungen entwickelt. Inhaltlich lassen sie sich folgenden thematisch-methodischen Schwerpunkten zuordnen:

- Beobachten, Sammeln, Ordnen
- Untersuchen und Experimentieren
- Basteln und künstlerisches Gestalten
- Spielen

Ein ganz wichtiges Erfolgsrezept für Biologie im Freien ist das *selbständige Arbeiten* der Lernenden. Gelingt es dem Leiter, durch geeignete Aufgabenstellung und Rahmenbedingungen, solche Selbstaktivität zu erreichen, so ist schon viel gewonnen. Die genaue Beschreibung des Arbeitsablaufs und die Vorschläge für den gezielten Einsatz von Aktionskarten sollen hierbei helfen.
Bei allen Sammel- und Beobachtungsaufgaben, aber auch beim Experimentieren, geht es bei »Biologie im Freien« immer darum, mit der Natur und den Lebewesen schonend umzugehen. Auf diese Weise sollen Umgangsformen mit der Natur eingeübt werden, *Umweltbewußtsein* wird sich allmählich durch Praxis einstellen.
Am *Besonderen* soll das *Allgemeine* sichtbar gemacht werden. Dies gilt für Biologie im Freien natürlich genauso wie für den Unterricht im Klassenraum. Ganz besonders sollte dies beim Praktizieren bestimmter Arbeitsmethoden beachtet werden.
Schließlich ist die *Vielseitigkeit* ein besonderer Vorteil von »Biologie im Freien«. Für den Übergang von Lerninhalten vom Ultrakurzzeit- ins Kurzzeit- und schließlich ins Langzeitgedächtnis ist es wichtig, daß die Informationen dem Zentralnervensystem über mehrere Kanäle angeboten werden (z. B. Vester 1975). Diese Mehrkanalität kann in der Regel beim Biologieunterricht im Freien leichter erreicht werden als im Klassenzimmer. Die Vielseitigkeit kann auch durch Bastelaufgaben erhöht werden, mit deren Hilfe Konstruktions- und Funktionsprinzipien der Natur nachgemacht werden. Das »Lernen aus der Natur« ist älter als die Zwitterwissenschaft Bionik, bei der es um die technische Realisierung natürlicher Vorbilder geht. So hat schon Leonardo da Vinci viele seiner der damaligen Zeit weit vorauseilenden Entwürfe der Natur abgeschaut, zum Beispiel das Prinzip des Fallschirms. Warum sollte man nicht das für die Orientierungsstufe vorgesehene Thema »Verbreitung von Samen und Früchten« dadurch vielseitiger und anregender gestalten, daß man für die Samen ohne natürliche Verbreitungseinrichtungen Flugvorrichtungen konstruieren läßt (s. S. 192ff)?
Die 42 beschriebenen Aktivitäten »Biologie im Freien« wurden von uns in sechs Kapitel gegliedert. Die thematische Gliederung dient in erster Linie der Übersichtlichkeit, soll aber auf keinen Fall eine Einschränkung oder Begrenzung der Anwendungsmöglichkeiten bewirken. Viele Aktivitäten ließen sich auch anders einordnen. So könnte man »Atmung von Wassertieren« statt unter dem Biotop-Thema »Gewässer« auch unter »Anpassung bei Pflanzen und Tieren« einordnen.
Wichtigstes Ziel der Anleitungen ist es, den Entschluß, mit einer Klasse oder einer

Jugendgruppe Biologie im Freien zu machen, zu erleichtern. Zahlreiche Aktivitäten sind in städtischer Umgebung, in unmittelbarer Schulnähe durchführbar. Sie können sich in ein Lehrplanthema einfügen oder helfen, einen Nachmittag mit einer Jugendgruppe zu gestalten.

Unter der Überschrift »Was man wissen sollte« wird – knapp gefaßt – wichtige Sachinformation gegeben. Es folgt unter »Was man braucht« eine Auflistung aller benötigten Materialien. Wir empfehlen, die Materialien, die für eine Aktivität benötigt werden, in einen Karton zusammenzustellen und aufzubewahren. Nach und nach entsteht so eine praktische, da stets sofort einsatzbereite Materialsammlung.

Unter der Überschrift »Was man vorbereiten und bedenken muß« finden Sie wichtige Hinweise, z. B. für die Auswahl des Geländes oder für notwendige Vorbereitungsarbeiten. Unter »Es geht los!« wird dann Punkt für Punkt der Arbeitsablauf geschildert. Gruppenarbeit ist in allen Fällen vorgesehen.

Ein letzter Abschnitt gibt Hinweise für die Auswertung (mit formulierten Fragen und Diskussionsanregungen). Häufig folgen zum Abschluß noch Hinweise auf weiterführende Arbeiten sowie auf Literatur. Sofern gebastelt wird oder Apparate verwendet werden, sind genaue Anleitungen und Skizzen beigegeben.

Zum Abschluß möchten wir den vielen Lehrern, Studenten, Schülern und Jugendgruppenleitern, mit denen wir in den vergangenen fünf Jahren »Biologie im Freien« erprobten, herzlich danken. Ihre oft begeisterte Mitarbeit war bei der Entwicklung dieses Buches eine große Hilfe.

Literatur

Cornell, J. B.: Mit Kindern die Natur erleben. Ahorn, Oberbrunn, 1979.

Hesse, M.: Artenkenntnis bei Studienanfängern. Eine Anregung zur verstärkten Behandlung der Pflanzenarten im Unterricht. BU 19, H. 4, 94-100, 1983.

Meyer-Abich, K. M.: Frieden mit der Natur. Herder, Freiburg, Basel, Wien, 1979.

Outdoor Biology Instructional Strategies, Lawrence Hall of Science, University of California, Berkeley. Publ.: Delta Education, Nashua, New Hampshire, 1981.

Wagenschein, M.: Naturphänomene sehen und verstehen. Genetische Lehrgänge. Stuttgart, 1980.

Winkel, G.: Rettet die Phänomene – der Schüler und der Umwelt wegen. Vortrag auf dem Symposium »Wege zur Naturerziehung«. Berlin, 16.–18. 5. 1985 (Vervielfältigtes Manuskript).

Anpassung bei Pflanzen und Tieren

Erfinde ein getarntes Tier

Phantasietiere, die sich unauffällig in eine bestimmte Umgebung einfügen, werden von zwei Gruppen gebastelt, versteckt und anschließend von der jeweils anderen Gruppe gesucht.

Ort:
Park, Wiese mit Hecken, Waldrand

Jahreszeit:

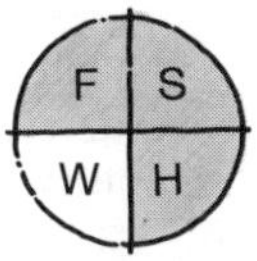

Gruppengröße:
10 bis 20

Alter:
ab 8 Jahren

Zeitbedarf:
45 bis 60 Minuten

Was man wissen sollte

In einem Lebensraum wie z. B. einer Wiese, einer Hecke oder einem Waldsaum, leben zahlreiche Pflanzen und Tiere zusammen. Viele der Tiere sind so gemustert und gefärbt, daß sie sich von ihrer Umgebung kaum abheben. Der grüne Laubfrosch, der reglos an einem Zweig sitzt oder der Hase, der sich in eine Ackerfurche duckt, sind nur schwer zu erkennen. Manche Schmetterlingsraupen (z. B. Holunderspanner, Schlehenspanner) sind in Schreckstellung von einem abstehenden dürren Ästchen in Form und Farbe kaum zu unterscheiden.
Getarnte Tiere haben eine größere Chance, zu überleben und sich fortzupflanzen, als andere.

Was man braucht

Materialien zum Bilden der Tierkörper
(z. B. Kartoffeln, unreifes Fallobst,
Kastanien, Fichtenzapfen u. a.);
Fingerfarben (je mehr verschiedene
Farbtöne, desto besser,
zumindest die Farben grün und braun);
Zahnstocher,
Bindedraht (Blumengeschäft);
Klebstoff;
Wollreste verschiedener Farben;
nasse Handtücher in Plastikeimern
zum Abwischen der Hände.

Für die Ergänzung:

mehrere Ski- oder Schutzbrillen mit farbigen Einlagen aus Cellophanfolien, die man in Bastelläden kaufen kann.

Was man vorbereiten und bedenken muß

Wählen Sie, bevor Sie mit dem Spiel beginnen, zwei Lebensräume aus, die sich deutlich in der Struktur und der Farbe des Untergrundes unterscheiden, wie z. B. einen Rasen und einen mit dürrem Laub bedeckten Boden unter Hecken und Büschen.
Die beiden Lebensräume sollten so weit voneinander entfernt oder durch Büsche und Bäume getrennt sein, daß die Mitglieder der einen Gruppe nicht sehen können, wo die andere Gruppe ihre Tiere versteckt.

Es geht los!

Zielsetzung

1. Erklären Sie allen Teilnehmern die Idee des Spiels.
   Es sollen Tiere gebastelt und mit Fingerfarben bemalt werden. Sie sollen sich so gut in ihre Umgebung einfügen, daß sie kaum auffallen.
   Manche Tiere sind so gut getarnt, daß wir sie nur schwer finden. Fragen Sie die Teilnehmer nach Beispielen oder nennen Sie selbst welche.
2. Nennen Sie kurz die Spielregeln:
   - Wir bilden zwei gleich große Gruppen.
   - Jede Gruppe wird ihren eigenen, genau abgesteckten Lebensraum mit Phantasietieren bevölkern.
   - Jeder Mitspieler sucht sich innerhalb des ihm zugewiesenen Lebensraums einen Platz für sein »Tier«.
   - Jeder Spieler erfindet und bastelt ein »Tier«, das sich so gut in die Umgebung einfügt, daß es kaum zu sehen ist.
   - Das Tier wird versteckt, darf aber nicht eingegraben werden, sondern muß frei dasitzen.

   Haben beide Gruppen ihre »Tiere« versteckt, dann wechseln die Gruppen die Plätze und suchen die Tiere der anderen Gruppe. Gewonnen hat die Gruppe, die ihre »Tiere« am besten getarnt hatte.

Das Basteln und Verstecken der Tiere

1. Zeigen Sie allen Teilnehmern die Materialien, die zum Herstellen der Tiere zur

Verfügung stehen. Weisen Sie darauf hin, daß zusätzlich natürliche Materialien wie z. B. Blätter, Zweige, Rindenstücke u. ä. verwendet werden dürfen. Die Fingerfarben dürfen gemischt werden, Erde kann in die Farben eingerührt werden.
Alle Phantasietiere müssen zwei deutliche, etwa linsengroße Augen haben. (Wenn nötig, können weitere Einschränkungen gemacht werden wie z. B.: alle Tiere müssen mindestens eine Handspanne lang sein oder der Körper muß aus einer Kartoffel (Kiefernzapfen, Kastanie) gebildet werden.
2. Teilen Sie die Gruppe in zwei Mannschaften auf. Jede Mannschaft geht zu ihrem »Lebensraum«, der klar abgesteckt ist.
3. An jede Mannschaft werden die Materialien zum Basteln und Tarnen der Phantasietiere ausgeteilt.
4. Gehen Sie von Mannschaft zu Mannschaft, und ermutigen Sie die einzelnen Teilnehmer, sich die Stelle genau anzusehen, an der sie ihre Tiere aussetzen wollen und entsprechende Formen und Farben zu wählen. Ermuntern Sie alle Teilnehmer, auch natürliche Materialien mitzuverwenden.
5. Sind alle »Tiere« fertig, dann werden sie versteckt. Weisen Sie nochmals darauf hin, daß die Tiere nicht eingegraben werden dürfen.

Die Jagd nach den Tieren

1. Rufen Sie alle Teilnehmer zusammen, sobald alle »Tiere« versteckt sind. Die beiden Mannschaften wechseln die Lebensräume. Auf ein Signal dringen die Spieler in die fremden Gebiete ein und versuchen als Beutegreifer soviel wie möglich von den Phantasietieren zu erbeuten. Die gefundenen Tiere werden in einer Ecke des Spielfeldes gesammelt.
2. Brechen Sie nach 5 bis 10 Minuten das Spiel ab, wenn der größte Teil der Tiere gefunden wurde. Lassen Sie die Beutetiere zählen. Welche Mannschaft hatte die Tiere am besten getarnt?
3. Zum Abschluß werden die restlichen Tiere gesucht, die offensichtlich sehr gut getarnt waren. Die »Erfinder« und die Jäger gehen zunächst zu einem der beiden Spielfelder. Die Erfinder der gut getarnten Tiere dürfen den Jägern helfen, indem sie z. B. rufen: »wärmer«, »kälter«. Die restlichen Tiere auf dem zweiten Spielfeld werden gesucht. Die Tiere, die erst beim zweiten Durchgang gefunden wurden, werden extra gelegt.
4. Zur abschließenden Diskussion werden alle Teilnehmer zusammengerufen. Die Phantasietiere beider Gruppen werden nebeneinander gelegt, wobei die schwer zu findenden Tiere gesondert bleiben.

Je besser die Tarnung, um so größer die Sicherheit

Sprechen Sie zum Abschluß noch einmal mit der ganzen Gruppe über den Verlauf des Spiels. Die Zusammenstellung folgender Fragen kann eine Anregung für Sie sein:
1. Warum waren einige Tiere leicht zu finden, während andere nur schwer aufzuspüren waren? Vergleiche die Tiere, die im ersten Durchgang des Spieles gefunden wurden mit denen, die erst in der zweiten Runde ausgemacht werden konnten.
2. Vergleiche die Phantasietiere von den beiden Spielfeldern miteinander. Inwiefern unterscheiden sie sich voneinander? Begründe!
3. In welch' anderem Lebensraum wäre das eine oder andere Tier auch gut getarnt gewesen?
4. Welche Tiere hätten am ehesten überlebt, wenn Du Beutegreifer gewesen wärst?
5. Hast Du beim Suchen lebende Tiere gefunden, die gut getarnt waren? Beschreibe sie!
6. Kennst Du Tiere, die gut getarnt sind? Was weißt Du von Ihnen?

Was man noch tun kann

1. Wechsel der Lebensräume
   - Sagen Sie allen Mitspielern, daß durch eine Naturkatastrophe wie z.B. einen Sturm oder eine Überschwemmung alle Tiere in einen fremden Lebensraum verfrachtet wurden.
   - Die beiden Mannschaften wechseln ihre Spielfelder. Jeder Spieler sucht für sein Tier einen geeigneten Platz.
   - Geben Sie den beiden Mannschaften genau so viel Zeit zum Suchen wie beim ersten Spiel.
   - Vergleichen Sie die Ergebnisse der beiden Spiele.
2. Jäger mit farbigen Brillen
   Nur wenige Tiere sehen die Welt in den gleichen Farben wie wir. Viele Tiere können nur wenige Farben unterscheiden, einige sind völlig farbenblind.
   - Eine Mannschaft setzt ihre Tiere in ihrem Spielfeld aus.
   - Die Jäger tragen Skibrillen, in die Farbfolien eingelegt sind. Besonders geeignet sind Rot- und Grünfolien.
   - Die Ergebnisse werden mit denen der vorausgehenden Spiele verglichen. Welche Tiere waren jetzt am besten angepaßt?

Verkriech Dich oder stell' Dich tot

Viele Tiere stellen sich tot, um einem Beutegreifer zu entkommen. Um das tierische Verhalten besser verstehen zu können, wird es zunächst in einem Fangspiel simuliert.

Ort:

Waldrand, Ödland; ebene Fläche in der Nähe

Jahreszeit:

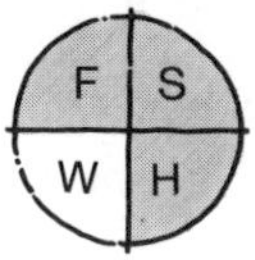

Gruppengröße:

15 bis 20

Alter:

ab 10 Jahren

Zeitbedarf:

60 Minuten

Was man wissen sollte

Bei dieser Aktivität geht es um das Fluchtverhalten von Tieren, die im Verborgenen leben: Spinnen, Asseln, Käfer, Grillen, Schnecken und Würmer sind z. B. solche Tiere im Verborgenen. Man findet sie unter gefällten Baumstämmen ,Brettern, Holzstükken und Steinen. Viele dieser Tiere sind vor allem nachtaktiv und suchen tagsüber Schutz in nachtähnlicher Umgebung, wo es kühl, feucht und dunkel ist. Durch plötzliches Umdrehen eines Steines kann man diese Tiere sichtbar machen. Einige reagieren auf diese plötzliche Veränderung ihres Lebensraumes durch schnelles Fortlaufen. Andere jedoch verharren bewegungslos, sie erstarren. Die fliehenden Tiere versuchen, möglichst rasch wieder einen Unterschlupf zu finden, in dem sie für ihre Beutegreifer unsichtbar sind. Die erstarrenden Tiere »hoffen« darauf, daß sie in unbeweglichem Zustand von ihrer Umgebung nicht unterschieden werden und so dem Beutegreifer entgehen können. Die beigegebenen Abbildungen zeigen einige häufige Tiere, die man beim Umdrehen von Steinen und Hölzern finden kann.

Was man braucht

Für jede Teilgruppe (2–3):

2 große Behälter, eventuell klappig aufgeschnittener Milchkarton, beschriftet (s. u.)

Für die ganze Gruppe:

2 helle, mindestens 7 m lange Seile (Wäscheleine)
mehrere Petrischalen aus Plastik
1 Lupe
1 Federstahlpinzette
1 Pinsel

Was man vorbereiten und bedenken muß

Für das Spiel »Verkriech Dich oder stell' Dich tot« benötigt man ein ziemlich ebenes Gelände von wenigstens 15 m × 5 m Fläche. In der Nähe sollte ein Gebiet mit vielen Steinen, umgefallenen Baumstämmen, Hölzern, Brettern oder ähnlichem liegen. Prüfen Sie durch Umdrehen dieser Gegenstände, ob darunter verschiedene Tierarten zu finden und zu beobachten sind.
Stellen Sie aus einem Karton (z. B. einem ausgewaschenen Milchkarton) eine Aufbewahrungsschachtel für die gefangenen Tierarten her. Schneiden Sie dazu entlang von zwei kurzen und einer langen Kante den Karton auf, so daß der Deckel hochgeklappt und heruntergeklappt werden kann (vgl. Abb.).

Schreiben Sie auf die Innenseite des Deckels das Wort »Tiere im Verborgenen«, so daß man es in zugeklapptem Zustand nicht lesen kann. Schreiben Sie dann auf die eine Hälfte der Kartons »Verkriech Dich« und auf die andere Hälfte »Stell Dich tot«.
In Mitteleuropa können so gut wie alle Tiere, die unter Steinen und Holzstücken leben, angefaßt werden. In Südeuropa können einige Tausendfüßler und insbesondere Skorpione sehr unangenehme Stiche zufügen. Gegebenenfalls muß man auf diese Gefahren hinweisen.

Würmer

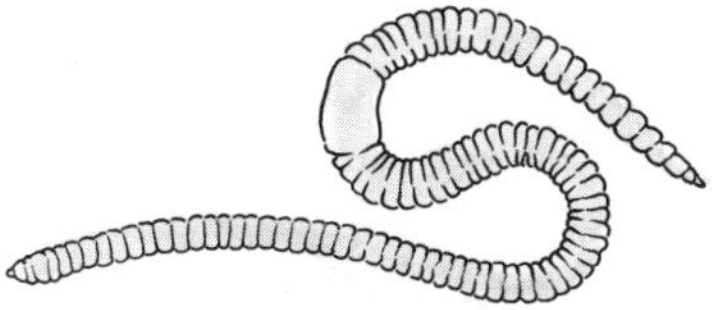

Regenwurm, 20-300 mm

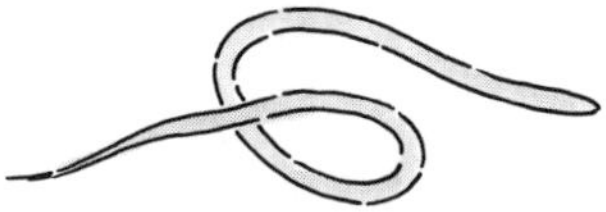

Fadenwurm, 2,5 mm

Schnecken

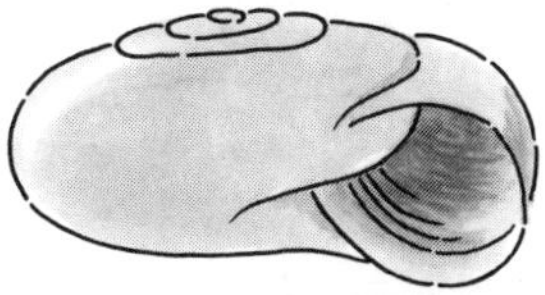

Bodenschnecke (Trichia), bis 14 mm

Tausendfüßler

Erdläufer, bis 65 mm

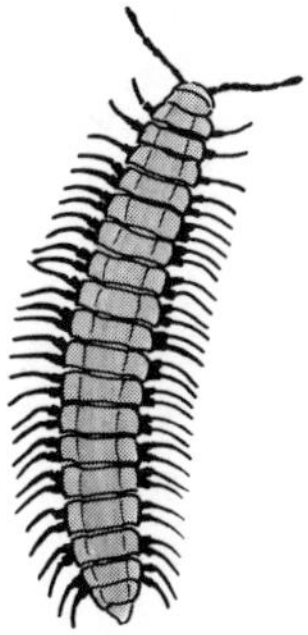

Bandfüßler, bis 28 mm

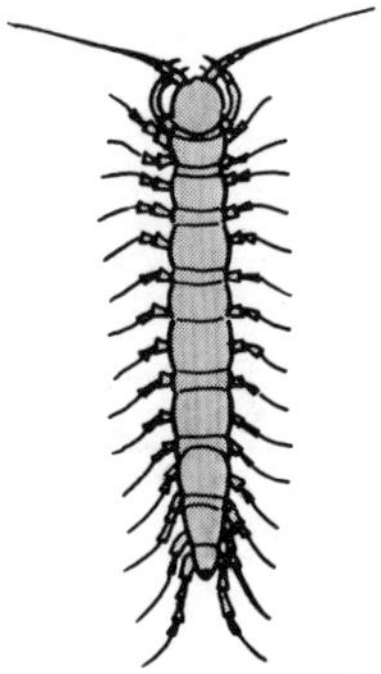

Hundertfüßler, ca. 20 mm

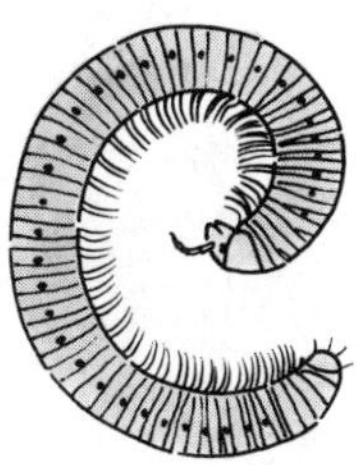

Tausendfüßler, ca. 25 mm

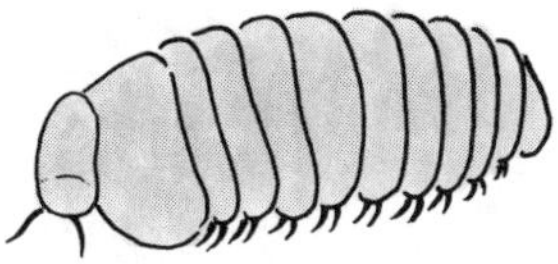

Saftkugler, bis 20 mm

Asseln

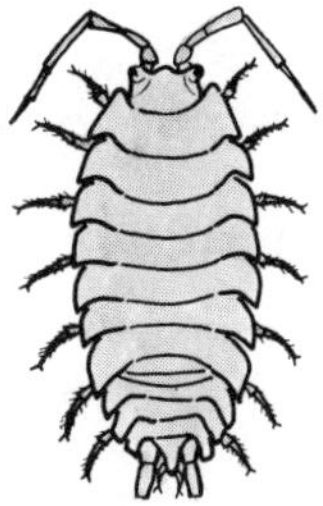

Assel, ca. 10 mm

Spinnentiere

Weberknecht, Körper bis 9 mm

Spinne, ca. 8 mm

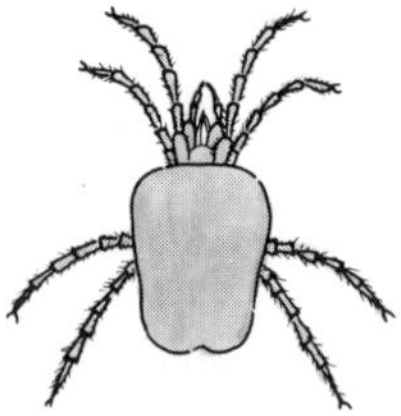

Milbe, ca. 1,5 mm

Pseudoskorpion, bis 4,5 mm

Insekten

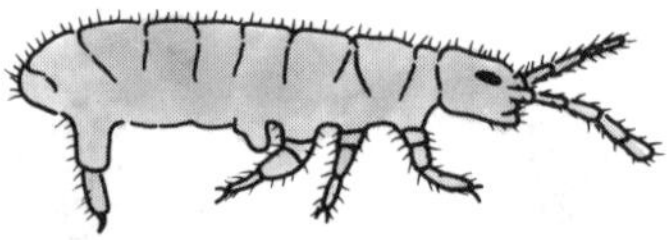

Springschwanz, ca. 4 mm

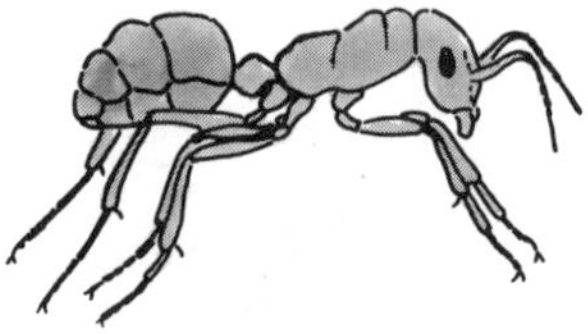

Knotenameise, bis 7 mm

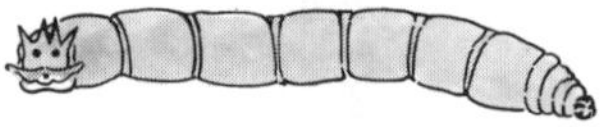

Larve der Schnake,
bis 25 mm

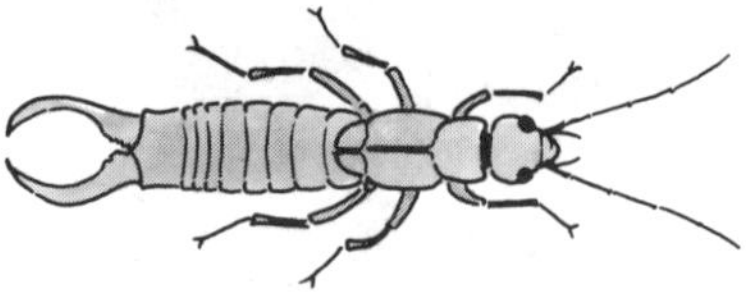

Ohrwurm, 25 mm

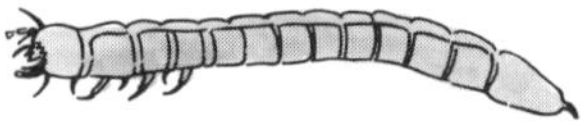

Larve des Schnellkäfers („Drahtwurm“),
bis 25 mm

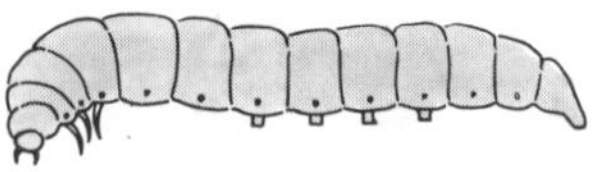

Schmetterlingsraupe (Eule),
ca. 25 mm

Fliegenmade, ca. 8 mm

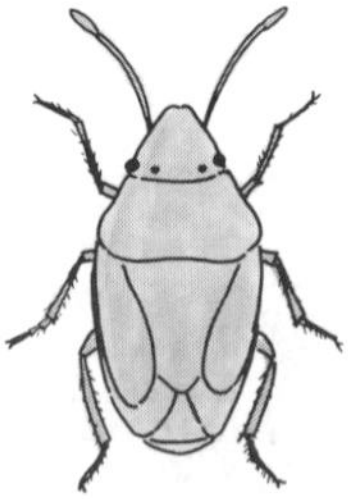

Wanze, ca. 6 mm

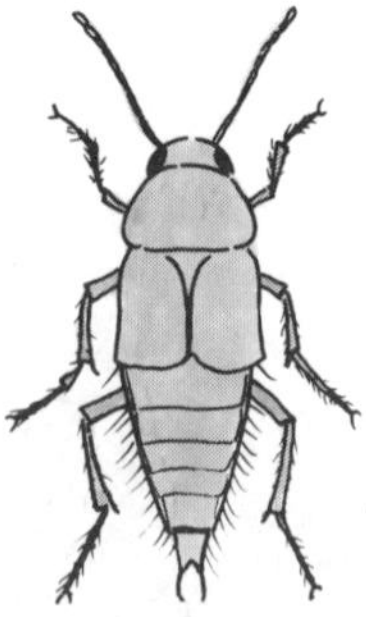

Kurzflügler (Käfer),
ca. 5 mm

Laufkäfer, ca. 13 mm

Es geht los!

Erster Teil – Das Spiel

1. Markieren Sie das Ende des Spielfeldes mit einem ausgespannten Seil. Durch dieses Seil wird die Grenze der »Sicherheitszone« festgelegt (s. Abb.). Spannen Sie dann ein zweites Seil parallel zu dem ersten in sieben bis zehn Metern Entfernung.
2. An dieser Startlinie sollen sich alle Spieler bis auf einen so aufstellen, daß ihre Gesichter der Sicherheitszone zugewendet sind. Sie sind die Beutetiere.
3. Der übriggebliebene Spieler stellt sich als »Beutegreifer« etwa drei Meter hinter die Beutetiere und wendet ihnen den Rükken zu.
4. Wenn der Beutegreifer »los« ruft, beginnt das Spiel. Nun dürfen sich die Beutetiere in Richtung auf die Sicherheitszone zubewegen. Die Bewegungsart muß vorher vorgeschrieben werden, z.B. auf allen Vieren kriechen oder hüpfen. Der Beutegreifer kann sich jederzeit umdrehen, muß jedoch vorher laut brüllen. Wenn die Beutetiere das Gebrüll hören, müssen sie erstarren. Sieht der Beutegreifer, daß sich eine Beute noch bewegt, so darf er deren Namen rufen, und das Opfer ist gefangen und muß bis zum nächsten Spiel ausscheiden.
   Der Beutegreifer dreht sich wieder um. Die Beutetiere setzen sich wieder in Bewegung usw.
5. Wenn alle Beutetiere entweder gefangen oder in der Sicherheitszone sind, ist das Spiel zu Ende.
6. Geben Sie allen Teilnehmern einmal die Möglichkeit, Beutegreifer zu sein. Bei mehr als zehn Teilnehmern spielen Sie in zwei Gruppen. Beteiligen Sie sich selbst am Spiel.

Zweiter Teil – Tierfang

1. Erklären Sie nun den Teilnehmern, daß sie jetzt das Fluchtverhalten von Tieren untersuchen sollen, die sich normalerweise unter Steinen und anderen Gegenständen versteckt halten.
2. Jeder Teilnehmer soll nun »Beutegreifer« spielen und so tun, als ob er nach Tieren suchen würde, die er fressen will. Zeigen Sie an einem Beispiel, wie man Tiere, die

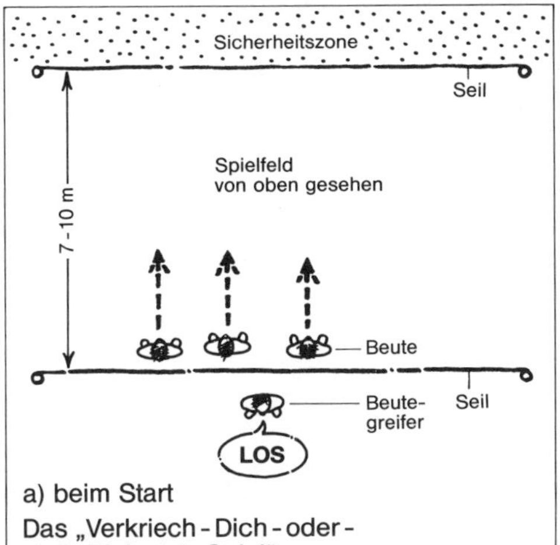

a) beim Start

Das „Verkriech - Dich - oder - stell - Dich - tot - Spiel"

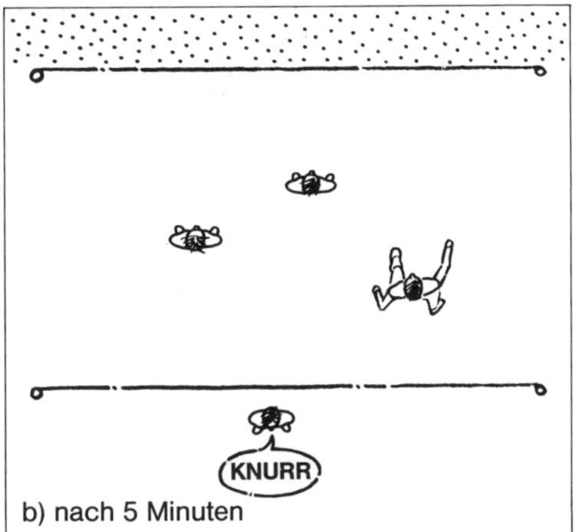

b) nach 5 Minuten

unter einem Stein leben, einfangen kann. Dem Spielsignal »Brüllen« entspricht nun das plötzliche Hochnehmen eines Steines.

3. Bilden Sie Teilgruppen aus zwei bis drei Teilnehmern. Jede Teilgruppe erhält einen Karton mit der Aufschrift »Stell' Dich tot!« und einen zweiten Karton mit der Aufschrift »Verkriech Dich!«. Diese Kartons sollen die Mägen sein.
4. Nun wird unter Steinen, Brettern und Holz gesucht. Weisen Sie darauf hin, daß die umgedrehten Gegenstände anschließend immer wieder in ihre alte Lage gebracht werden sollen. Jede Teilgruppe soll von einer Tierart immer nur ein Exemplar in dem passenden der beiden »Mägen« fangen.
5. Achten Sie darauf, daß alle Teilnehmer in Sichtweite bleiben. Beteiligen Sie sich selbst an der Suche.
6. Nach zehn bis fünfzehn Minuten können alle Teilnehmer wieder zusammengerufen werden.
7. Nun können die Funde gegenseitig vorgeführt werden. Es ist günstig, wenn Sie eine Ausstellung vorbereiten: Auf zwei Tabletts werden mehrere Plastikpetrischalen aufgestellt. Zeigen Sie, wie man mit einer Federstahlpinzette und einem Pinsel vorsichtig die Tiere in die Petrischalen bringen kann; wenn man den Deckel wieder verschließt, kann man sie eine Zeitlang gut beobachten (Lupe).

Welches Verhalten ist besser?

Wenn die verschiedenen Tierarten von allen Teilnehmern angeschaut worden sind, sollen die Ergebnisse besprochen werden:

- Gibt es mehr Tiere, die versuchen, durch schnelles Wegkriechen zu entkommen, oder mehr, die sich totstellen?
- Gibt es Tierarten, die sowohl fliehen als auch sich totstellen können? Welche?
- Unterscheidet sich das Aussehen der Flieher von dem der Totsteller?
- Gibt es Beispiele für andere Lebensräume, in denen sich Tiere durch Erstarren oder Totstellen verbergen können?

Zur Besprechung solcher Tarnung im Tierreich ist es günstig, wenn Sie einige Fotos (z. B. vom Wandelnden Blatt, von einer sich totstellenden Spannerraupe oder von einer Krabbenspinne auf einer Blüte) zeigen können.

Literatur

Kelle, A., Sturm, H.: Tiere leicht bestimmt. Dümmler, Bonn, 1984.

Zahradnik, J., Cihar, J.: Der Kosmos-Tierführer. Franckh, Stuttgart, 1978.

Zahradnik, J.: Der Kosmos-Insektenführer. Franckh, Stuttgart, 1984.

Pfletschinger, H.: Einheimische Spinnen. Franckh, Stuttgart, 1983.

Zirkus der Springer

Das Verhalten von hüpfenden und springenden Tieren (z. B. Heuschrecken, Strandflohkrebsen) wird untersucht.

Ort:

Sandstrand, Wiese

Jahreszeit:

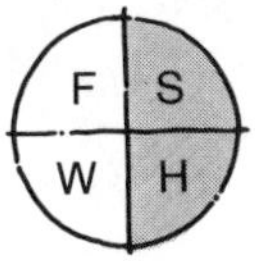

Gruppengröße:

15 bis 20

Alter:

ab 10 Jahren

Zeitbedarf:

45 bis 60 Minuten

Die Springer stellen sich vor

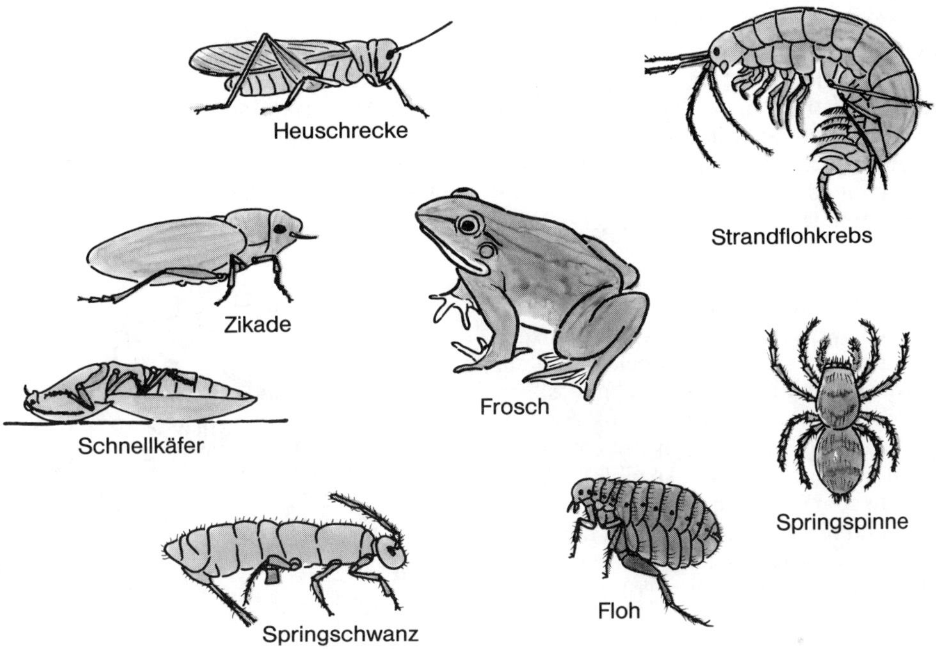

Was man wissen sollte

Tiere, die hüpfen und springen, überraschen uns immer wieder und erregen unsere Aufmerksamkeit. Hüpfer und Springer sind allesamt Spezialisten. Wir finden sie bei den unterschiedlichsten Tierstämmen und Ordnungen. Unter den einheimischen Wirbeltieren sind die Frösche gute Springer. Kröten und Unken hüpfen schwerfälliger. Die meisten Springer finden wir bei den Insekten: Flöhe, Heuschrecken, Schnellkäfer und die zu den Käfern zählenden Erdflöhe sind die bekanntesten Beispiele. Auch Zikaden sind ausgezeichnete Springer. Die Springschwänze (Collembolen), die man zu den Urinsekten rechnet, sind allesamt gute Springer. Sie sind etwa 1 bis 4 mm groß und leben in großer Anzahl im Boden und in der Laubstreu. Zumindest dem Namen nach ist der etwa 2 mm lange Gletscherfloh am bekanntesten, den man auf Schneefeldern im Gebirge beoachten kann. Er tritt dort zuweilen in solchen Massen auf, daß der Schnee wie mit Ruß überstäubt aussieht. Die Springspinnen bauen keine Netze, sondern springen ihre Beute an, wie es ihr Name sagt. An den Sandstränden der Meere leben unter Tang und Algen des Spülsaums kleine springende Krebse. Es sind Strandflohkrebse, die man dort massenhaft antrifft.
Die meisten Hüpfer und Springer eignen sich gut für Beobachtungen zur Verhaltensbiologie, da sie äußerst lebhaft und verhältnismäßig hart sind, so daß sie bei den Versuchen nicht verletzt werden (Chitinpanzer). Sehr gut eignen sich Heuschrecken und am Meer die Strandflohkrebse, da man sie in größerer Anzahl fangen kann. Springschwänze findet man stets in der Laubstreu der Wälder in genügender Anzahl. Da diese Tiere aber sehr weich und empfindlich gegen Austrocknung sind, eignen sie sich für Beobachtungen weniger. Ein Frosch, das große grüne Heupferd, eine Schnarrheuschrecke oder ein Schnellkäfer sind Stars in dem Zirkus der Springer.

Was man braucht

Für die ganze Gruppe:

4 Milchkartons mit einer Klappe.
(Die Kartons werden sauber ausgespült.)
Die Lasche, die zum Ausgießen der Milch aufgeschnitten wurde,
wird mit einer Büroklammer
oder einem Stück Tesaband
wieder verschlossen.
Mit einer Schere
oder einem scharfen Messer
schneiden wir auf der Breitseite des Kartons eine Klappe aus (s. Abb. unten).
2 Holzstücke ca. 20 cm lang
und 1–2 cm dick,
zum Zeichnen der Kreise 1 Schnur,
Länge 3 m
1 Meterstab
5–10 leere Marmeladengläser
große Klebeetiketten
Filzschreiber

Für jede Zweiergruppe:

1 Satz Aktionskarten
1 Marmeladenglas mit Deckel
1 Insektennetz
1 halber Milchkarton

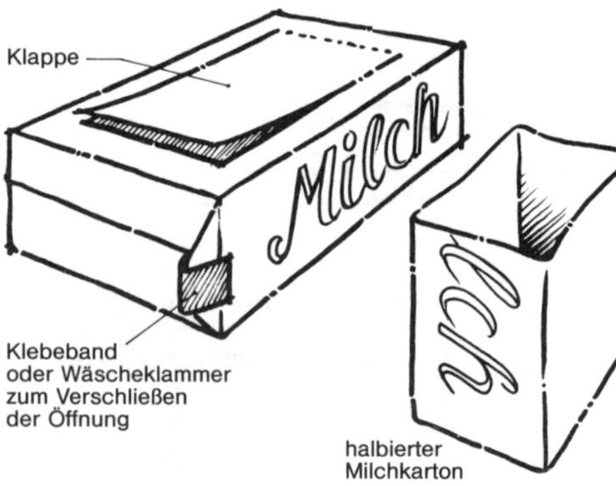

Was man vorbereiten und bedenken muß

Auswahl des Ortes

Ein Sandstrand am Meer ist für die Untersuchung ideal, da man unter dem Spülsaum genügend Strandflohkrebse findet, deren Verhalten man auf den festen und ebenen Sandflächen gut beobachten kann. Strandflohkrebse findet man vom Sommer bis in den Herbst.
Die Artenzahl der Heuschrecken ist in den letzten Jahren zurückgegangen. Dies ist vor allem auf die intensive Landwirtschaft zurückzuführen; durch Düngung und häufige Mahd bleiben nur wenige Grasarten übrig, und die meisten Kräuter werden ausgerottet, so daß oftmals die Futterpflanzen der Heuschrecken fehlen. Am ehesten finden wir gute Heuschreckenpopulationen von Juli bis Oktober auf extensiv gepflegten Wiesen. Es sind vor allem kleinere Arten, die 2 bis 3 cm groß werden. Ein ebener Weg oder eine freie, glatte Fläche ist für die Untersuchung notwendig. Teiche und Seen, an deren Ufer Frösche häufig sind, findet man nur noch selten, so daß sich Beobachtungen mit Fröschen nur im Einzelfall durchführen lassen.

Behutsames Umgehen mit Tieren

Machen Sie allen Teilnehmern klar, daß keines der Tiere verletzt oder geschädigt werden darf, und daß sie alle lebend und wohlbehalten an ihren Fundort zurückgebracht werden müssen, sobald die Beobachtungen abgeschlossen sind. Weisen Sie darauf hin, daß Schachteln oder Gläser mit gefangenen Tieren nicht in der prallen Sonne stehen dürfen, Versuche mit den Strandflohkrebsen nur auf feuchtem Sand gemacht werden sollen und die Tiere von Zeit zu Zeit befeuchtet werden müssen. Frösche sollten nur mit feuchten Händen angefaßt werden, um ihre Haut nicht zu verletzen.

Vervielfältigen Sie für jede Zweier-Gruppe eine Karte mit dem »Zirkus-Programm« und zerschneiden Sie die Karten in Einzelkärtchen.
Stellen Sie die Fangkartons aus leeren Milchkartons her, wie es oben beschrieben ist.

Es geht los!

- Kündigen Sie der Gruppe an, daß ein »Zirkus der Springer« mit einer großen Tierschau, einem Galaprogramm und einer Leistungsschau im Springen arrangiert werden soll.
- Erklären Sie, wie man mit gefangenen Tieren umgeht, ohne sie zu schädigen. Wird die Untersuchung in der Nähe eines Gewässers durchgeführt, dann weisen Sie ausdrücklich darauf hin, daß sich die Teilnehmer von den Ufern fernhalten sollen, und daß sie auf keinen Fall in das Wasser gehen dürfen.

Die große Tierschau der Springer

1. Lassen Sie die Teilnehmer von Tieren berichten, die gut hüpfen oder springen können.
2. Für unsere Tierschau benötigen wir möglichst viele verschiedene Hüpfer und Springer. Geben Sie genau die Grenzen des Gebietes an, in dem nach Hüpfern oder Springern gesucht werden soll.
3. Händigen Sie an jede Zweiergruppe 1 Marmeladenglas mit Deckel und eventuell ein Insektennetz aus. Geben Sie 5 bis 10 Minuten Zeit, um nach den Tieren zu suchen. Gehen Sie von Gruppe zu Gruppe und helfen Sie beim Einfangen der Tiere. Weisen Sie auf geeignete Biotope und Schlupfwinkel hin.
4. Rufen Sie alle Teilnehmer zu sich. Lassen Sie sie vom Erfolg oder Mißerfolg ihrer Expedition berichten. Welche Tiere wurden erbeutet? Sollten mehrere Arten von Springern in einem Glas sein, dann kön-

nen sie getrennt werden. Stellen Sie einige leere Marmeladengläser zur Verfügung.

5. Die Gläser mit den verschiedenen Springern werden nebeneinander gestellt. Die Gruppe, die einen Springer gefangen hat, berichtet, wie sie ihn erbeutet hat. – War es schwierig, das Tier zu entdecken? Wo lebte es? Wie wurde es gefangen?
6. Auf den Marmeladengläsern werden Klebeetiketten angebracht mit etwa folgender Aufschrift:

> Name: Springschwanz
> Vorkommen: unterm Laub
> Besonderheit: Sprunggabel
> Verbreitung: sehr häufig, mehrere Arten

Das Gala-Programm

1. Haben alle Zweier-Gruppen mindestens ein Tier, mit dem sie weiterarbeiten können, dann wird die Aktivität sofort weitergeführt. Andernfalls erhalten die Gruppen den Auftrag, in dem abgesteckten Gelände so lange nach geeigneten Tieren zu jagen, bis jede Gruppe einen guten Springer hat.
2. Sagen Sie, daß jede Zweiergruppe herausfinden soll, wie sich ihr Springer verhält. Legen Sie für jede Gruppe die Aufgabenkärtchen des Galaprogramms aus. Die Teilnehmer ziehen ein Kärtchen und lassen sich die angegebene Nummer von dem Springer vorführen. Legen Sie das notwendige Material bereit.
3. Die Gruppen gehen das Programm Nummer für Nummer durch. Helfen Sie, wenn notwendig. Achten Sie darauf, daß die Tiere nicht gequält oder verletzt werden. Am häufigsten werden entfliehende Tiere bei dem Versuch, sie wieder einzufangen, verletzt.
4. Wenn Sie merken, daß nach etwa 15–20 Minuten das Interesse an den Beobachtungen nachläßt, dann versammeln Sie die Gruppen um sich. Jede Gruppe darf eine Nummer ihres Springers den andern vorführen. Dabei sollte der Name des Akrobaten genannt werden und seine Leistung sehr deutlich in Worten hervorgehoben werden, z. B. so: »Sehr verehrte Zuschauer, Sie sehen nun Axel, den schwarzen Schnellkäfer, wie er von der Rückenlage mit einem dreifachen Salto auf die Füße springt.« Der Käfer wird für alle gut sichtbar auf eine Unterlage auf den Rücken gelegt. Eventuell wird er mit einem Grashalm »angestupst«, damit er springt. – Ist eine Nummer gelungen, dann applaudieren die Zuschauer.

Die Leistungsschau

1. Ein Wettspringen kann sich dem Zirkus anschließen, wenn noch genügend Zeit vorhanden ist. Diese Vorführung ist nur sinnvoll, wenn alle Gruppen die gleiche Tierart haben. Es bieten sich Wettspringen mit Heuschrecken und Strandflohkrebsen an.
2. Eröffnen Sie allen Teilnehmern, daß nun das große Wettspringen stattfinden wird. In einer Leistungsschau werden die besten Artisten gegeneinander antreten. Es messen sich jeweils die Springer von zwei Zweier-Gruppen. Dabei sollen alle Erfahrungen angewandt werden, die während des Springer-Zirkusses gesammelt wurden.
3. Es gelten folgende Regeln:
   - Der Startpunkt ist der Mittelpunkt eines Kreises. Der Durchmesser des Kreises richtet sich nach den Springern. Als Richtwerte können etwa gelten: Strandflohkrebse ca. 1 Meter, kleine Heuschrecken 2 Meter, große Heuschrecken und Frösche 3 Meter.
   - Die Rennbahnen können auf einfache Weise auf dem Boden ausgezeichnet

GALA-VORSTELLUNG!

Aktionskarte Springer-Zirkus

Licht oder Schatten?
Setze Deinen Springer in einen Milchkarton mit einer Klappe. Lasse die Klappe 1-2 Minuten geschlossen und öffne sie dann schnell. Wie reagiert Dein Springer auf Licht?

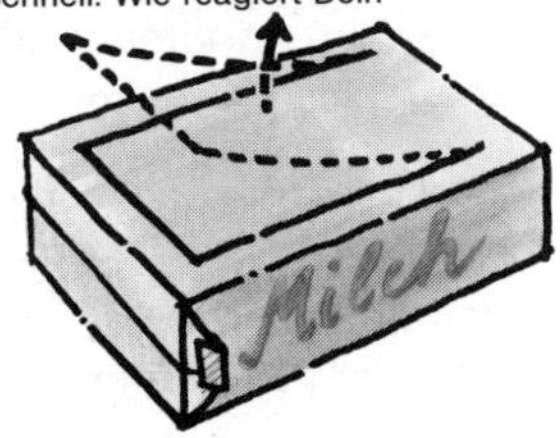

Aktionskarte Springer-Zirkus

Was wirkt anziehend?
Lege in die vier Ecken Deines Milchkartons verschiedene Materialien. Wohin geht Dein Springer? Sucht er immer dieselbe Ecke auf? Versuche es mehrmals.

Aktionskarte Springer-Zirkus

Welche Richtung?
Beobachte, ob Dein Springer stets in eine bestimmte Richtung springt oder ob er ungezielt umherhüpft?

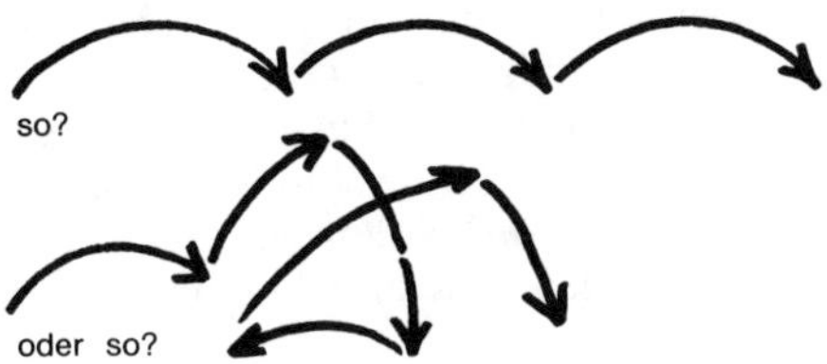

Aktionskarte Springer-Zirkus

Was läßt Deinen Springer springen?
Versuche, ob Du durch Rufen, Händeklatschen, auf den Boden Trampeln oder durch vorsichtiges Anstoßen Deinen Springer zu einem Sprung veranlassen kannst!

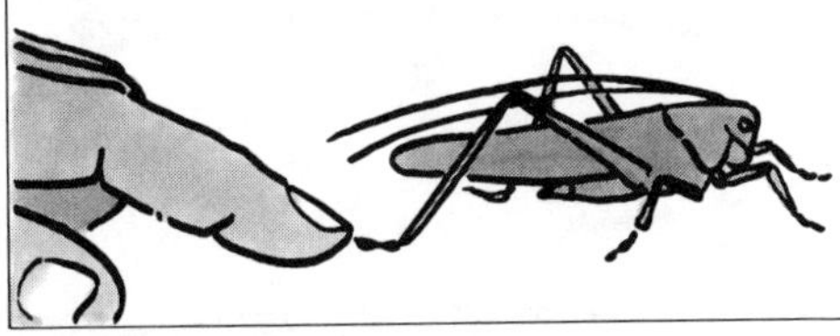

Aktionskarte Springer-Zirkus

Die Nummer des großen Sprunges
Beobachte genau, wie Dein Springer springt. Welche Bewegungen macht er? Welche Körperteile setzt er beim Sprung ein?

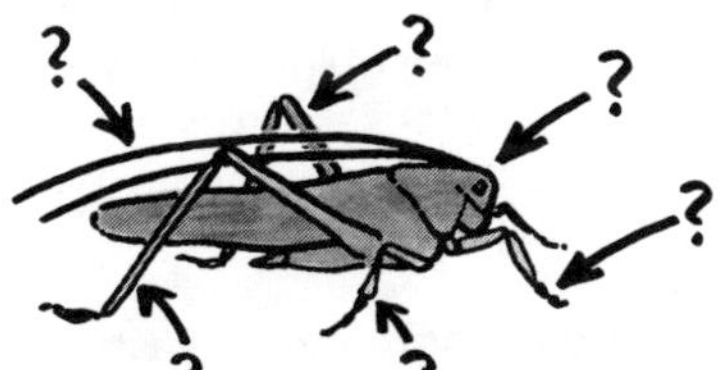

Aktionskarte Springer-Zirkus

Die Nummer der unübertroffenen Weite
1. Wie weit kommt Dein Springer mit einem Sprung?
2. Werden die Entfernungen geringer, wenn er mehrmals springt?

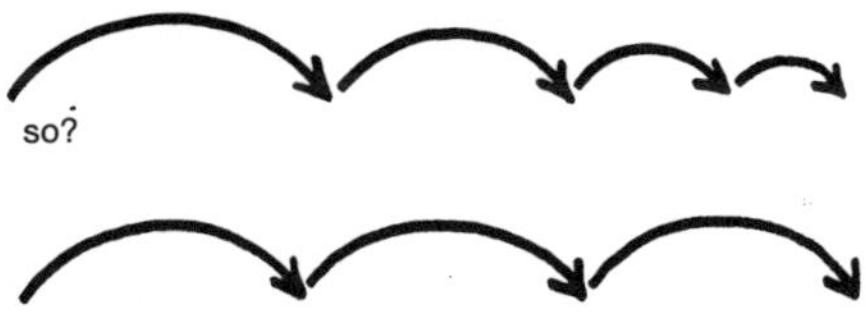

Aktionskarte Springer-Zirkus

Der Sprung am Hang
Springt Dein Springer bevorzugt am Hang aufwärts, abwärts oder hat er keine besondere Richtung? Versuche das Tier in verschiedene Richtungen zu scheuchen. Mache den Versuch wenn möglich mit zwei oder drei Tieren!

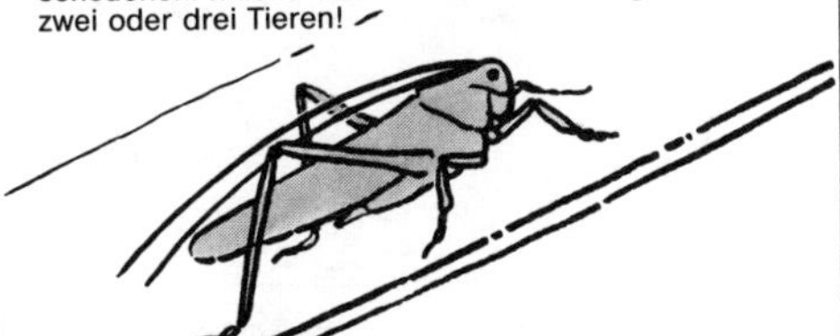

Aktionskarte Springer-Zirkus

Das scharfe Auge
Sieht Dein Springer gut? Wie reagiert er auf rasche und auf langsame Bewegungen? Reagiert er auf Bewegungen in der Nähe, in der Ferne? Versuche so leise wie möglich zu sein!

werden. An das Ende einer 1 (2, 3) Meter langen Schnur werden zwei Holzstäbe gebunden. Der eine Stab wird im Mittelpunkt des Kreises festgehalten. Mit dem andern ritzt man bei gespannter Schnur einen Kreis in den Untergrund ein, den man gegebenenfalls mit Tafelkreide nachziehen kann.

- Es nehmen stets nur zwei Springer an einem Wettkampf teil, da es meist schwierig ist, mehrere Springer gleichzeitig zu beoachten.
- Derjenige Springer, der zuerst die Ziellinie des Kreises vom Mittelpunkt aus erreicht hat, ist der Gewinner.

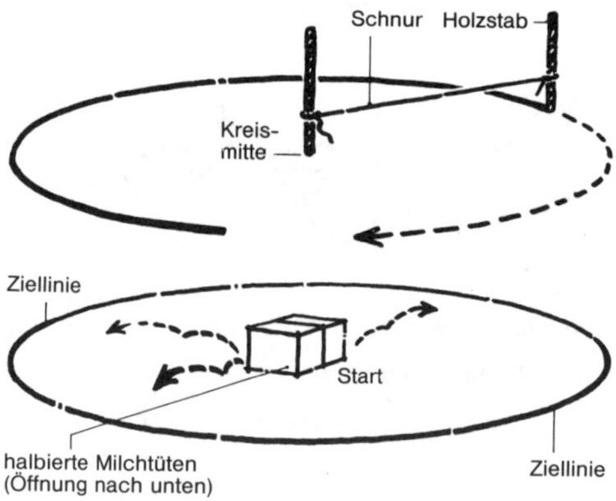

Der Start:

- Jede Zweiergruppe plaziert ihren Springer unter einer umgestülpten halbierten Milchschachtel in der Mitte des Kreises.
- Beide Schachteln werden gleichzeitig entfernt. Das Rennen beginnt. Die Teilnehmer dürfen alle möglichen Tricks anwenden, um ihren Springer ins Ziel zu bringen. Allerdings ist es streng verboten, die Springer irgendwie direkt zu berühren. Es ist aber z.B. erlaubt, die Springer durch eine kurze Handbewegung aufzuscheuchen und sie in eine bestimmte Richtung zu jagen.

4. In einem zweiten und dritten Rennen kann der beste Springer der ganzen Gruppe ermittelt werden.
5. Vergessen Sie nicht, daß zum Schluß alle Tiere an ihren Fundort zurückgebracht werden müssen. Es sollte kein Tier zu Schaden gekommen sein.

Ein Zirkus-Gespräch

Sagen Sie den Teilnehmern, daß man unter dem Begriff *Verhalten* all das versteht, was Tiere tun oder wie sie auf einen bestimmten Reiz reagieren. Regen Sie die Teilnehmer dazu an, ihre Erfahrungen und Erkenntnisse mitzuteilen, die sie bei dem Springer-Zirkus gewonnen haben, und sprechen Sie etwa folgende Fragen an:

- Wie springt Dein Springer?
- Was veranlaßt ihn zum Springen?
- Wie weit kann er mit einem Sprung kommen?
- Wie kannst Du die Springer zum Springen bringen, ohne sie zu berühren?
- Wenn Du einen besonders guten Springer züchten wolltest, auf welche Eigenschaften müßtest Du besonderen Wert legen?

Was man noch tun kann

1. Wiederhole den Springerzirkus mit anderen Tierarten.
2. Vergleiche den Körperbau und die Art zu springen bei verschiedenen Tieren.

Frostschutz

Bei winterlichem Frost wird mit Modelltieren (Gläschen mit warmer Gelatine) getestet, ob ein Unterschlupf für schutzsuchende Tiere günstig oder ungünstig ist.

Ort:
Schulhof, Park, Sportplatz

Jahreszeit:

Gruppengröße
10 bis 15

Alter:
ab 10 Jahren

Zeitbedarf:
45 bis 60 Minuten

Was man wissen sollte

Im Winter fallen die Temperaturen unter den Gefrierpunkt, und Wasser erstarrt zu Eis. Dies ist für Tiere lebensgefährlich.
Wechselwarme Tiere wie z.B. die Schnekken, Insekten, Lurche (Salamander, Molche, Frösche) und Reptilien (Eidechsen, Schlangen) können ihre Körpertemperatur nicht oder nur wenig regulieren und haben stets etwa die gleiche Temperatur wie ihre Umgebung. Fällt die Außentemperatur, dann werden die wechselwarmen Tiere reglos und starr. Sie verbringen den Winter in einer Kältestarre, bei der der Stoffwechsel gleichsam auf Sparflamme steht. Für die meisten Tiere, auch für die Wechselwarmen, bedeutet es den Tod, wenn die Körperflüssigkeit gefriert. Es sind im wesentlichen zwei Wege, die es den Tieren ermöglichen, zu überleben:

- Die Tiere suchen frostsichere Verstecke auf. Der Boden gefriert in der Regel nur bis zu einer Tiefe von ca. 60 cm. Höhlen und Gänge, die tiefer liegen, sind frostsicher.
- Der Körperflüssigkeit wird Wasser entzogen, so daß sie mit Salzen, Zucker, Glycerin und gelösten Eiweißstoffen angereichert wird. Dadurch wird der Gefrierpunkt gesenkt.

Gleichwarme Tiere sind die Vögel und Säugetiere. Ihre Körpertemperatur wird konstant zwischen 37 und 40°C gehalten. Die Energie, die notwendig ist, den Körper aufzuheizen, gewinnen sie aus dem Stoffwechsel, vor allem aus der Umsetzung von Traubenzucker und Fett. Ein Federkleid oder ein Fell schützen Vögel und Säugetiere vor zu starkem Wärmeverlust.
Nur wenige Säugetiere können ihre Körpertemperatur im Winter auf 6–8°C senken und in einem Winterschlaf die kalte Jahreszeit überstehen. Fledermäuse, Igel, Siebenschläfer, Hamster und Murmeltier sind die bekanntesten unserer einheimischen Winterschläfer.

Was man braucht

Für die ganze Gruppe:

2 Packungen Haushaltsgelatine, farblos
wasserlösliche Farben, z.B. rot und blau (Wasserfarben, Tinte)
40–50 gleichgroße Schnappdeckel- oder Pillengläschen (10 bis 20 ml; Drogerien, Haus der Ärzte)
Kochtopf mit Heizquelle
2 Schüsseln
1 Meßbecher
1 Rührlöffel
3 Saftflaschen (1 Liter) mit dichtschließendem Deckel
3 Marmeladengläser (1/4 oder 1/2 Liter) mit Deckel
1 Handtuch
1 Isoliertasche (Picknicktasche) oder Styroporkiste
eventuell ein Tauchthermometer (Aquarienenthermometer)
Fellstücke, Vogelfedern, Wollreste, Watte, Stoffreste
1 Packung Gummiringe

Was man vorbereiten und bedenken muß

Ansetzen der Gelatinelösung

Gelatine gewinnt man aus einem Eiweißstoff der Knochen und Häute. Sie dient als Binde- und Verdickungsmittel von Speisen. Etwa 1 Stunde bevor die Aktivität beginnt, setzt man die Gläschen mit den Gelatinelösungen an. Dabei geht man folgendermaßen vor:

1. Drei Saftflaschen werden je zur Hälfte mit warmem Wasser (40–50°C) gefüllt, verschlossen und in die Isoliertasche gestellt. Die Saftflaschen werden als warme Transportgefäße dienen.
2. Zwei Packungen Gelatine (20 g) werden in 0,5 Liter kaltem Wasser eingeweicht und dann unter Rühren aufgekocht.
3. Von der heißen Gelatinelösung mißt man

mit dem Meßbecher zwei Mal je 100 ml ab und gibt sie in die beiden bereitgestellten Schüsseln. Die Gelatine in der ersten Schüssel wird rot, die in der zweiten blau gefärbt (einige Tropfen Wasserfarbe oder etwas Tinte dazugeben).

4. Man macht sich Wasser heiß. Die rot gefärbte Gelatine wird mit derselben Menge heißen Wassers (100 ml) verdünnt; zu der blau gefärbten Gelatine geben wir 300 ml heißes Wasser.
5. Die Schnappdeckelgläschen werden je zur Hälfte mit der heißen Gelatine gefüllt. Mit der farblosen Gelatine füllt man für jeden Teilnehmer zwei Gläschen, mit der roten bzw. blauen Gelatine für jeden Teilnehmer je 1 Gläschen. Die Gläschen werden mit einem Deckel verschlossen und, nach Farben sortiert, in die drei Saftflaschen mit warmem Wasser in die Isoliertasche gegeben.
6. Mit der übriggebliebenen Gelatine (farblos, rot und blau) füllt man je 1 Marmeladenglas zur Hälfte, verschließt sie und verstaut sie ebenfalls in der Isoliertasche. Mit einem Handtuch werden die Gläser vor Beschädigungen geschützt.
7. Wenn Sie noch ein Übriges tun wollen, dann kochen Sie noch 2–3 Liter Kakao und stecken einen Stoß Pappbecher ein,

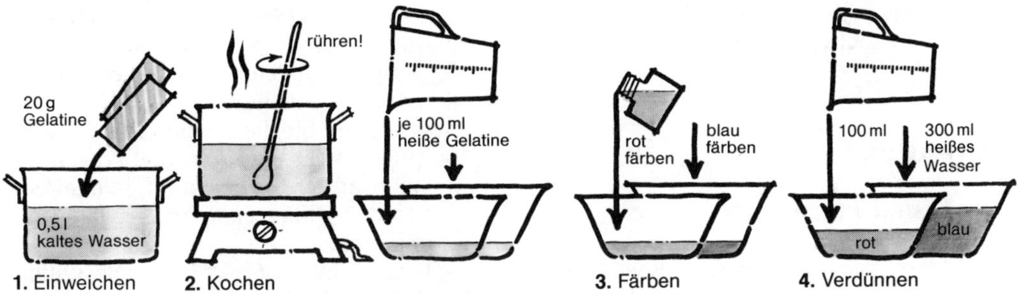

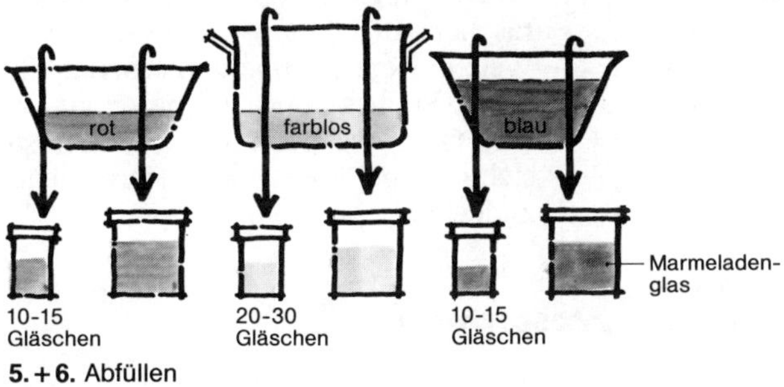

Tabelle: Erstarrungszeiten von Gelatine (ca. 10 ml, ungeschützt)

Temperatur in °C	farblos, ohne heißes Wasser	rot, wenig heißes Wasser	blau, viel heißes Wasser
+5 bis 0°	ca. 10 Min.	15–20 Min.	25–30 Min.
0 bis –5°	5–10 Min.	10–15 Min.	15–20 Min.
–5 bis –10°	ca. 5 Min.	5–10 Min.	10–15 Min.

um die ausgekühlten Teilnehmer am Schluß der Aktivität wieder aufzuwärmen.

Damit sind die Vorbereitungen abgeschlossen. Sie lesen sich mühsamer, als sie durchzuführen sind. Deshalb sind sie in einer Verlaufsskizze (s. Seite 25) zusammengestellt.

Ort und Zeit

Die Aktivität kann auf jedem Schulhof, in einem Park oder anderem Gelände durchgeführt werden. Die Temperaturen sollten nicht über +5°C liegen, da es sonst sehr lange dauert, bis die Gelatine erstarrt. Temperaturen zwischen −5 und −10°C sind ideal. Achten Sie darauf, daß alle Teilnehmer feste Schuhe und warme Kleider anhaben.

Es geht los!

Der beste Unterschlupf

1. Erklären Sie der Gruppe, daß viele Tiere wie Schnecken, Insekten, Salamander und Schlangen sich im Herbst einen geschützten Platz suchen und dort überwintern. Je frostsicherer der Unterschlupf, desto geringer ist die Gefahr, daß die Tiere erfrieren.
2. Zeigen Sie ein Gläschen mit warmer, flüssiger Gelatine. Sagen Sie, daß es ein Modelltier sein soll. Es »lebt«, solange die Gelatine warm und flüssig ist. Ist die Gelatine erstarrt, dann ist das »Tier« auch »tot«.
3. Die Teilnehmer bekommen auf einem eng begrenzten Spielfeld von ca. 20 × 20 m etwa 5 Minuten Zeit, um nach einem geeigneten Unterschlupf für ihr »Tier« zu suchen und es für die Überwinterung vorzubereiten. Es ist ausdrücklich erlaubt, mit Material, das am Boden liegt oder von Bäumen und Sträuchern stammt, den Unterschlupf auszupolstern. Die Teilnehmer können den Unterschlupf einzeln oder in Zweier-Gruppen aussuchen und vorbereiten.
4. Rufen Sie alle Teilnehmer zurück und geben Sie jedem Teilnehmer (jeder Zweiergruppe) ein farbloses Modelltier, das sorgfältig mit dem Handtuch abgetrocknet wird. Geben Sie ein Zeichen, wenn die »Tiere« in ihren Unterschlupf eingebracht werden sollen.
5. Stellen Sie zum Vergleich ein Modelltier ungeschützt auf den Boden.
6. In Abständen von etwa 5 Minuten prüfen die Teilnehmer, ob ihre Tiere noch »leben«. In der Zwischenzeit gehen die Spieler von einem Unterschlupf zum andern und lassen sich zeigen, wie die verschiedenen Modelltiere untergebracht wurden. Den besten Unterschlupf hat derjenige gefunden, bei dem das Tier am längsten »überlebte«.
7. Versammeln Sie die Gruppe um sich und besprechen Sie etwa folgende Fragen:
   - Wie war der Unterschlupf, in dem ein »Tier« am kürzesten, bzw. am längsten überlebte.
   - Kann ein Unterschlupf tatsächlich Wärme abgeben oder nur vor einem raschen Auskühlen schützen?
   - Welche Tiere, die überwintern, habt ihr beim Suchen und Vorbereiten des Unterschlupfs gefunden? Haben sie sich bewegt? (Gefundene Tiere wieder zudecken!)

Frostschutz

1. Sagen Sie der Gruppe, daß sich die Tiere auf den Winter vorbereiten und sich den tiefen Temperaturen anpassen. Die Teilnehmer äußern Vermutungen, wie das geschehen kann. Nehmen Sie zunächst noch keine Stellung zu den Aussagen.
2. Zeigen Sie je ein farbloses, rotes und blaues Modelltier. Die Teilnehmer sollen nun versuchen herauszufinden, welches »Tier« am besten an tiefe Temperaturen angepaßt ist. Geben Sie jedem Teilneh-

mer (Zweiergruppe) drei unterschiedlich gefärbte Modelltiere, die jetzt denselben Außenbedingungen ausgesetzt werden sollen.

3. Stellen Sie die drei Marmeladengläser mit farbloser, roter und blauer Gelatine an einen ungeschützten Ort.
4. Rufen Sie die Gruppe zusammen, sobald sich die »Wintertüchtigkeit« der Modelltiere erwiesen hat.
   - Welches »Tier« ist am besten, welches am schlechtesten an den Frost angepaßt?
   - Wie verhindern wir, daß bei einem Motor die Kühlflüssigkeit im Auto im Winter eingefriert? – Warum werden Straßen im Winter mit Salz gestreut?
   - Erklären Sie, daß die Tiere vor der Überwinterung dem Körper Wasser entziehen und es ausscheiden und somit die Körperflüssigkeit mit Frostschutzmitteln (Salze, Glycerin, Eiweißstoffe) anreichern und den Gefrierpunkt senken.
   - Zeigen Sie die großen Marmeladengläser. (Vermutlich ist die Gelatine in keinem Glas nach der relativ kurzen Zeit erstarrt). – Welche Tiere kühlen schneller aus, große oder kleine?

Was man noch tun kann

Vögel und Säugetiere sind gleichwarme Tiere. Sie müssen auch im Winter fressen und können sich nicht in frostsichere und warme Verstecke zurückziehen. Wir prüfen nach, wie gut ein Fell oder ein Federkleid gegen das Auskühlen schützt. Modelltiere werden in Pelz, Wolle und Federn eingepackt. Sie werden zum Vergleich mit »nackten« Modelltieren der Kälte ausgesetzt.

Erfinde eine Pflanze

Beim Ausdenken und Basteln von Pflanzen, die unter harten Bedingungen überleben könnten, erfahren wir, was man unter »Anpassung« versteht.

Ort:	**Jahreszeit:**	**Gruppengröße:**	**Alter:**	**Zeitbedarf:**
Zimmer, Schulhof, Parkanlage	Schlechtwetterprogramm	10 bis 20	ab 10 Jahren	45 bis 60 Minuten

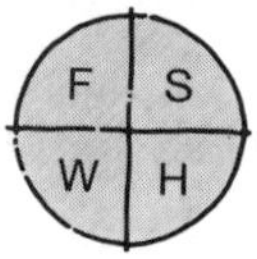

Was man wissen sollte

Überall um uns herum wachsen und gedeihen die verschiedensten Pflanzen. In Gärten, Wäldern, Sümpfen und Gewässern leben jeweils bestimmte Pflanzenarten zusammen. Wir nennen sie Garten-, Wald-, Sumpf- und Wasserpflanzen. Jede einzelne Art ist so ausgestattet, daß sie unter den gegebenen Umweltbedingungen wie Temperatur, Wasser, Wind und Licht gedeihen kann. Jede einzelne Art unterscheidet sich in Bau, Aussehen und weiteren Eigenschaften von anderen Pflanzen. Eine Gruppe von Organismen, die sich von allen anderen Organismen durch typische Merkmale unterscheidet, bezeichnen wir als eine *Art*. Alle Organismen sind an ihre Umweltbedingungen angepaßt. Unter *Anpassung* oder Angepaßtheit versteht man alle Eigenschaften, die es einem Organismus ermöglichen, unter bestimmten Umweltbedingungen zu leben, sich fortzupflanzen und sich gegen konkurrierende Arten zu behaupten. Als Beispiele für Anpassungen bei Pflanzen lassen sich unter vielen anderen nennen: wasserspeichernde Zellen bei Kakteen und Dickblattgewächsen wie der Hauswurz, schützende Dornen und Stacheln, Pfahlwurzeln, die tief in den Boden reichen. Indem wir Pflanzen »erfinden«, die unter besonderen, harten Bedingungen überleben sollen, werden wir mehr über Anpassungen erfahren.

Was man braucht

Für jeden Teilnehmer:

1 Aktionskarte

Für die ganze Gruppe:

Fotokarton in verschiedenen Farben
Krepp-Papier (grün, gelb, braun und andere Farben)
Plombendraht (Eisenwarenhandlungen)
Bindfaden
Zahnstocher und Schaschlikstäbe
Pfeifenputzer
Klebstoff
Klebeband
Farben, Pinsel
Plastilin
Scheren
Kneifzangen oder Seitenschneider

Was man vorbereiten und bedenken muß

Das Erfinden und Basteln von »Pflanzen« eignet sich sehr gut als Schlechtwetterprogramm. Es empfiehlt sich deshalb, alle Materialien rechtzeitig bereitzustellen, so daß Sie einmal kurzfristig umdisponieren können, wenn das Wetter gar zu schlecht ist, um im Freien eine Untersuchung durchzuführen.

Es geht los!

1. Besprechen Sie mit der Gruppe, welchen Anforderungen Pflanzen gewachsen sein müssen, die in extremen Lebensräumen wie in einer Wüste, im Hochgebirge oder einem reißenden Wildbach leben.
   Kündigen Sie an, daß Sie Bastelmaterial mitgebracht haben, aus dem wir selbst Pflanzen bilden können, die jeweils unter verschiedenen Bedingungen leben.
2. Halten Sie die Aktionskarten wie ein Kartenspiel und lassen Sie jeden Teilnehmer eine Karte ziehen. Ist die Gruppe groß, dann können immer zwei Teilnehmer zusammenarbeiten. Die Teilnehmer sollen einander nicht verraten, unter welchen Bedingungen ihre Pflanze leben soll. Zu ihrer Übersicht sind die Themen der Aktionskarten hier aufgelistet. Lesen Sie sie nicht den Teilnehmern vor.
   - Erfinde eine Pflanze, die rasenmäherfest ist.
   - Erfinde eine Pflanze, die an der Oberfläche eines Teiches leben kann.

Erfinde eine Pflanze,
die rasenmäherfest ist!

Erfinde eine Pflanze,
die Wasser speichern kann!

Erfinde eine Pflanze, die an der Oberfläche eines Teiches leben kann!

Erfinde eine Pflanze, die von Kühen und Schafen nicht gefressen wird!

Erfinde eine Pflanze, die Stürmen und Orkanen widerstehen kann!

Erfinde eine Pflanze, die in einem reißenden Bergbach nicht weggespült wird!

Erfinde eine Pflanze, die Insekten fängt!

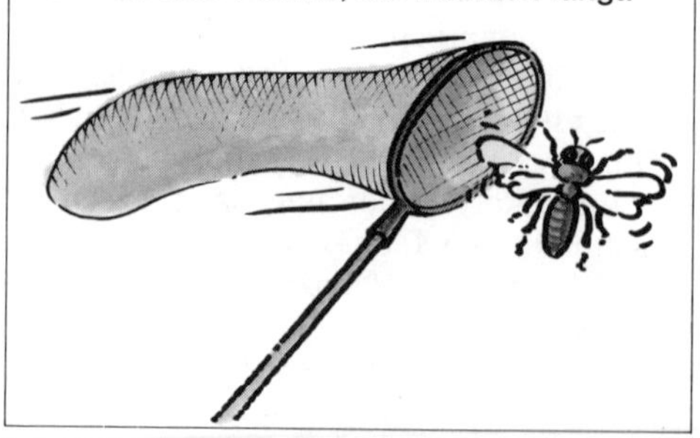

Erfinde eine Pflanze,
die 50 cm
unter der
Bodenoberfläche
Wasser
nutzen kann!

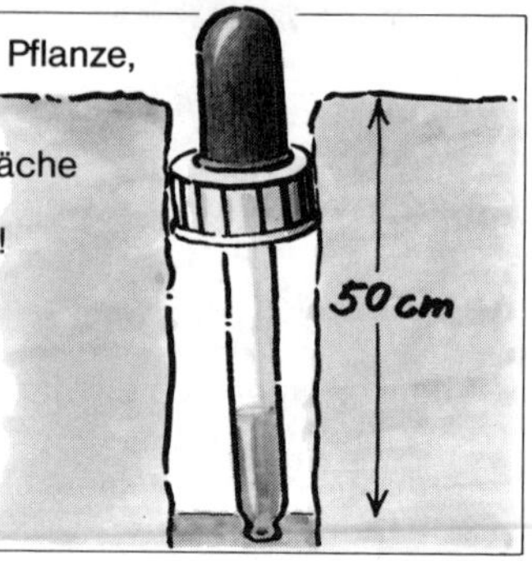

- Erfinde eine Pflanze, die Stürmen und Orkanen widerstehen kann.
- Erfinde eine Pflanze, die Wasser speichern kann.
- Erfinde eine Pflanze, die von Kühen und Schafen nicht gefressen wird.
- Erfinde eine Pflanze, die in einem reißenden Bergbach nicht weggespült wird.
- Erfinde eine Pflanze, die Insekten fängt.
- Erfinde eine Pflanze, die 50 cm unter der Bodenoberfläche noch Wasser nutzen kann.

3. Legen Sie das Bastelmaterial aus, so daß sich jeder Teilnehmer holen kann, was er braucht. Erklären Sie, daß man aus dem Draht Stiele, Stengel, Zweige und Wurzeln bilden kann. Einzelne Drähte können mit Klebeband umwickelt werden, so daß sie zusammenhalten.
4. Gehen Sie von einem Teilnehmer zum anderen und helfen Sie beim Zusammenbasteln der »Pflanzen«. Wenn Sie genügend Zeit übrig haben, nehmen Sie sich selbst eine Aktionskarte und erfinden eine Pflanze.

Die Pflanzenschau

1. Haben alle Teilnehmer ihre Pflanzen fertiggestellt, dann werden sie zu einer großen »Pflanzenschau« zusammengebracht.
2. Verdeutlichen Sie allen Teilnehmern noch einmal, daß sie Pflanzen erfunden haben, die an bestimmte Bedingungen angepaßt sind. Erklären Sie, daß man eine Eigenschaft eines Organismus, die ihm hilft, unter bestimmten Bedingungen zu überleben, eine Anpassung (Angepaßtheit) nennt.
3. Jeder Teilnehmer stellt eine »Pflanze« vor und erläutert, wie sie z.B. an Trockenheit angepaßt ist. Interessant ist es, wenn zwei Teilnehmer unabhängig voneinander die gleiche Aufgabe gelöst haben.

Woran erkennt man, daß Pflanzen an ihre Umwelt angepaßt sind?

Es ist nicht schwierig, Pflanzen zu finden, die deutliche Anpassungen zeigen. Schon ein Blick auf die Zimmerpflanzen zeigt, daß diese es in der oft sehr trockenen Luft nur aushalten, weil sie Wasser speichern können: Kakteen, Dickblattgewächse wie die Echeveria, die Kalanchoe und die Goethepflanze (Bryophyllum) findet man auf vielen Fensterbänken. Der Gummibaum kommt noch mit wenig Licht aus und wächst in der Zimmerecke.
Auch draußen, im Garten, Schulhof oder aber in Feld und Wald finden wir auf Schritt und Tritt gute Beispiele für angepaßte Pflanzen. Denken Sie z.B. an die flachen Blattrosetten des Löwenzahns im Rasen, an Disteln und Brennesseln.

Pflanzen, die sich wehren

Dornen, Stacheln, Brennhaare, giftige Stoffe und scharfe Kristallnadeln schützen die Pflanzen vor dem Gefressenwerden.
Die Suche nach solchen Einrichtungen führt zu vielen interessanten Entdeckungen.

Ort:	**Jahreszeit:**	**Gruppengröße:**	**Alter:**	**Zeitbedarf:**
Hecken, Waldränder, Straßenränder, Gärten	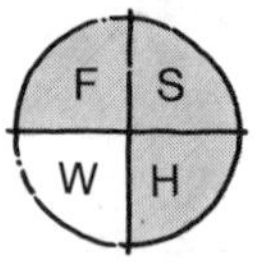	bis 20	ab 12 Jahren	60 Minuten

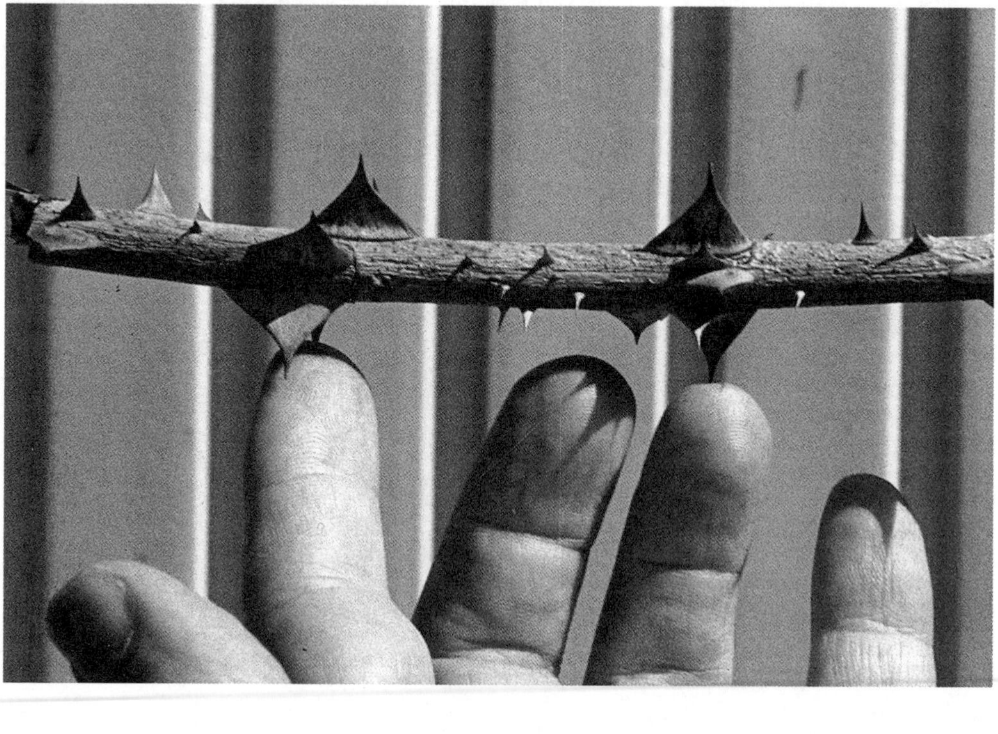

Was man wissen sollte

Viele Eigenschaften der Pflanzen können als Schutzmittel gegen Tierfraß aufgefaßt werden. Dabei helfen bestimmte Abwehrmittel in der Regel auch nur gegen ganz bestimmte Tiergruppen.
So halten z.B. Dornen und Stacheln sowie Brennhaare vor allem Säuger ab, nicht dagegen Insekten. Die Brennessel ist die Futterpflanze zahlreicher Schmetterlingsraupen. Dagegen können chemische Inhaltsstoffe teilweise als Abwehrmittel gegen Insektenfraß gedeutet werden. Der Milchsaft von Wolfsmilch-Gewächsen und Hundsgift-Gewächsen z.B. enthält Giftstoffe. Spezialisten unter den Insekten können allerdings diese Giftbarrieren durchbrechen, wie die Larve des Wolfsmilch-Schwärmers auf den von fast allen übrigen Tieren gemiedenen Wolfsmilch-Arten. Für Säugetiere giftige Beeren werden oft von Vögeln vertragen (z.B. die Frucht der Tollkirsche).
Brennhaare schützen die Brennessel vor Tierfraß. Vermutlich prägen sich unangenehme Erfahrungen mit dieser Pflanze bei Tieren genauso ein wie bei Kindern. Diese Pflanze kennt jedes Kind aus eigener Erfahrung, bevor es in der Schule etwas davon gehört hat. Natürlich werden zunächst auch alle ähnlich aussehenden Pflanzen wie Taubnessel und Nesselblättrige Glockenblume gemieden. Dadurch profitieren diese Arten. Man kann von pflanzlicher Mimikry sprechen.
Als Fraßschutz gelten auch die scharfen Kristallnadeln, die in den Zellen mancher Pflanzen eingelagert sind (Calciumoxalat-Kristalle). Sie nehmen eine Zwischenstellung zwischen mechanischen und chemischen Schutzmitteln ein: Es handelt sich zwar um chemische Stoffe, sie wirken jedoch mechanisch auf die Zunge (Beispiel: Aronstab).

Stacheln und Dornen

Zwischen Stacheln und Dornen wird im allgemeinen Sprachgebrauch meistens nicht unterschieden. In der Botanik sind jedoch beide Begriffe genau festgelegt:
Stacheln werden aus den obersten Zellschichten des Sprosses gebildet. Sie besitzen keine Verbindung mit dem Holzkörper und lassen sich leicht abbrechen (Beispiel: Brombeere, Rose).
Dornen sitzen viel fester an der Sproßachse. Sie lassen sich nur schwer abbrechen, da sie aus Umwandlung von Seitensprossen oder von Blättern entstanden sind. Sproßdornen zeigen oft noch Ansätze von Verzweigungen, Blattbildungen oder sogar Blütenknospen (Beispiel: Schlehe). Bei Pflanzen mit Blattdornen kann man zum Teil Übergänge zwischen Dornen und Blättern beobachten (Beispiel: Berberitze).

Verbreitung und Ökologie

Von 24 häufigen einheimischen Sträuchern sind 10 mit Stacheln oder Dornen bewehrt, 12 sind für Säugetiere giftig, 5 weitere besitzen stark duftende Inhaltsstoffe. Bei Bäumen sind solche Fraßschutzeinrichtungen viel seltener. Biologisch erscheint dies durchaus sinnvoll, da Sträucher Waldsäume und Lichtungen besiedeln und damit für pflanzenfressende Säugetiere besonders leicht zugänglich sind.
Auch in anderen Pflanzenformationen mit offener Gehölzvegetation (z.B. Steppen, Savannen) sind dornige und stachelige Gewächse besonders häufig.

Was man braucht

Für jede Zweiergruppe:

1 Gartenschere
1 größere Plastiktüte
1 auf Karton aufgezogener Bestimmungsschlüssel
1 Satz Aktionskarten.

Für die ganze Gruppe:

Packpapier (Tapetenbahn)
Alleskleber
Filzschreiber.

Was man vorbereiten und bedenken muß

Suchen Sie ein Gelände aus, in dem zahlreiche Pflanzen mit Stacheln, Dornen und anderen Schutzeinrichtungen zu finden sind. Oft sind Gartenanlagen oder öffentliche Parks gut geeignet, da zahlreiche Ziergehölze mit Dornen oder Stacheln ausgestattet sind (Berberitzen, Rosen, Japanische Quitte, Weißdorn, Rotdorn, Feuerdorn usw.). Ebenso geeignet sind Feldgehölze, Knicks, Waldränder oder Brachflächen.
Gegebenenfalls muß vorher beim Besitzer oder dem zuständigen Amt die Erlaubnis eingeholt werden, einzelne Zweige abzuschneiden. Kopieren Sie für jede Gruppe einen Bestimmungsschlüssel (s. S. 36) und einen Satz der Aktionskarten.

Es geht los!

1. Erklären Sie den Teilnehmern, daß Tierfraß für viele Pflanzen eine Gefahr darstellt. Am besten ist es, wenn Sie ein Beispiel für eine abgefressene Pflanze vorzeigen können (z.B. von Kaninchen benagter Kohl, von Schnecken angefressener Salat, von Rehen verbissene junge Buche). Fragen Sie, ob alle Pflanzen gleich häufig von Tieren angefressen werden. Lassen Sie Vermutungen darüber anstellen, warum es Unterschiede gibt.
2. Nennen Sie das Untersuchungsziel: Es sollen Pflanzen mit besonderen Einrichtungen gesammelt werden, die sie vor Tierfraß schützen.
3. Bilden Sie Zweiergruppen und teilen Sie jeder Zweiergruppe einen Satz Aktionskarten aus.
4. Helfen Sie den Gruppen bei ihrer Arbeit im Gelände.
5. Nach etwa 20 Minuten rufen Sie die Gruppen wieder zusammen. Lassen Sie die gesammelten Zweige und Pflanzen von jeder Gruppe auf ein Stück Tapetenbahn oder Packpapier kleben. Mit Hilfe der Bestimmungstabelle soll die Art bestimmt und anschließend mit Filzschreiber beschriftet werden.

Gespräch über Stacheln und Dornen

Bei der Besprechung bietet sich vor allem eine ökologische Vertiefung an, die über das schon einführend genannte Schutzprinzip hinausgeht. Dabei kann die Tabelle (S. 37) helfen. Aus dieser Tabelle ergibt sich, daß mehr als ein Drittel der verbreiteten einheimischen Strauchgattungen bzw. Arten mit Stacheln oder Dornen ausgerüstet ist. Nimmt man Giftigkeit und Besitz von reichlichen, intensiv duftenden Drüsen hinzu, so sind etwa zwei Drittel der einheimischen Sträucher besonders geschützt, während keine der bestandbildenden Baumarten eine solche Wehrhaftigkeit vorweisen kann (Wildapfel und Wildbirne stehen vereinzelt vor allem an Waldrändern, die Robinie ist nicht einheimisch). Bei den Nadelgehölzen sind die niederwüchsigen Arten wie Eibe oder Wacholder entweder sehr giftig oder mit harten, dornenähnlichen Nadeln ausgestattet.
Die Verbreitung geschieht bei der Mehrzahl aller Sträucher durch Vögel. Die dornigen, dichtbuschigen Sträucher des Waldrandes und der Lichtungen bieten den Vögeln auch ausgezeichneten Schutz als Ruhe- oder Nistplatz.

Aktionskarte Pflanzen, die sich wehren

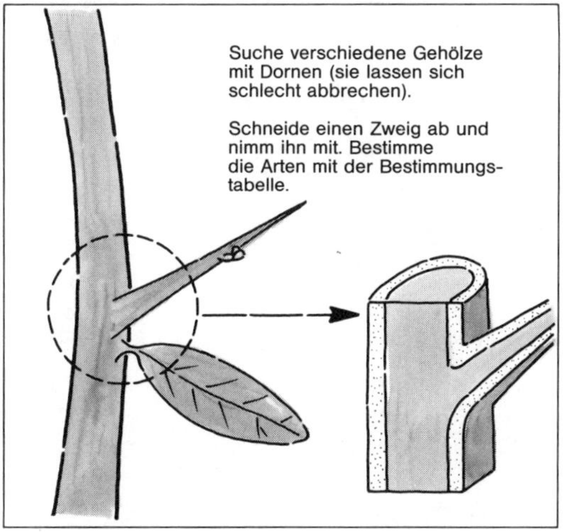

Suche verschiedene Gehölze mit Dornen (sie lassen sich schlecht abbrechen).

Schneide einen Zweig ab und nimm ihn mit. Bestimme die Arten mit der Bestimmungstabelle.

Aktionskarte Pflanzen, die sich wehren

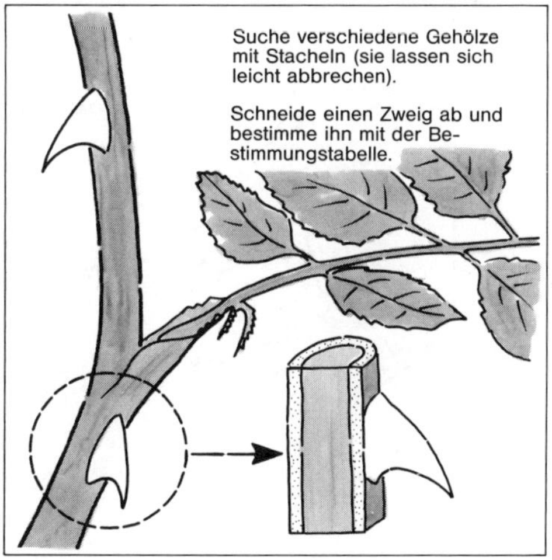

Suche verschiedene Gehölze mit Stacheln (sie lassen sich leicht abbrechen).

Schneide einen Zweig ab und bestimme ihn mit der Bestimmungstabelle.

Aktionskarte Pflanzen, die sich wehren

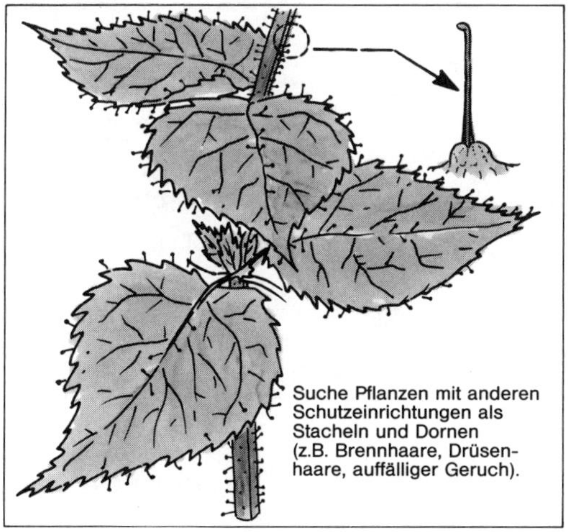

Suche Pflanzen mit anderen Schutzeinrichtungen als Stacheln und Dornen (z.B. Brennhaare, Drüsenhaare, auffälliger Geruch).

Aktionskarte Pflanzen, die sich wehren

Suche krautige Pflanzen mit stacheligen (dornigen) Blättern oder Stengeln.

Bestimmungstabelle für stechende Bäume und Sträucher im Garten

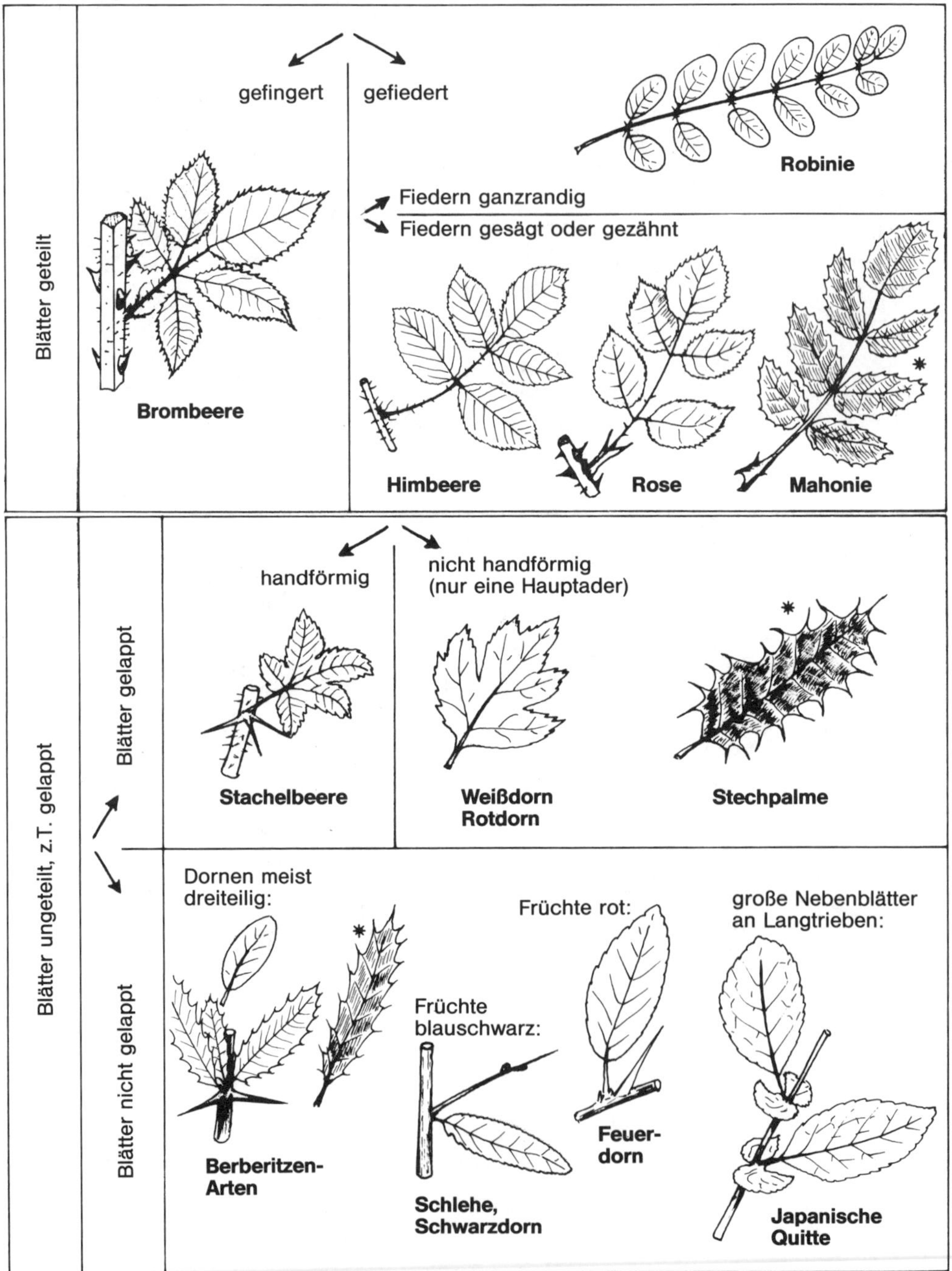

* schraffierte Blätter sind immergrün und lederig

Tabelle: Bewehrung und Verbreitung einheimischer Sträucher

Gattung/Art	stechend	duftende Inhaltsstoffe drüsig	für Säugetiere giftig	Verbreitung durch Vögel
Wacholder	+			+
Eibe			+	+
Waldrebe			+	
Berberitze (Sauerdorn)	+			+
Hasel		+		
Gagel		+		+
Schlehe (Schwarzdorn)	+			+
Weißdorn	+			+
Rose	+			+
Brombeere	+	(+)		+
Stachelbeere	+			+
Johannisbeere		(+)		+
Stechginster	+			
Besenginster			+	
Hartriegel			+	+
Efeu			+	+
Stechpalme (Hülse)	+		+	+
Pfaffenhütchen			+	+
Faulbaum			+	+
Sanddorn	+			+
Seidelbast			+	+
Sumpfporst		+	+	+
Liguster			+	+
Schneeball			+ (nur Beeren)	+

Piksige Fragen

1. Überlege, warum ein so hoher Anteil der Sträucher bewehrt ist, während bei den einheimischen Bäumen kaum Stacheln oder Dornen vorkommen.
2. Bei welchen Arten drückt sich die Wehrhaftigkeit schon im Namen aus?
3. Warum sind so viele Pflanzen aus Trokkengebieten stark bewehrt? (In diesem Zusammenhang könnte auf Zimmerpflanzen hingewiesen werden.)
4. Warum sind Waldränder und Hecken für Vögel besonders wichtig?

Was man noch machen kann

1. Kartieren von Dornen- und Stachelsträuchern. Am Waldrand, am Rande einer Lichtung oder eines Feldgehölzes wird ein Untersuchungsgebiet abgesteckt, und die Teilnehmer erhalten die Aufgabe, alle dornigen und stacheligen Gehölze mit Fähnchen zu markieren. Auf welche Zonen sind die bewehrten Arten konzentriert? Es können auch einfache Karten des Untersuchungsgebietes ausgegeben werden, die Dornpflanzen können mit Klebepunkten eingetragen werden.

2. Suche nach Vogelnestern. (Nicht während der Brutzeit!)
   Im dichten Gestrüpp von Waldrändern oder Feldgehölzen finden sich häufig alte Vogelnester. Mitten im Wald oder an einzelstehenden hohen Bäumen sind solche Vogelnester viel seltener. Die besondere ökologische Bedeutung von Waldrändern und Hecken kann besprochen werden.

Literatur

KELLE, A., STURM, H.: Pflanzen leicht bestimmt. Dümmler, Bonn, 1978.

MARTENSEN, H. O.: Pflanzen wehren sich. UB 9, H. 101, 14–18, 1985.

POLUNIN, O.: Bäume und Sträucher Europas. BLV, München, 1984.

SCHRÖDER, H.-J.: Dorn- u. Stachelpflanzen Mitteleuropas. Wittenberg, 1964.

VEDEL, H., LANGE, J.: Bäume und Sträucher. Maier, Ravensburg, 1983.

Laß Blätter fliegen

Blätter von Bäumen und Büschen werden darauf geprüft, ob sie dem Wind einen großen oder kleinen Widerstand entgegensetzen.

Ort:
Schulhof, Park, Wiese

Jahreszeit:

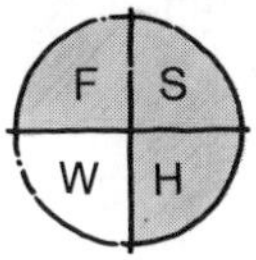

Gruppengröße:
10 bis 16

Alter:
ab 8 Jahren

Zeitbedarf:
40 bis 60 Minuten

Was man wissen sollte

Eine steife Brise oder ein kräftiger Wind können uns so manche Freilandaktivität verleiden. Aber wenn wir »Blätter fliegen« lassen wollen, dann kann uns der Wind kaum stark genug sein. Für unsere Versuche ist eine gleichmäßige steife Brise am günstigsten.
Umweltfaktoren wie Wärme, Wasser, Licht, Klima, Bodenrelief und Bodenbeschaffenheit bestimmen entscheidend den Bau und die Lebensweise von Pflanzen und Tieren. Auch der Wind ist ein Umweltfaktor. Er übt einen Druck auf alle Dinge aus, die sich ihm in den Weg stellen. Menschen und Tiere weichen Wind und Sturm aus und suchen einen geschützten Platz auf. Pflanzen sind festgewachsen und können sich dem Wind nicht entziehen.
Wieweit ein Baum oder Strauch der Gewalt von Wind und Sturm widerstehen kann, hängt unter anderem von der Anzahl, Größe und Form der Blätter ab. Je größer der Widerstand ist, den ein einzelnes Blatt dem Wind entgegensetzt, um so größer ist die Kraft, die auf die ganze Pflanze einwirkt, und um so größer kann der Schaden sein, den die Pflanze erleidet. Durch Wind und Sturm werden Zweige und Äste abgerissen und Bäume entwurzelt, zuweilen fallen ganze Waldgebiete dem Wind zum Opfer. Für die natürliche Verjüngung der nördlichen Nadelwälder spielt der Windbruch eine entscheidende Rolle.
In Gebieten, die ständigem Wind ausgesetzt sind, verändert der Wind Wachstum und Gestalt von Bäumen und Büschen. Es kommt zu Windschur und Windfahnenwuchs. Wir kennen die vom Wind geformten Bäume und Gehölze an den Küsten der Nordsee und die Wettertannen an exponierten Felsen im Hochgebirge mit ihren verdrehten Stämmen und vom Sturm zerzausten Kronen.

Blattformen

In der Regel ist es sehr leicht, ein Blatt von einem Baum oder Strauch zu pflücken. Doch mitunter können wir unsicher werden, denn es gibt Blätter, bei denen die Blattspreite in einzelne Fiedern aufgeteilt ist, wie wir dies z. B. von Rosen, Eschen und Kastanien kennen (s. Abbildung).
Bananenstauden haben riesige Blätter. Bei Wind und Sturm reißen sie seitlich bis zur Mittelrippe ein, so daß sie mehr oder weniger gefiedert aussehen und dem Wind keine so große, zusammenhängende Angriffsfläche bieten. Bei den Palmblättern sind die Reißstellen vorgebildet, so daß die Palmwedel gleichmäßig gefiedert sind.

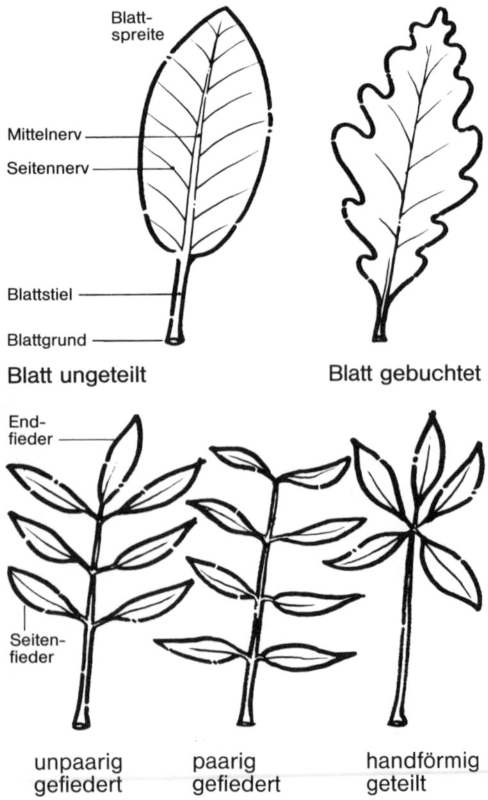

Was man braucht

Für jede Gruppe mit 2–4 Teilnehmern:

2 etwa besenstieldicke Pfähle oder Dachlatten mit einer Länge von 1,5 bis 1,8 Metern
1 Plastik-Trinkhalm
6 m Perlonschnur ∅ 0,5–1,0 mm (Angelschnur; gezwirnter Faden ist ungeeignet, da die Reibung zu groß ist)
1 Stückchen Karton
1 Rolle Tesafilm
1 Wollfaden oder Kunstseidenband, Länge ca. 50 cm

Für die ganze Gruppe:

1 Schere
1 schwerer Hammer oder ein Stein, um die Pfähle in den Boden zu schlagen.

Was man vorbereiten und bedenken muß

Als Gelände eignen sich am besten ein großer, ebener Rasen oder eine Wiese mit vielen verschiedenen Büschen und Bäumen.

Geräte

1. Die Pfähle werden an einem Ende angespitzt, so daß sie gut in den Boden eingeschlagen werden können.
2. Die Plastik-Trinkhalme werden in jeweils 4 oder 5 gleich lange Stücke zerschnitten.
3. Die Perlonschnur wird in 6 Meter lange Stücke zerschnitten und auf die Kartonstücke aufgewickelt.

Es geht los!

1. Sagen Sie der Gruppe, daß Umweltfaktoren bestimmen, welche Pflanzen und Tiere in einem Gebiet leben. Heben Sie hervor, daß auch der Wind ein Umweltfaktor ist. In einer Gegend, die heftigem Wind ausgesetzt ist, können nur Pflanzen gedeihen, die dem Wind widerstehen können. Fordern Sie die Gruppe auf, zu beobachten, wie der Wind die Blätter an Bäumen und Büschen oder das Schilf in der Umgebung bewegt.
2. Sagen Sie, daß heute untersucht werden soll, welche Blätter dem Wind den größten Widerstand bieten, sich daher in windreichen Gegenden schlecht halten. Stellen Sie eine »Blattleine« auf und zeigen Sie den Teilnehmern, wie man sie benutzt:
   a) Schlagen Sie einen Pfahl in den Boden.
   b) Befestigen Sie an einem Pfahlende ein etwa 20 cm langes Stück eines Wollfadens oder Kunstseidenbandes als Anzeiger für die Windrichtung.
   c) Schlagen Sie den 2. Pfahl genau in Windrichtung in den Boden.
   d) Fädeln Sie 4–5 Trinkhalmstücke auf die 6 m lange Perlonschnur (Angelleine).
   e) Spannen Sie die Perlonschnur straff zwischen beiden Pfählen (5 m).

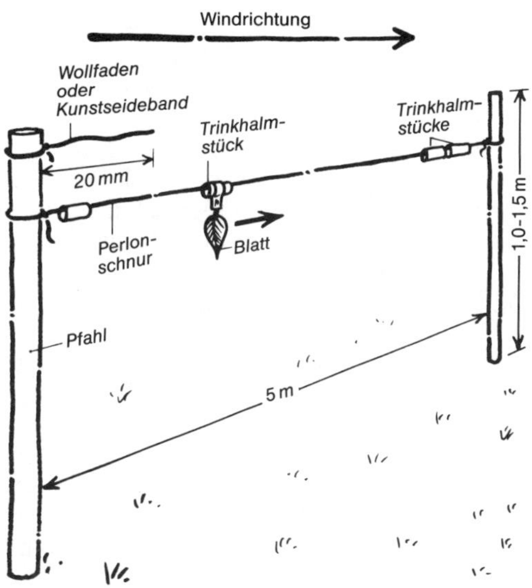

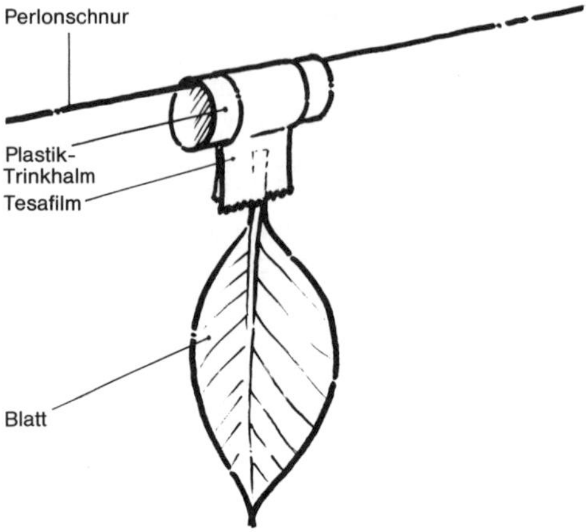

f) Befestigen Sie mit Tesafilm ein Laubblatt an einem Trinkhalm-Stück. Das Blatt sollte möglichst an seinem Blattstiel befestigt werden. Nur wenn der Stiel sehr kurz ist, kleben wir es mit der Blattbasis an dem Trinkhalm fest. Schieben Sie das Blatt bis zu dem Pfosten mit dem Windrichtungsanzeiger, und lassen Sie es dann los. Beobachten Sie, wie sich das Blatt an der Angelleine entlang bewegt. Das beste Ergebnis hat man, wenn die Blattspreite dem Wind entgegengerichtet ist.
g) Wenn sich die Windrichtung geändert hat, dann wird ein Pfahl herausgenommen und so versetzt, daß die Angelleine wieder genau in Windrichtung verläuft.
h) Weisen Sie darauf hin, daß man die ausgespannten Angelleinen schlecht sieht und Obacht geben muß, daß man nicht in sie hineinrennt.

3. Teilen Sie die Gruppe in Untergruppen mit 2 bis 4 Teilnehmern auf. Teilen Sie an jede Untergruppe einen vollständigen Materialsatz (2 Pfähle, 6 m Angelleine, 4–5 Plastikhalmstücke, Tesafilm, Wollfaden oder Kunstseidenband) aus. Helfen Sie eventuell beim Einschlagen der Pfähle. Prüfen Sie nach, ob die Leinen straff und in Windrichtung aufgespannt sind.
4. Es soll ausprobiert werden, welche Blätter schnell und welche langsam »fliegen«. Zusammengesetzte Blätter gelten als ein einziges Blatt! Geben Sie den Gruppen etwa 20 Minuten Zeit, um jeweils das »schnellste« Blatt herauszufinden.
5. Es werden 3 bis 4 Blattleinen parallel nebeneinander aufgestellt. In einem Wettbewerb wird festgestellt, welche Gruppe das schnellste Blatt hat. Es sind meist mehrere Durchgänge notwendig, um den Sieger zu ermitteln.

Windige Fragen

1. Von welchen Bäumen oder Büschen kamen die »schnellsten« Blätter? Wie bewegen sich die Bäume bzw. Büsche im Wind? Vergleiche sie mit Bäumen und Büschen, die »langsame« Blätter hatten!
2. Weichen die Blätter dem Wind aus, so daß sie ihm nur eine kleine Angriffsfläche bieten? Wie geht das vor sich? (Sind Pappeln in der Nähe, dann nimm den Stiel eines Pappelblattes zwischen die Finger und drehe ihn hin und her. Was fühlst du? – Der Stiel ist abgeflacht, so daß sich das Blatt bei der leisesten Luftbewegung hin und herbewegt und dem Wind ausweichen kann. – Besteht der Name »Zitterpappel« und der Ausdruck »Er zittert wie Espenlaub« zu Recht?
3. Vergleiche die Blätter von Pflanzen, die dicht am Boden wachsen und windgeschützt sind, mit den Blättern von Pflanzen, die mindestens mannsgroß sind.

Was man noch tun kann

1. Nicht alle Blätter haben die gleiche Form. Bewegen sich Blätter, die die gleiche Fläche, aber unterschiedliche Formen haben, gleich schnell? Welche bieten dem Wind eine gute, welche eine schlechte Angriffsfläche? Fordern Sie die Teilnehmer dazu auf, nach zwei Blättern glei-

cher Form und Größe zu suchen. Ein Blatt wird zerschnitten und mit Tesafilm zu einer neuen Form zusammengeklebt. Fliegen die beiden Blätter noch gleich schnell?

2. Findest Du in der Gegend Pflanzen, deren Wuchs vom Wind geprägt wurde? Wo stehen die Pflanzen? Wie sehen sie aus?
3. Kann der Wind auch vorteilhaft für die Pflanzen sein? Vielleicht sind schon Samen und Früchte an einigen Bäumen oder Sträuchern ausgebildet. – Wie fliegen Linden- und Ahornfrüchte im Vergleich zu einem Laubblatt? – Denke daran, daß der Wind den Blütenstaub von vielen Pflanzen verbläst und viele Bäume und Sträucher »windblütig« sind. Welche kennst Du?

Tierisches Verhalten

Vogelnester

Aus Gras, Rinde, Moos und anderen Materialien werden Vogelnester gebaut und anschließend so gut versteckt, daß sie nur schwer zu finden sind.

Ort:	**Jahreszeit:**	**Gruppengröße:**	**Alter:**	**Zeitbedarf:**
Wald, Wiese mit Hecken, Park mit Gebüsch	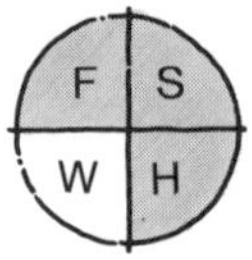	ca. 15	ab 9 Jahren	60 bis 90 Minuten

Was man wissen sollte

Unter den vielen Tieren, die ein Nest bauen, zählen die Vögel zu den emsigsten und geschicktesten Baumeistern. Die Nester bewahren nicht nur die Eier und Jungvögel vor dem Herausfallen, sondern verleihen auch durch ihre Lage, Bauweise und Färbung Schutz vor Feinden und widriger Witterung. So meißeln z.B. die Spechte ihre Nisthöhlen tief in einen Baumstamm, während der Schilfrohrsänger sein kunstvoll geflochtenes Nest zwischen Schilfhalmen aufhängt, wo es vor Marder, Fuchs und Wiesel sicher ist. Die Mehlschwalbe klebt ihr Nest an die Hauswände unter einem Dachvorsprung, und die Goldammer versteckt ihr Nest am Boden unter niedrigem Buschwerk. Selbst die kunstlose Nestmulde des Kiebitz am Boden ist nur schwer zu finden, da sich die Eier von der Umgebung kaum abheben.
Vögel nisten sowohl an den unterschiedlichsten Plätzen, wie sie auch das verschiedenartigste Nistmaterial verwenden. Spatzen tragen Gras, Wurzelfasern und Wolle in ihr Nest ein. Adler und Baumfalken verwenden Zweige und Äste, Mehlschwalben bauen ihr Nest aus Speichel und feuchtem Lehm. Der Zaunkönig verwendet fast ausschließlich Moos. Die meisten Vögel polstern ihr Nest mit weichem Material wie Federn, Wolle, Haaren und feinen Fasern aus.
Der Zaunkönig hat außer dem Nest, in dem er seine Jungen großzieht, auch Schlafnester, die er das ganze Jahr über benutzt. Viele Höhlenbrüter wie z.B. die Mehlschwalben und Meisen brüten Jahr für Jahr im selben Nest. Auch Greifvögel wie Bussard und Milan benutzen gerne den alten Horst für ihre Bruten. Andere Vögel wie z.B. Amseln, Drosseln, Buchfinken und Laubsänger bauen sich für jede Brut ein neues Nest. Während der Zeit des Nestbaues, der Brut und der Aufzucht der Jungen dürfen wir die Vögel nicht stören und bleiben deshalb von ihren Brutplätzen fern. Nur wenige Vögel, wie z.B. die Amsel, haben sich so an den Menschen gewöhnt, daß sie ihre Nester in Hecken bauen, die unmittelbar neben einem Weg oder einer Straße stehen. Brütende oder fütternde Amseln können beobachtet werden, ohne daß man sie allzusehr stört.

Was man braucht

Für jeden Teilnehmer:

1 Nestunterlage aus Draht (für 15 Teilnehmer benötigt man dazu ca. 30 Meter dünnen Draht; Bindedraht, Plombendraht).
1 Markierungsstreifen (Papier oder Plastik, ca. 2 cm × 20 cm).

Für die ganze Gruppe:

1 Schneidezange für den Draht
8 Markierungsfähnchen
(Wenn möglich 1–2 verlassene Vogelnester, z.B. Nest aus einem verlassenen Nistkasten, Amselnest aus einer Hecke im Herbst).

Was man vorbereiten und bedenken muß

Als Orte eignen sich am besten ein lichter Wald mit Unterholz und Gebüsch, ein Waldrand mit Hecken, eine Wiese mit Hecken oder ein Schulhof (Park) mit Hecken und Büschen. An dem ausgewählten Platz sollten sich möglichst viele Materialien finden lassen, die zum Bau eines Vogelnestes verwendet werden können. Weiterhin muß das Gelände gute Versteckmöglichkeiten für die Nester am Boden, in Hecken und Büschen bieten.
Die Nester können vom Frühling bis zum Herbst gemacht werden.

Herstellen der Nestunterlagen

1. Schneiden Sie für jedes Kind ein 1,5 bis 2 Meter langes Drahtstück ab.
2. Wickeln Sie den Draht locker um Ihre

Hand und Daumen, so daß etwa 10 Drahtschleifen mit einem Durchmesser von ca. 7 cm entstehen.

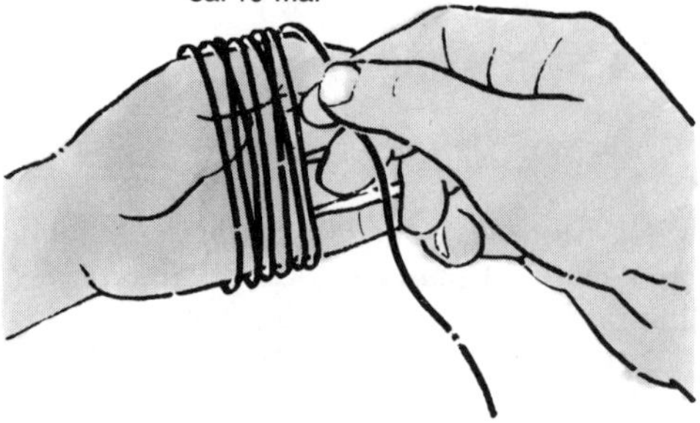

3. Binden Sie die Drahtschleifen an einer Stelle mit dem freien Drahtende zusammen.

Bereiten Sie für jedes Kind einen solchen Drahtring vor! – Die Drahtringe werden später von den Teilnehmern zu Nestunterlagen weiterverarbeitet. Dabei gehen wir so vor:

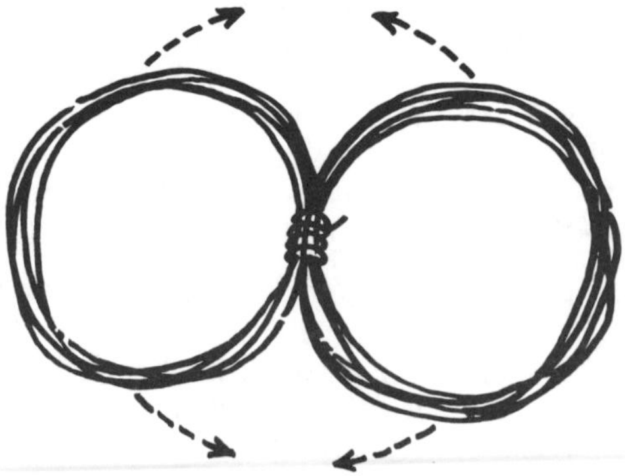

4. Teilen Sie den Drahtring so auf, daß Sie in jeder Hand etwa gleich viele Schleifen haben, und biegen Sie die beiden Ringe zu einer 8 auseinander.
5. Breiten Sie die einzelnen Schleifen in einer Ebene zu einer Art »Blume« aus.

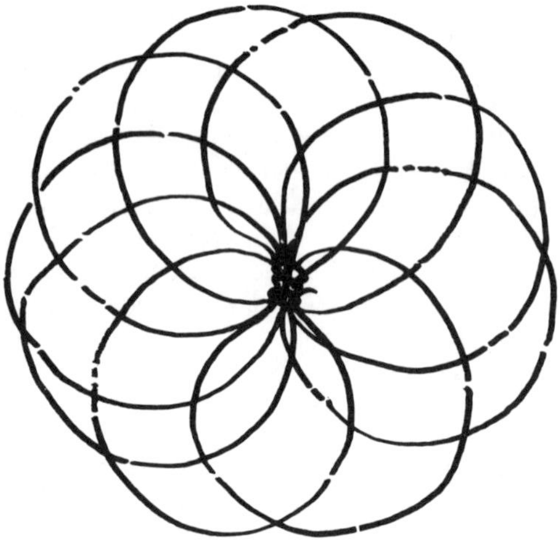

6. Ziehen Sie jetzt die Schleifen über die Schuhspitze oder über die Faust und formen Sie dabei ein Körbchen. Das Körbchen dient als Nestunterlage.

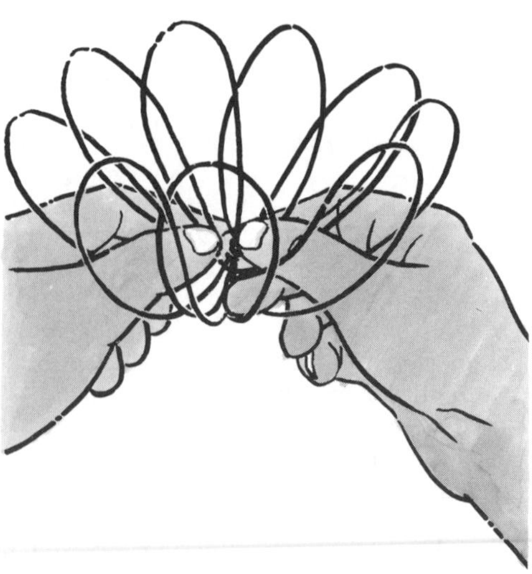

Präparieren von Vogelnestern

Vogelnester aus Nistkästen und solche, in denen Junge großgezogen wurden, sind häufig von Ungeziefer wie Milben und Flöhen befallen. Trocknen Sie ein Nest zuerst im Freien an der Sonne. Stecken Sie es dann in eine Plastiktüte und besprühen es kurz mit einem Insektenmittel. Verschließen Sie die Plastiktüte und lassen Sie das Nest für einige Stunden so liegen. Bevor Sie das Nest in das Haus nehmen, lassen Sie es gut auslüften. Ein solches Nest kann jahrelang aufbewahrt werden.

Es geht los!

1. Lassen Sie die Teilnehmer berichten, welche Vogelnester sie schon gesehen haben. – Wie sahen die Nester aus? – Wo waren die Nistplätze? Führen Sie das Gespräch so, daß die unterschiedlichsten Nestarten und die verschiedenartigsten Nistplätze angesprochen werden.
2. Geben Sie den Teilnehmern 5 bis 10 Minuten Zeit, um in der Umgebung *kleine* Proben von Materialien zu sammeln, die für den Bau eines Vogelnestes verwendet werden können. Weisen Sie darauf hin, daß Vögel die vielfältigsten Materialien zum Nestbau verwenden.
3. Da wir nicht so geschickt wie Vögel sind, benutzen wir eine Nestunterlage aus Draht. – Geben Sie jedem Teilnehmer einen Drahtring und zeigen Sie, wie man ein Körbchen formt.
4. Die Nester sollen im Gelände möglichst wenig auffallen. Fordern Sie die Teilnehmer auf, daß sie sich überlegen, wo später ihr Nest versteckt werden soll (Gebüsch, Hecke, Boden). Entsprechend sollen die Materialien gewählt werden.
5. Geben Sie der Gruppe 30 bis 45 Minuten Zeit, die Nester herzustellen. – Wenn nötig geben Sie Hilfen: Gräser können in den Drahtkorb eingewoben werden, Zweigstückchen kann man zwischen die Drahtschlingen schieben, mit Moos und Flechten kann das Nest ausgekleidet werden. – Regen Sie dazu an, daß möglichst unterschiedliche Nester gebaut werden.
6. In der Zeit, in der die Nester von der Gruppe gebaut werden, stecken Sie mit den Fähnchen zwei Flächen von je etwa 10×10 Meter aus. Die beiden Areale sollten durch eine Baum- oder Gebüschgruppe so voneinander getrennt sein, daß man nicht von einem Feld in das andere sehen kann.
7. Sind die Nester fertig, dann sagen Sie der Gruppe, daß wir nun die Nester verstecken wollen. Die Nester dürfen nur auf dem Boden, in Sträuchern, Hecken und Büschen versteckt werden. Es ist nicht erlaubt, auf Bäume zu klettern! Die Nester müssen so versteckt sein, daß der Vogel auf jeden Fall einen freien Zugang zu der Nestmulde hat.
8. Bilden Sie zwei gleich große Gruppen, die in die beiden abgesteckten Felder gehen, um ihre Nester zu verstecken.
9. Sind alle Nester versteckt, dann wechseln die beiden Gruppen die Felder. Jeder Teilnehmer bekommt einen Markierungsstreifen. Als »Ornithologe« durchstreift er jetzt das Gebiet. Wer einen Nistplatz entdeckt hat, kennzeichnet ihn mit einem Markierungsstreifen.
10. Versammeln Sie nach etwa 5 Minuten alle Teilnehmer in einem der beiden Spielfelder.
    Wurden alle Nester gefunden? – Wenn nein, dann gibt der Spieler, dessen Nest noch nicht gefunden wurde, Hilfen: z.B.: Mein Vogel nistet in einer Brombeerhecke. Die Hecke steht neben einem Haselstrauch usw. Oder er gibt durch die Rufe »warm« und »kalt« an, ob sich der Sucher dem Nest nähert oder sich entfernt.
    Sind alle Nester gefunden, dann wird das Feld gewechselt.

11. Vergessen Sie am Schluß nicht, die Nester, Fähnchen und Markierungsbänder wieder einzusammeln.

Vogelgezwitscher

1. Welche Nester waren schwer zu finden? Aus welchem Grund?
2. Welche Nistplätze bieten wahrscheinlich den besten Schutz vor Beutegreifern? – Vor schlechtem Wetter?
3. Welches Nest war am widerstandsfähigsten? Aus welchen Materialien war es gemacht? Wie waren sie verarbeitet?
4. Welche Schwierigkeiten hattest Du beim Herstellen des Nestes? Wie werden wohl die Vögel damit fertig?

Was man noch tun kann

1. Zeigen Sie den Teilnehmern ein oder zwei Vogelnester, die Sie mitgebracht haben. Sagen Sie, wie Sie zu den Nestern gekommen sind (Nistkastenkontrolle, vom Sturm auf den Boden geworfenes Nest etc.). Wie unterscheiden sich diese Vogelnester von denen, die wir gemacht haben? – Vermutlich kommen uns unsere eigenen Nester, auf die wir vorher noch so stolz waren, jetzt recht bescheiden oder sogar kümmerlich vor.
2. Ab September können Sie im Gebüsch nach verlassenen Vogelnestern suchen lassen. Um Vögel zu schützen, werden die Nester auch jetzt nicht entfernt; weisen Sie darauf hin, daß manche Vögel, wie z.B. der Zaunkönig, ihr Nest als Schlafplatz benutzen. Im Spätherbst und Winter sind Krähen- und Elsternester gut auf den kahlen Bäumen zu sehen.
3. Im Herbst werden die Vogelnistkästen kontrolliert und gereinigt. Fragen Sie beim Forstamt oder dem Deutschen Bund für Vogelschutz (DBV) nach, ob Sie mit der Gruppe an einem Nachmittag mitkommen dürfen.

Spinnennetze

Im Freiland werden verschiedene Netztypen der Spinnen aufgespürt; man untersucht, welche Beutetiere die Spinnen fangen.

Ort:
Wiesen,
Weiden,
Wallhecken,
Brachland,
Waldlichtungen

Jahreszeit:

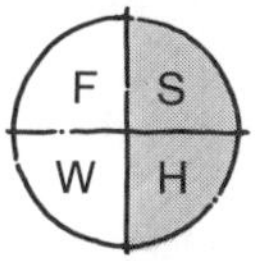

Gruppengröße:
10 bis 12

Alter:
ab 8 Jahren

Zeitbedarf:
45 bis
60 Minuten

Was man wissen sollte

Netze

Alle Spinnen jagen und leben räuberisch. Grundverschieden sind jedoch die Methoden, mit denen sie ihre Beute überwältigen. Die meisten Spinnen bauen Fangnetze, von denen wir verschiedene Typen beobachten können.
Am bekanntesten und kunstvollsten sind wohl die *Radnetze*, wie wir sie z. B. von der Kreuzspinne kennen.
Manche Spinnenarten graben Wohnröhren in den Boden, die sie mit einem fein gewobenen Überzug aus Spinnfäden austapezieren. Von der Mündung dieser *Röhrennetze* ziehen Stolper- und Signalfäden nach allen Richtungen. Sie zeigen den Spinnen an, ob ein Insekt in der Nähe ist.
Die Trichterspinnen, zu denen z. B. die häufige Hauswinkelspinne gehört, haben die Technik der Röhrenspinnen »verbessert« und legen ein *Trichternetz* an. Die Wohnröhre ist nach beiden Seiten offen. Der Eingang ist durch eine trichterförmige Gewebedecke verbreitert, in deren lockeren Fäden sich Insekten wie an Fußangeln verfangen.
Wenig Chancen haben Insekten, wenn in die Fangnetze Klebefäden eingezogen werden. Die einfachsten Netze mit Klebefäden sind die *Haubennetze* der Haubennetzspinnen, die wir dann und wann zwischen dem Fensterrahmen und dem Fensterbrett ausgespannt finden. Mit Spannfäden sind Gewebedecken aufgehängt, von denen einzelne Klebefäden nach unten hängen, in denen sich kleine Beutetiere verfangen, die am Boden krabbeln. Beutetiere werden von manchen dieser Spinnen mit Leim beworfen und gefesselt.
Baldachinnetze finden wir besonders im Herbst in Fichten- und Kiefernschonungen. Auch die Baldachinspinnen haben Klebefäden in ihre Netze eingesponnen. Die Beute verfängt sich im Fadengewirr. Die Spinne rüttelt, unten im Netz hängend, an den Fäden, so daß die Beute hinabfällt.

Beutefang

Die Spinnen sitzen entweder in ihrem Netz oder in einem Schlupfwinkel und warten, bis sich ein Insekt verfangen hat. Über besondere Signalfäden werden die Bewegungen, die das Insekt verursacht, zu der Spinne geleitet. Sie nimmt die Erschütterungen mit ihren Beinen wahr und eilt zu ihrer Beute. Dem Opfer wird durch einen Biß mit den hohlen Giftklauen ein lähmendes Gift eingespritzt. Viele Spinnenarten spinnen ihre Beute zusätzlich so lange ein, bis sie bewegungslos ist.
Durch die Bißwunde preßt die Spinne mit dem Mund Verdauungssekret in die Beute ein, das deren innere Organe und Muskeln verflüssigt.
Diese Flüssigkeit wird dann von der Spinne aufgesaugt, so daß nur noch die leere, unverdauliche Hülle aus Chitin übrigbleibt. Bis heute ist noch nicht völlig geklärt, wie sich die Spinnen in ihren Netzen bewegen, ohne sich selbst zu verfangen. Man weiß, daß es in vielen Netzen klebrige Fangfäden und andere Fäden gibt und sich die Tiere mit besonders ausgebildeten Klauen an den Füßen nur auf den nicht klebenden Fäden bewegen. Jedoch gelingt ihnen das nur im eigenen Netz. Werden sie in ein fremdes Netz gebracht, dann verfangen sie sich hoffnungslos.

Was man braucht

Für jede Zweiergruppe:

Aktionskarten
farbige Stoff- oder Plastikstreifen, die an einen Busch gebunden oder an einen Stein oder eine Mauer geklebt werden können.
Klebeband (z. B. Tesakrepp)
1 Plastiktüte
1 Insektenfangnetz
1 Pinzette

Borsten von einem Besen oder feine, trokkene Grashalme
1 Vergrößerungsglas
1 Wasserzerstäuber (Pflanzenbesprüher oder sehr gründlich ausgespülte Sprühflasche, in der z.B. Fensterputzmittel enthalten war). Das Wasser muß sehr fein zerstäubt werden können.
1 Taschenlampe (nur wenn die Beobachtungen nachts durchgeführt werden).

Was man vorbereiten und bedenken muß

Spinnen und ihre Netze finden wir überall: an Gebäuden, Gemäuern, am Boden, in Hecken, Büschen, Bäumen, zwischen Gräsern und Kräutern. Am besten eignet sich ein Gelände, auf dem wir die verschiedenartigsten Spinnennetze finden. Überprüfen Sie verschiedene Biotope, bevor Sie ein bestimmtes, genau festgelegtes Areal für die Untersuchung festlegen.
Die schönsten Spinnennetze findet man im Sommer und Herbst. Da starker Regen die Spinnennetze zerstört, warten wir nach einem Platzregen zwei bis drei Tage ab, bis wir unsere Untersuchung durchführen, es sei denn, wir machen uns von der Witterung unabhängig und verlegen unsere Beobachtungen und Versuche in einen geeigneten Schuppen oder eine Scheune. Vergessen Sie nicht, rechtzeitig die Aktionskarten zu vervielfältigen (s. S. 53).

Es geht los!

Netze

1. Legen Sie die Grenzen des Gebietes, in dem nach Spinnennetzen gesucht wird, eindeutig fest. Wege, auffallende Bäume und Hütten eignen sich z.B. gut zur Markierung der Grenzen.
2. Zeigen Sie der ganzen Gruppe, wie man die fast unsichtbaren Spinnennetze durch behutsames Besprühen mit Wasser oder bei Nacht durch Anleuchten mit einer Taschenlampe deutlich sichtbar machen kann. (Herbstlicher Morgennebel hat denselben Effekt).
3. Fragen Sie die Teilnehmer, wer die Netze gesponnen hat und welchen Zweck sie haben. Offene Fragen lassen Sie zunächst noch unbeantwortet.
4. Sagen Sie den Teilnehmern, daß alle einheimischen Spinnen für den Menschen ungefährlich sind. (Nur zwei Arten können schmerzhaft beißen: eine Wasserspinne und der seltene Dornfinger, der nur an wenigen warmen Stellen im Rheintal vorkommt.)
5. Um die Spinnen nicht zu stören und die Netze nicht zu beschädigen, nehmen wir keine Spinnen in die Hand.
6. An jede Zweiergruppe werden eine Sprühflasche, verschiedene Stoff- oder Plastikstreifen und Klebeband, sowie die Aktionskarten ausgeteilt.
7. Stellen Sie folgende Aufgaben: Die Zweiergruppen verteilen sich gleichmäßig über das abgesteckte Gebiet und versuchen, möglichst viele Spinnennetze aufzufinden. Der Ort, an dem ein Netz ausgemacht wurde, wird mit einem Stoffstreifen gekennzeichnet. Aber die Spinne darf nicht gestört werden. Mit Hilfe der Aktionskarten soll herausgefunden werden, um welche Netzart (z.B. Radnetz, Trichternetz) es sich handelt.
8. Gehen Sie als Leiter von Gruppe zu Gruppe und helfen Sie beim Suchen. Achten Sie darauf, daß nicht zuviel Wasser auf die Netze gesprüht wird.
9. Nach 10 bis 15 Minuten werden die Gruppen zurückgerufen. Die Sprühflaschen werden eingesammelt.
10. Fordern Sie die Gruppen auf, zu berichten, wo sie Spinnennetze gefunden haben, welche Form und Größe sie hatten, ob Beute im Netz war und ob sie die Spinne gesehen haben.

Beutefang

1. Zeigen Sie der Gruppe, wie man mit dem Insektennetz in einer Wiese oder an einem grasigen Wegrand Insekten fängt, oder wie man eine Plastiktüte über einen Zweig stülpt und von Bäumen und Büschen Insekten abklopft.
2. Zeigen Sie, wie man mit einer Pinzette ein kleines Insekt faßt und in ein Spinnennetz gibt.
3. Jede Zweiergruppe soll in ein Spinnennetz ein Insekt geben. Es soll beobachtet werden, wie sich die Spinne verhält. Nähert sie sich der Beute? Was macht sie, wenn sie die Beute erreicht hat? Teilen Sie an die Zweiergruppen je eine Plastiktüte, ein Insektennetz und eine Pinzette aus. (Wenn keine Pinzetten vorhanden sind, kann man die Insekten auch von Hand in das Netz werfen.)
4. Gehen Sie von Gruppe zu Gruppe und helfen Sie, wenn nötig.
5. Fordern Sie die einzelnen Gruppen mit weiteren Aufgaben heraus: Berühre mit einer Borste oder einem feinen Grashalm verschiedene Fäden eines Spinnennetzes. Gibt es Fäden, die klebrig sind? Wie verlaufen sie? Wie unterscheiden sie sich von den andern? – Warum bleibt die Spinne nicht im eigenen Netz hängen? Beobachte, wie sie sich bewegt! An welchen Fäden hält sie sich fest?

»Was blieb hängen?«

Rufen Sie zum Schluß alle Teilnehmer zusammen und lassen Sie abschließend berichten. Eventuell gehen Sie mit der ganzen Gruppe zu einem besonders schön oder typisch gebauten Netz, um es allen zu zeigen. Sie können die Untersuchung mit der Frage abschließen, ob es außer den Spinnen noch andere Tiere gibt, die ihre Beute mit Netzen oder Fallen fangen (z.B. Ameisenlöwe).
Und noch eines: Vergessen Sie nicht, die Stoff- oder Plastikstreifen zum Schluß einsammeln zu lassen!

Was man anders machen kann

Da die meisten Spinnen nachts aktiv sind, lohnt es sich, die Untersuchung nach Einbruch der Dämmerung durchzuführen. Im Lichtkegel einer Taschenlampe leuchten die Spinnennetze hell auf und sind gut zu finden. Bedenken Sie aber, daß das Untersuchungsgebiet möglichst unfallsicher sein muß.
Besonders lohnend ist es, Spinnennetze zu beobachten, die vor einer Straßenlaterne oder einem erleuchteten Fenster aufgespannt sind, da durch das Licht viele Insekten angelockt werden. Welche Insekten wurden gefangen? Wenn die Spinne eine gute Jagd hatte, finden wir am Boden viele weiße, angetrocknete Kotttröpfchen.

Literatur

KULLMANN, E. und STERN, H.: Leben am seidenen Faden. Die rätselvolle Welt der Spinnen. Kindler, München, 1981.

JONES, D.: Der Kosmos-Spinnenführer. Franckh, Stuttgart, 1983.

SAUER, F.: Die schönsten Spinnen Europas, nach Farbfotos erkannt. Fauna-Verlag, Karlsfeld, 2. Aufl., 1984.

Aktionskarte Spinnennetze

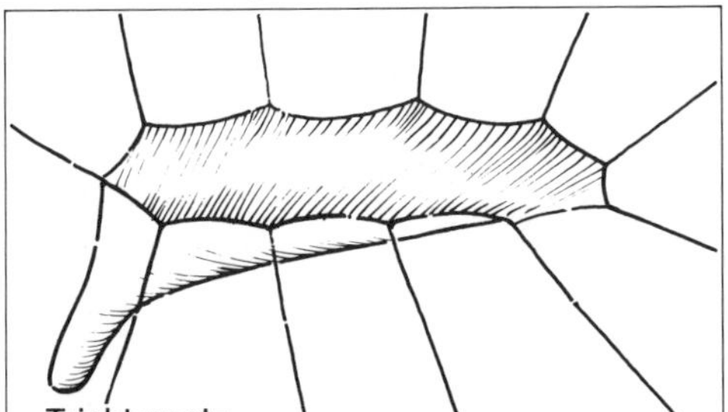

Trichternetz

Dicht und flach über dem Boden. In der Mitte oder seitlich mit schräg nach unten führender Wohnröhre. Breite etwa 10-30 cm.
Kleine Beutetiere verfangen sich in den nicht klebenden Fäden. Die langbeinige Spinne mit langen Spinnwarzen sitzt am Ende der Wohnröhre.
Vorkommen: lichte Wälder, Hecken, Ödland, Zimmerecken.

Aktionskarte Spinnennetze

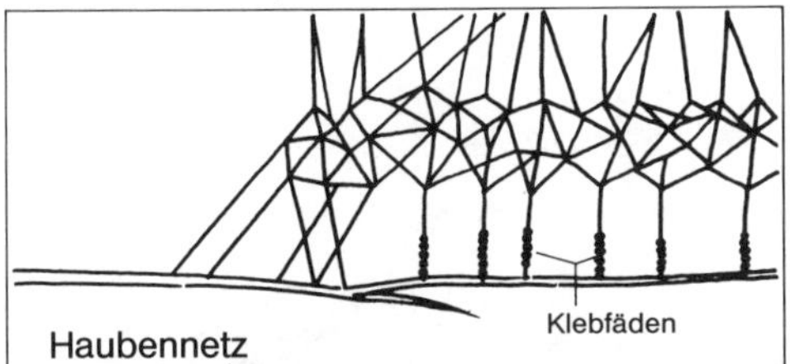

Haubennetz

Die Haubennetzspinnen sind bis 1 cm lang und haben einen kugelförmigen Hinterleib. Das Netz ähnelt einer Haube, denn mittels Spannfäden hat die Spinne eine Gewebedecke aufgehängt. Von ihr hängen klebrige Fäden herab, in denen sich Beutetiere verfangen. Zusätzlich bewirft die Spinne ihre Beute mit einer Art Klebstoff und fesselt sie.

Aktionskarte Spinnennetze

Radnetz

Mit Rahmenfäden, strahligen Speichenfäden und gewundenen klebrigen Spiralfäden. Netz mehr oder weniger senkrecht. Breite etwa 15-35 cm. Man findet es zwischen Pflanzen, an und in Häusern.

Aktionskarte Spinnennetze

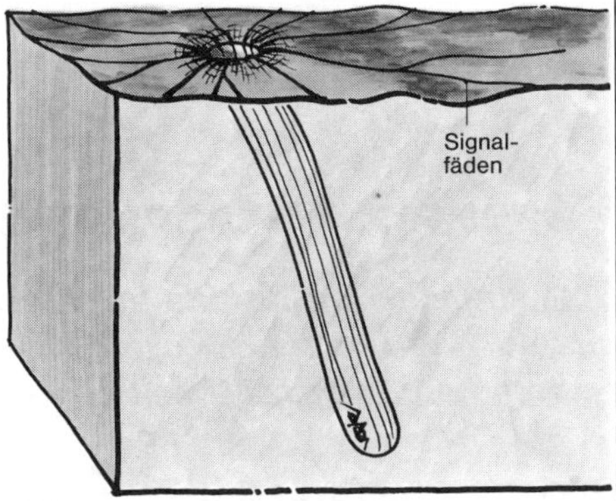

Röhrennetz

Die Röhrennetzspinnen leben in Kolonien in warmem, sandigem Boden. Hierein gräbt die Spinne eine Erdröhre und wohnt darin. Sie hat die Röhre mit Spinnfäden austapeziert. Vom Eingang der Röhre ziehen Fangfäden in die Umgebung. Sie frißt vor allem Käfer.

Aktionskarte Spinnennetze

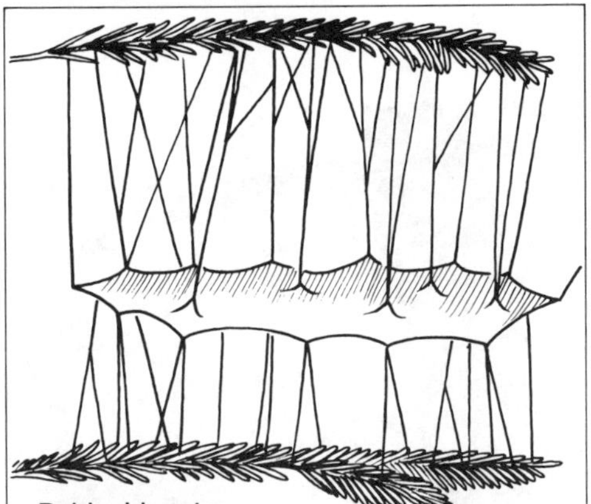

Baldachinnetz

Waagrechtes dichtes Netz, darüber viele Stolperfäden. Breite etwa 10-30 cm. Die Spinnen (bis 6 mm lang) sitzen unter dem Baldachin und ergreifen die Beute durch das Netz.
Vorkommen: Kiefern- und Fichtenschonungen, größere Pflanzen.

Vögel am Futterplatz

Eine einfache Futterstelle für Vögel wird eingerichtet und das Verhalten der Vögel während ein bis zwei Wochen beobachtet.

Ort:	**Jahreszeit:**	**Gruppengröße:**	**Alter:**	**Zeitbedarf:**
Schulhof, Garten, Ferienlager	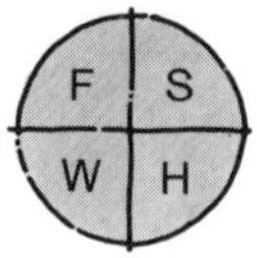	2 bis 20	ab 10 Jahren	45 bis 60 Minuten

Was man wissen sollte

Vögel leben rings um uns. Selbst in Großstädten sind sie noch anzutreffen. Haussperlinge, Amseln, Kohlmeisen, Hausrotschwänzchen, Buchfinken und andere brüten regelmäßig an den Häusern, unter den Dächern und in den Parkanlagen. Jedoch nehmen sich nur wenige Menschen die Zeit, die Vögel genauer zu beobachten.
Das ganze Jahr über kann man Vögel an einen Futterplatz locken, denn sie haben einen hohen Nahrungsbedarf. Fliegen ist anstrengend und kräftezehrend. Trotz ihrer Kleinheit brauchen die Vögel wegen ihrer großen Körperoberfläche viel Nahrung, und sie verbringen täglich viele Stunden mit Futtersuche. An der Futterstelle kann man das Verhalten der Vögel aus der Nähe beobachten. Es reicht, wenn wir eine einfache Futterstelle einrichten, verschiedene Sorten Vogelfutter bereithalten, den Vögeln bei ihrem Treiben zusehen und einige einfache Versuche durchführen, um mit einer Fülle von Beobachtungen belohnt zu werden.
Üblicherweise werden bei uns die Vögel nur im Winter am Futterhäuschen oder Fensterbrett gefüttert. Doch gerade die Winterfütterung bekommt den Vögeln schlecht. Die Futterstellen sind klein und werden von sehr vielen Vögeln besucht. Manche von ihnen sind krank und scheiden in ihrem Kot Krankheitserreger aus, mit denen das Futter infiziert wird, so daß die Seuche um sich greifen kann. Weiterhin werden durch die Fütterung die Vögel von einem großen Gebiet an das Futterhäuschen gewöhnt und verlassen sich darauf, regelmäßig gefüttert zu werden. Bleibt aus irgendeinem Grunde die Fütterung aus, dann finden die Vögel in der Umgebung nicht genügend Futter und verhungern. Das kann z.B. in den Weihnachtsferien passieren. Eine Blaumeise stirbt, wenn sie in einem eisigen und frostigen Winter ein bis zwei Tage nichts zu fressen findet.

Was man braucht

Für die ganze Gruppe:

1–2 Hämmer
Kneifzange
1 Rolle Draht, ∅ ca. 1 mm
Nagelbohrer
1 feine Holzsäge
Nägel, verschiedene Größen
Reißnägel
1 Rolle Angelschnur
Wachsmalfarben
Klebstoff

Für jede Zweiergruppe:

1 Bauanleitung »Futterhäuschen für Vögel«
1 Bastelanleitung »Augenfleck«
1 Bastelanleitung »Vogelattrappen«
1 Satz Aktionskarten (s. S. 58ff)
2 Deckel von Marmeladengläsern
2 Obstkistchen mit geschlossenem Boden (notfalls Karton oder Hartfaserplatte einlegen), ca. 30 × 40 cm
Vogelfutter (verschiedene Sorten: z.B. Kanarienfutter, Beo-Futter, Rosinen, Getreidekörner, Sonnenblumenkörner, Hühnerfutter, Meisenknödel u.a.)
mehrere kleine Plastiktüten
(eventuell ein großer Holzpfahl, Länge ca. 1,5 m, ∅ ca. 10 cm).

Was man vorbereiten und bedenken muß

Zeitbedarf

Man braucht etwa eine Stunde, um einen einfachen Futterplatz für Vögel einzurichten. Bedenken Sie aber, daß es damit noch nicht getan ist, sondern daß man die Vögel ein bis zwei Wochen beobachten muß. D.h. also: Bevor Sie einen Futterplatz einrichten, müssen Sie sich vergewissern, daß Sie die Teilnehmer nach ein bis zwei Wochen wieder sehen, bzw. daß Sie so lange mit ihnen die Vögel beobachten können.

Auswahl des Ortes

Die Futterhäuschen können in jedem Schulhof, Garten oder Vorgarten aufgestellt werden. Es ist günstig, wenn sie vor Regen geschützt sind. Die Futterhäuschen müssen gut befestigt werden, damit sie vom Wind nicht weggeweht werden können. Denken Sie auf jeden Fall daran, daß die Futterhäuschen so aufgestellt werden, daß sie von Katzen nicht erreicht werden können. Vögel lieben es, wenn in der Nähe der Futterstelle einige Büsche und Bäume stehen.

Jahreszeit

Futterplätze werden von den Vögeln außer im Winter auch im zeitigen Frühjahr und im Herbst gern angenommen. Im Sommer ernähren sich Meisen ausschließlich von Insekten und nehmen kein Körnerfutter auf. Selbst Sperlinge und Finken füttern ihre Jungen mit Insekten. Da das Nahrungsangebot im Sommer für die Vögel in der Natur groß ist, fliegen sie die Futterstelle nicht sehr eifrig an. Um die Vögel nicht zu sehr an einen Futterplatz zu gewöhnen, sollte man die Fütterung nach etwa zwei Wochen abbrechen.

Es geht los!

Ein Futterhäuschen für die Vögel

1. Regen Sie die Teilnehmer dazu an, Vorschläge zu machen, wie man Vögel an einen bestimmten Platz locken kann, um sie aus der Nähe zu beobachten. Besprechen Sie Vor- und Nachteile der einzelnen Möglichkeiten. Wenn nötig, dann bringen Sie den Gedanken, daß man Vögel anfüttern kann, in das Gespräch mit ein.
2. Stellen Sie heraus, daß es nicht unser Ziel ist, den Vögeln über den Winter zu helfen, sondern daß wir ihr Verhalten beobachten wollen. Sie können hier darauf hinweisen, daß die Winterfütterung für die Vögel sogar gefährlich sein kann. Machen Sie deutlich, daß man Vögel zu allen Jahreszeiten anfüttern kann.
3. Sagen Sie, daß immer zwei Teilnehmer zusammen ein Futterhäuschen für die Vögel basteln. Geben Sie jeder Zweiergruppe eine Bauanleitung »Futterhäuschen für Vögel«, und stellen Sie die Arbeitsmaterialien bereit. Da die Obstkistchen schon nahezu unseren Anforderungen entsprechen, ist der Arbeits- und Zeitaufwand gering. Helfen Sie, wenn Sie sehen, daß ein Teilnehmer Schwierigkeiten im Umgang mit Werkzeugen oder dem Material hat. Nach etwa 15 bis 20 Minuten dürften die Arbeiten abgeschlossen sein.

Versuche zum Verhalten der Vögel

1. Fordern Sie die Teilnehmer auf, sich auszudenken, was man bei den Vögeln beobachten kann, welche Versuche man machen könnte. Gehen Sie auf die einzelnen Vorschläge ein und besprechen Sie sie. Prüfen Sie mit der Gruppe zusammen, ob und wie sich die Versuche verwirklichen lassen.
2. Teilen Sie an jede Zweiergruppe die Aktionskarten aus, und lassen Sie Versuche, die von der Gruppe vorgeschlagen wurden und nicht auf den Kärtchen stehen, in die leere Aktionskarte 5 mit der Überschrift »Eigene Versuche« eintragen.
3. Besprechen Sie die Versuche auf den Aktionskarten, und händigen Sie die Bauanleitungen für »Augenfleck« und »Vogelattrappen« an jede Zweiergruppe aus. Helfen Sie beim Herstellen der Attrappen. Prüfen Sie besonders, ob sich die Augenflecke gut öffnen.

Aufstellen des Futterhäuschens

1. Heben Sie hervor, daß es wichtig ist, einen guten Platz für das Futterhäuschen auszuwählen. Die Vögel müssen auf jeden Fall vor Katzen sicher sein. Das Futterhäuschen sollte:
   - Gut sichtbar für die Vögel sein,
   - gut sichtbar für die Beobachter sein,
   - nahe von Büschen oder Bäumen stehen,
   - es kann an einen Baum, auf einen Zaun, Fensterbrett oder Pfahl gestellt werden. In jedem Fall muß es so gut befestigt werden, daß es weder vom Wind noch von den Vögeln heruntergestürzt werden kann.
2. Sollen die Vögel in einem Schulhof oder während eines Ferienlagers beobachtet werden, dann wählen Sie mit den Teilnehmern geeignete Plätze aus. Wollen die Teilnehmer die Futterplätze zu Hause einrichten, dann lassen Sie sich beschreiben, wo und wie die Futterhäuschen aufgestellt werden sollen. Weisen Sie darauf hin, daß es ein bis zwei Tage dauern kann, bis die Vögel den Futterplatz entdeckt haben.

Vogelgezwitscher

Wenn die Futterhäuschen auf dem Schulhof oder während eines Ferienlagers aufgestellt wurden, dann sollten Sie die Beobachtungen täglich mit den Teilnehmern besprechen. Wurden die Beobachtungen zu Hause durchgeführt, dann werten Sie die Ergebnisse ein oder zwei Wochen später aus.

- Welche Vögel besuchten den Futterplatz?
- Wie näherten Sie sich der Futterstelle?
- Waren zänkische Vögel dabei, die versuchten, die andern zu vertreiben?
- Wie viele verschiedene Vogelarten hast Du gleichzeitig an dem Futterhäuschen beobachtet?
- Welche Vögel fraßen von welchem Futter?
- Wie reagierten die Vögel auf die Augen- und Vogel-Attrappe?
- Verhielten sich die Vögel unterschiedlich, wenn sich die Futternäpfe auf verschieden farbigem Untergrund befanden?
- Welche Beobachtungen hast Du sonst noch gemacht?

Was man noch tun kann

1. Bestimme mit Hilfe eines Vogelbuches die Vögel am Futterplatz.
2. Gab es Vögel, die sich zwar in der Nähe des Futterplatzes aufhielten, ihn aber nicht besuchten? Welche waren es?
3. Stelle das Futterhäuschen an verschiedenen Stellen auf. Kommen jetzt andere Vogelarten zum Fressen? Welche sind es?

Literatur

Es gibt eine Reihe von sehr guten Bestimmungsbüchern, von denen hier nur drei genannt seien:

HEINZEL, H., FITTER, R., PARSLOW, J.: Pareys Vogelbuch. Parey, Hamburg, 1983.

HAYMANN, P.: Vögel. Hallwag, Bern und Stuttgart, 1970. (Mit sehr guten Hinweisen für Beobachtungen der Vögel im Freiland).

PETERSON, R.T., MOUNTFORT, G., HOLLOM P.A.: Die Vögel Europas. Parey, Hamburg, 1984.

Aktionskarte 1

Welche Vögel sind am Futterhaus

Notiere, welche Vögel Du am Futterhaus beobachtest.
Kommen sie einzeln oder sind es mehrere derselben Art?
Streiten sie sich? Vertreiben sie andere Vögel?
Fressen sie im Häuschen oder tragen sie das Futter weg?

Lege Dir für Deine Beobachtungen einen kleinen Beobachtungskalender nach folgendem Muster an:

Datum	Vogelarten	Beobachtungen

Aktionskarte 2

Futterwahl

Schlage mit einem Hammer und einem Nagel je ein Loch in zwei Marmeladenglasdeckel. Befestige die beiden Deckel am Boden zu beiden Seiten des Futterhäuschens.

Biete den Vögeln in den beiden Deckeln verschiedenes Futter an,

z. B.: Sonnenblumenkerne und Weizenkörner
oder Rosinen und ein Stück eines Meisenknödels
oder feine Sämereien und Apfelstücke.

Probiere eigene Kombinationen aus.

Beobachte über einen Zeitraum von mehreren Tagen, welche Vögel welches Futter fressen. Gibt es Futter, das von allen gefressen (verschmäht) wird?

Aktionskarte 3

Attrappenversuche: Vögel

Hefte eine Vogelattrappe an das Futterhaus. Beobachte, wie sich die Vögel verhalten. Probiere große und kleine sowie verschieden angemalte Attrappen aus. Wie reagieren Vögel auf Spechtattrappen? Vergiß nicht, den Kopf der Spechte rot anzumalen.

Aktionskarte 4

Attrappenversuche: Augenflecke

Befestige die Augenfleckattrappe am Futterhaus.
Achte darauf, daß das Futterhaus fest steht und durch die Angelschnur nicht herabgezogen werden kann.

Wie verhalten sich die Vögel, wenn die Augenflecke plötzlich aufklappen? Kennst Du Schmetterlinge, die Augenflecke auf ihren Flügeln tragen? Wenn nicht, dann sieh in einem Biologiebuch nach, ob Du Bilder von solchen Schmetterlingen findest.

Verändere die Form, Größe und Zeichnung der Attrappe.
Reagieren die Vögel auch auf sie, wenn keine Augen vorhanden sind?
Gib den Vögeln zwischen zwei Versuchen genügend Zeit, sich zu beruhigen.

Aktionskarte 5

Eigene Versuche

Denke Dir selbst Versuche aus, die Du am Futterhaus durchführen kannst.

____

____

____

____

Aktionskarte Bauanleitung: Futterhäuschen für Vögel

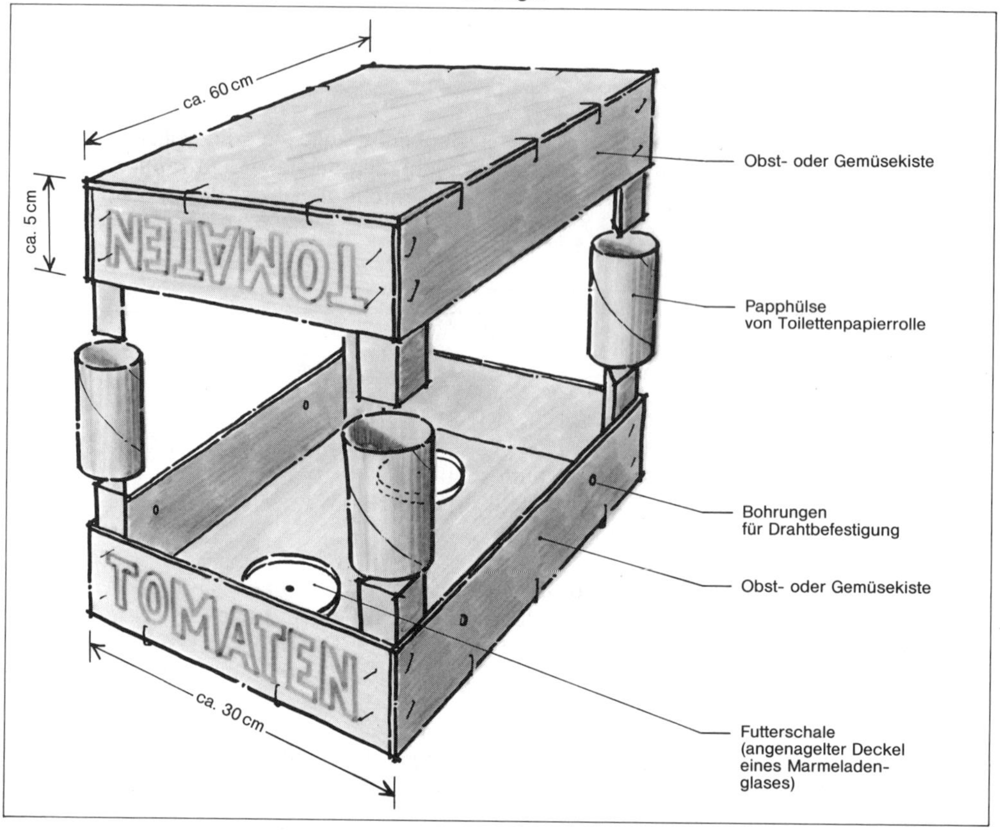

Futterhäuschen auf einem Pfahl

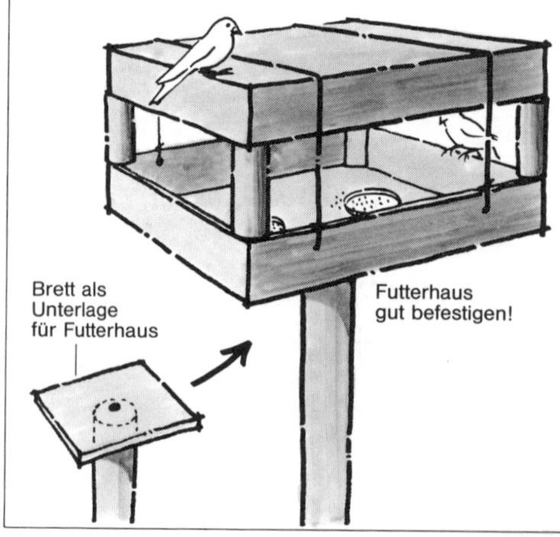

Futterhäuschen hängend

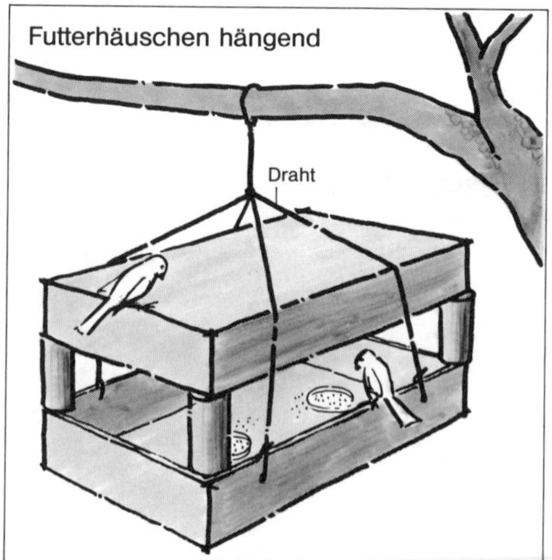

Aktionskarte Bastelanleitung: Augenfleck

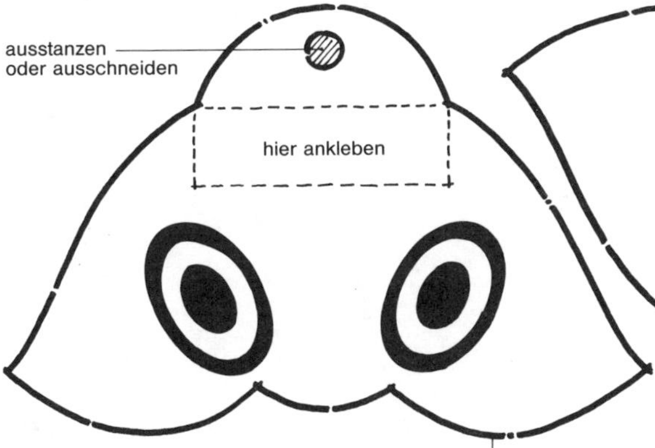

Umrißzeichnung **A**

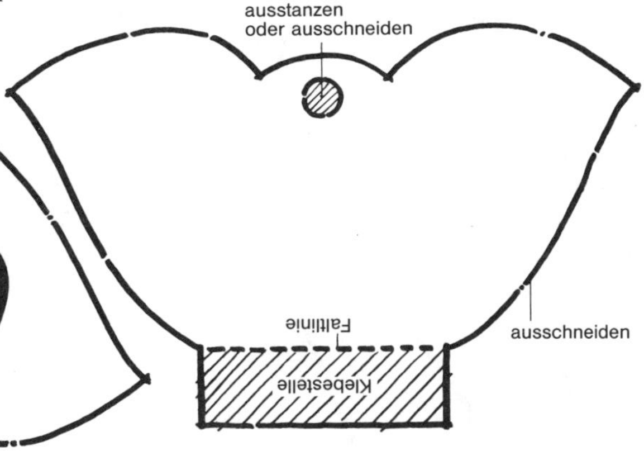

Umrißzeichnung **B**

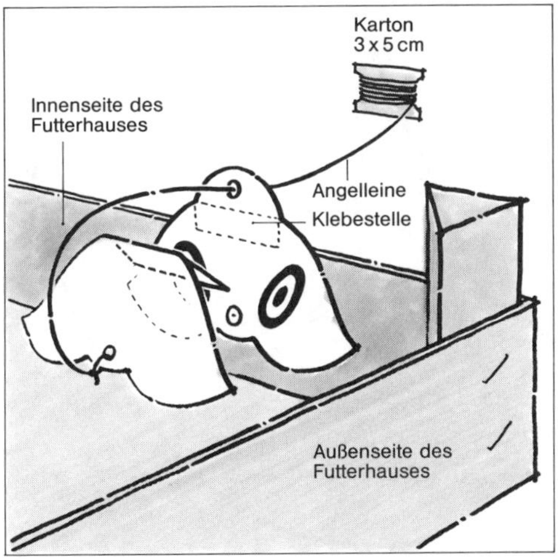

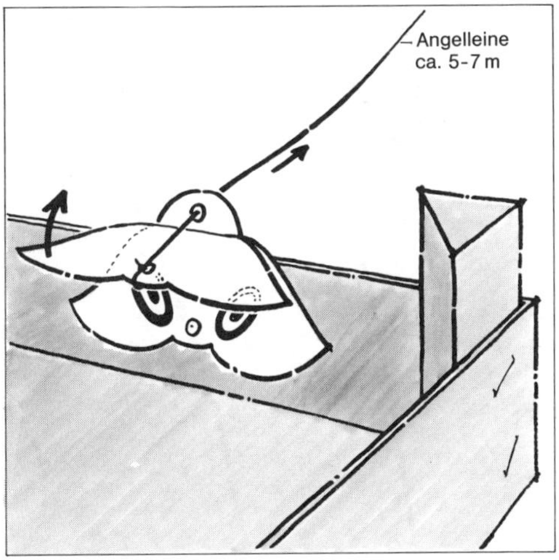

Bastelanleitung »Augenfleck«

1. Klebe das Blatt auf einen dünnen Karton auf.
2. Male die Augenflecke gelb aus.
3. Schneide die Umrißzeichnungen A und B den dicken Linien entlang aus.
4. Stanze oder schneide die kleinen Löcher in den Umrissen A und B aus.
5. Befestige mit einem Reißnagel das Teil A an dem Futterhäuschen, so daß der Augenfleck in das Häuschen schaut.
6. Falte und knicke die Lasche von Teil B entlang der gestrichelten Linie nach unten.
7. Klebe die beiden Teile A und B entsprechend der Abbildung zusammen.
8. Ziehe eine Angelschnur durch die beiden Löcher von A und B und befestige das Ende der Angelschnur am Stück B (s. Abbildung).

Bastelanleitung »Vogelattrappen«

1. Klebe das Blatt auf einen Karton auf.
2. Schneide die Vögel aus und male sie bunt an. Du kannst die Farben nach der Natur oder einem Vogelbuch wählen. Male einen Vogel wie einen Buntspecht an. (Die Umrißzeichnungen müssen vergrößert werden).
3. Hefte die Attrappen einzeln an das Futterhaus an.
4. Beobachte, wie sich die Vögel den Attrappen gegenüber verhalten.

Schneckenwanderung

Welches sind die bevorzugten Lebensräume von Schnecken?
Wie groß ist ihr Aktionsradius? Wie schnell können sie wandern?
Diese Fragen lassen sich beantworten,
indem man markierte Schnecken aussetzt und beobachtet.

Ort:

Feuchte Gräben, Hecken, Verlandungszonen von Gewässern

Jahreszeit:

Gruppengröße:

10 bis 20

Alter:

ab 8 Jahren

Zeitbedarf:

erste Markierung 30 bis 40 Min.,
dazwischen liegt 1 Tag.
Wiederfang und Auswertung
40 bis 50 Min.
am folgenden Tag

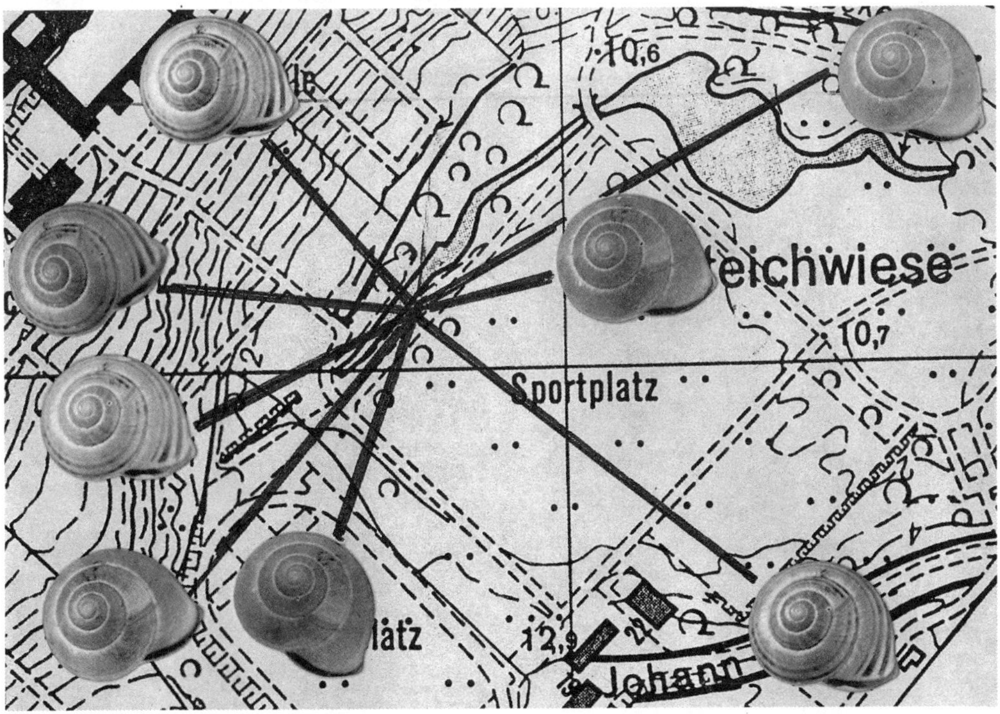

Was man wissen sollte

Die meisten Tiere halten sich immer in einem bestimmten, verhältnismäßig eng umgrenzten Gebiet auf. Hier, in ihrem »Lebensraum«, finden sie alles, was sie brauchen: Nahrung, Schutz und die zu ihnen passenden Umweltbedingungen. Veränderungen in diesem Gebiet – und seien sie noch so klein – wirken sich meistens nachteilig auf die Lebewesen aus. Oft führen vom Menschen hervorgerufene Veränderungen einer Landschaft dazu, daß viele Tierarten auswandern müssen, wollen sie nicht zugrunde gehen.

Um die Aktivitäten eines Lebewesens in seinem Lebensraum verfolgen zu können, muß man das Tier markieren. Besonders einfach ist eine solche Markierung bei Gehäuseschnecken, da sich auf den Schneckenhäusern ohne Beeinträchtigung für die Tiere kleine Farbmarkierungen anbringen lassen.

Gehäuseschnecken besitzen einen muskulösen Fuß mit Kopf und Fühlern sowie einen Eingeweidesack, der in dem Gehäuse liegt. Die meisten Arten können sich bei Gefahr und bei Trockenheit ganz in das Gehäuse zurückziehen. Zum Teil können sie das Gehäuse mit einem Deckel verschließen. Durch wellenförmige Muskelkontraktionen auf der Kriechsohle (Unterseite) des Fußes gleitet die Schnecke über den Untergrund. Um diese Gleitbewegungen zu erleichtern, wird von der Schnecke Schleim abgesondert. Am Vorderende des Fußes liegt der Kopf mit der Mundöffnung, einem Paar längerer Augenfühler (nach oben gerichtet) und einem Paar kürzerer Tastfühler (nach unten gerichtet). Im Mund bewegt sich die Raspelzunge, die zusammen mit dem festen Oberkiefer zum Abbeißen und zum Zerkleinern der Nahrung – meist Blätter oder Pflanzenreste – dient.

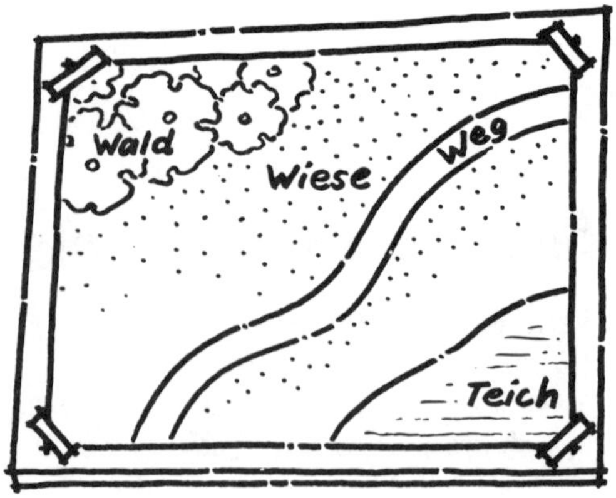

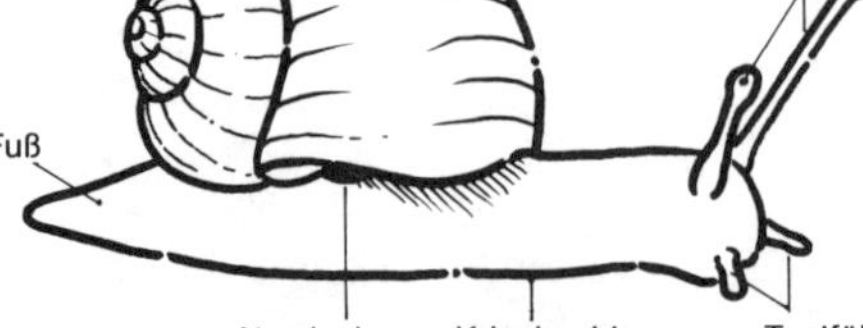

Was man braucht

Für jede Zweier- oder Dreiergruppe:

1 Fläschchen Nagellack kräftiger Farbe (rot, silber, gold usw., für jede Gruppe eine andere Farbe)
1 kleiner Plastikeimer zum Einsammeln der Schnecken
1 Markierungsfähnchen zum Kennzeichnen des Entlassungsortes der markierten Schnecken (Bambusstock mit Schlitz, Pappstück)
1 Meterstab oder 1 kleines Maßband
Lupe
Parfümstift
Uhr mit Sekundenzeiger oder Stoppuhr
3 Aktionskarten
Tablett oder Spankorb
Glasplatte (ca. 20 × 20 cm)

Für die ganze Gruppe:

1 große Notiztafel mit Karte (s. S. 64)
1 Rolle Papiertücher, um die Schnecken abzutrocknen
mehrere Filzstifte (Farben wie Nagellack).

Was man vorbereiten und bedenken muß

Geeignet sind alle Gebiete, in denen in großer Zahl Gehäuseschnecken vorkommen, z.B. feuchte Uferbereiche von Gewässern (Bernsteinschnecken, Buschschnecken); wenig gepflegte, krautreiche Gärten und Parkanlagen (Schnirkelschnecken, Baumschnecken, Weinbergschnecken); Hecken, Waldränder (Baumschnecken, Schnirkelschnecken); trockene Kalkhänge, Kalkmagerrasen (Heideschnecken, Turmschnekken).
Kopieren Sie eine genügende Anzahl von Aktionskarten. Stellen Sie eine einfache Karte des ausgewählten Untersuchungsgebietes her, die auf der Notiztafel angeheftet werden kann.
Unmittelbar bevor Sie mit der Gruppenarbeit anfangen, sollten Sie einige Schnecken der ausgewählten Art (oder der ausgewählten Arten) sammeln, um das Markieren vorführen zu können.

Es geht los!

Sammeln und Markieren der Schnecken

1. Zeigen Sie den Teilnehmern die Schnekken, die Sie gesammelt haben. Grenzen Sie das Untersuchungsgebiet ab und fragen Sie die Teilnehmer, an welchen Stellen des Gebietes diese Schnecken, die Sie in der Hand halten, wohl gesammelt worden sein könnten. Jede Meinung soll begründet werden.
2. Führen Sie den Begriff des Lebensraumes

Aktionskarte Schneckenwanderung

Wie kann sich eine Schnecke mit nur einem Fuß fortbewegen?

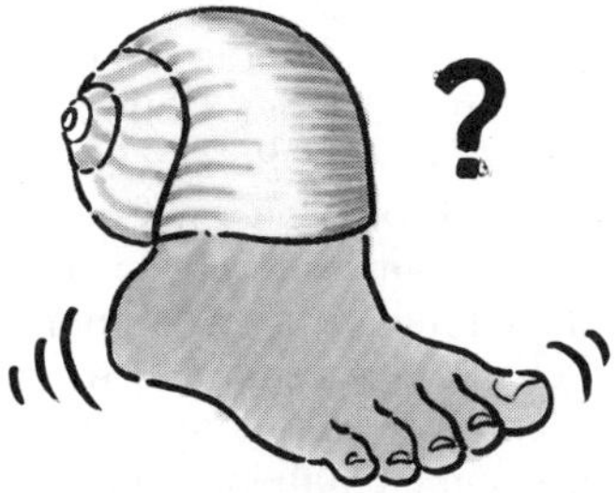

Hinweis:
Lasse eine Schnecke über eine Glasplatte kriechen und schaue auf die Kriechsohle.

Aktionskarte Schneckenwanderung

Setze eine Deiner Schnecken in die Mitte der Glasplatte und ziehe mit einem Parfümstift einen Kreis um die Schnecke.
Beobachte.

Aktionskarte Schneckenwanderung

Wie schnell sind Deine Schnecken?

Laß verschiedene Deiner Schnecken mehrmals über die Glasplatte kriechen und miß die Zeit, die sie für diese Strecke (20 cm) benötigen. Welche Strecke könnte die Schnecke bei gleicher Geschwindigkeit in einer Stunde zurücklegen?

ein. Erläutern Sie das Ziel dieser Geländeübung: Die Teilnehmer sollen den Lebensraum von Schnecken erforschen.

3. Bilden Sie Zweier- oder Dreiergruppen und teilen Sie die Sammelgefäße aus. Stellen Sie jeder Gruppe die Aufgabe, wenigstens 35 Schnecken zu sammeln. Eine Gruppe soll immer nur eine Schnekkenart sammeln, aber von den verschiedenen Teilgruppen können unterschiedliche Arten gesammelt werden.
4. Wenn die Gruppen genügend Schnecken gesammelt haben, versammeln Sie alle Teilnehmer und zeigen Sie, wie man die Schnecken markiert: Kontrollieren Sie, ob die Schale trocken ist und wischen Sie Feuchtigkeit – falls nötig – mit einem Papiertuch ab. Setzen Sie dann vorsichtig einen kleinen Nagellackpunkt auf die trockene Schale. Achten Sie darauf, daß der Nagellack nicht in die Nähe der unteren Schalenöffnung gelangt. Der Nagellackpunkt sollte dann 5 Min. trocknen. Hierzu können die Schnecken auf ein Tablett oder in einen Spankorb gelegt werden. Jede Gruppe muß darauf achten, daß die von ihr gesammelten und markierten Schnecken während dieser Zeit nicht davonlaufen.
5. Jede Gruppe sollte 30 Schnecken markieren. Die restlichen 5 Schnecken sollen für die Beobachtungsaufgaben der Aktionskarten zurückgehalten werden. Teilen Sie, während die markierten Schnecken zum Trocknen ausliegen, die Aktionskarten aus. Fordern Sie die Arbeitsgruppen auf, die Wartezeit zu nutzen, um die Aufgaben zu lösen. Ist die Zeit zu knapp, so kann man nach dem Aussetzen der markierten Schnecken damit weitermachen.

Entlassen der markierten Schnecken

Jede Gruppe soll nun eine Stelle im Gelände aussuchen, an der sie ihre markierten Schnecken alle entlassen will. Ermuntern Sie die einzelnen Gruppen, sich zu überlegen, ob der Entlassungsort ein günstiger Lebensraum für die Schnecken ist. Lassen Sie dann die Gruppen mit der Farbe, mit der sie die Schnecken markiert haben, den Entlassungspunkt auf die Karte des Untersuchungsgebietes eintragen. An dem Entlassungsort wird dann ein Markierungsfähnchen in den Boden gesteckt, das ebenfalls mit der entsprechenden Markierungsfarbe

gekennzeichnet ist. Dieses Fähnchen dient dazu, den Entlassungsort am nächsten Tag leichter wiederfinden zu können. Geben Sie einige Minuten Zeit, damit die Gruppen beobachten können, was ihre entlassenen Schnecken machen.

Einen Tag später

1. Die Teilgruppen sollen nun ihre eigenen Schnecken wiederfinden. Sie sollen bei der Suche in der Nähe ihrer Entlassungspunkte beginnen und dann kreisförmig in immer weiterer Entfernung von diesen Punkten suchen. Nur markierte Schnekken sollen eingesammelt werden. Geben Sie ausreichend Zeit für die Suche.
2. Lassen Sie sich von jeder Teilgruppe die Zahl der wiedergefangenen markierten Schnecken geben, und schreiben Sie diese Zahlen auf die Notiztafel.
3. Bevor alle Schnecken wieder in ihren Lebensraum zurückgegeben werden, berichten die Arbeitsgruppen darüber, wie viele ihrer markierten Tiere sie wiedergefunden haben und wie weit entfernt sie von dem Entlassungsort gewesen waren. Stellen Sie gemeinsame Überlegungen an, warum sich die Schnecken so weit oder nicht weit von den jeweiligen Entlas-

sungsorten entfernt haben. Tragen Sie die Wiederfunde in die Übersichtskarte ein und verbinden Sie die jeweiligen Wiederfunde mit dem Entlassungsort (s. Abb.).

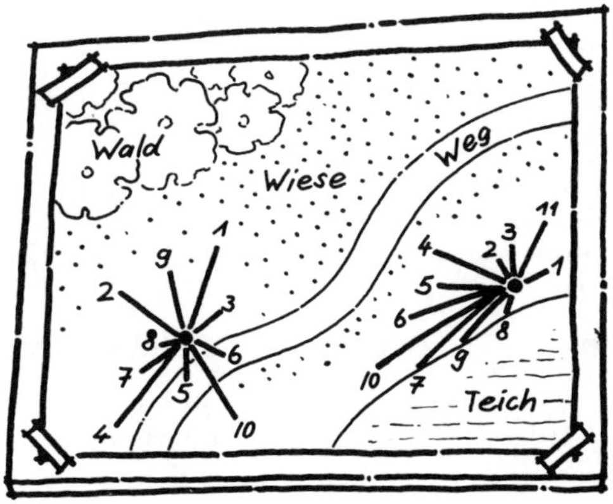

Was bedeuten die Wanderungen der Schnecken?

Zur abschließenden Besprechung versammeln Sie die Gruppe vor der Notiztafel, auf der die Entlassungspunkte und die Wiederfangorte der Schnecken eingetragen sind. Folgende Fragen sollen bei der Besprechung behandelt werden:

1. Welche Gruppe hat die meisten der markierten Schnecken wiedergefangen, welche die wenigsten? Woran könnte das jeweils liegen?
2. Fand eine Gruppe in ihrem Gebiet Schnecken, die von einer anderen Gruppe markiert worden sind? Vergleicht die Entlassungspunkte der beiden Tiere.
3. Falls unterschiedliche Arten markiert wurden: Unterscheiden sie sich deutlich in ihrer Fähigkeit zu wandern?
4. Was könnte mit den markierten Schnecken passiert sein, die nicht wiedergefunden wurden?
5. Welche Bedürfnisse stellt ein Mensch an seinen Lebensraum? Zählt einige für den Menschen ungeeignete Lebensräume auf. Was machen Menschen, wenn ihr Lebensraum für sie ungeeignet geworden ist (z.B. durch eine Naturkatastrophe)?

Was man noch tun kann

Statt alle 30 Schnecken nur mit einem Punkt zu markieren, kann man auch Zahlen oder bunte Muster auf die Schneckenhäuser machen und so eine Individualmarkierung durchführen. Man kann dann über mehrere Tage nach markierten Schnecken suchen und so individuelle Bewegungen und Aktionen innerhalb des Lebensraumes registrieren.

Der Aufenthaltsort der Schnecken wird sehr stark vom Wetter und von der Tageszeit bedingt. An sonnigen Tagen sind die Schnekken unter Kraut oder Steinen verborgen. Sie kommen erst am Abend, wenn die Luft feuchter wird, zum Vorschein. An Regentagen dagegen kann man sie den ganzen Tag über auf Pflanzenstengeln und an Sträuchern gut sehen. Solche tageszeitlichen oder wetterbedingten Verschiebungen lassen sich herausbekommen, wenn man mehrmals am Tag oder an aufeinanderfolgenden Tagen mit unterschiedlichem Wetter nach den markierten Schnecken sucht.

Dasselbe Verfahren von Markierung und Wiederfang kann auch auf Wasserschnekken angewandt werden (Schlammschnekken, Posthornschnecken).

Literatur

Kelle, A., Sturm, H.: Tiere leicht bestimmt. Dümmler, Bonn, 1984. (Aus diesem Buch stammen die deutschen Namen der Schnecken.)

Schüttoff, K.: Schnecken. Beobachten, untersuchen, bestimmen. Arbeitshefte für den Biologieunterricht. Heft 3. Klett, Stuttgart, 1975.

Janus, H.: Unsere Schnecken und Muscheln. Franckh, Stuttgart, 1968.

Kerney, M.P. u.a.: Die Landschnecken Nord- und Mitteleuropas, Parey, Hamburg, 1983.

Aktion Eichhörnchen

Wo und wie versteckt ein Eichhörnchen seinen Wintervorrat am vorteilhaftesten?
Ein Spiel gibt Antwort auf diese Frage.

Ort:	**Jahreszeit:**	**Gruppengröße:**	**Alter:**	**Zeitbedarf:**
Laubwald, Park mit Laubbäumen		mindestens 10, höchstens 25	ab 8 Jahren	50 bis 60 Minuten

Was man wissen sollte

Für die meisten wildlebenden Tiere ist der Winter eine harte Jahreszeit. Sie leiden an Kälte und Futtermangel. Manche von ihnen weichen im Winter aus und ziehen in wärmere Gegenden, in denen sie genügend Futter finden. So ziehen Zugvögel wie z. B. Störche und Schwalben im Herbst nach Afrika und kehren erst im Frühling wieder zu uns zurück.

Bei den Tieren, die den Winter bei uns verbringen, können wir verschiedene Anpassungen an den Winter beobachten. Beschränken wir uns hier auf die Säugetiere. Sie alle bekommen ein dichtes Winterfell, das sie besser als das lichte Sommerfell gegen Kälte schützt. Manche Tiere, wie z. B. Hermelin oder Schneehase, haben im Sommer ein braunes und im Winter ein weißes Fell.

Reh und Hase suchen sich im Winter ihr Futter unterm Schnee oder fressen Rinde und Knospen von Bäumen und Sträuchern. Der Dachs frißt sich im Sommer und Herbst einen dicken Winterspeck an, der ihm über die kalte Jahreszeit hinweghilft. Andere Tiere, wie das Eichhörnchen und der Hamster, sammeln im Herbst Wintervorräte. Das Murmeltier, der Siebenschläfer, der Igel, die Fledermäuse, auch der Hamster fallen in ihren Höhlen oder in einem frostsicheren Unterschlupf in einen Winterschlaf. Ihre Körpertemperatur sinkt auf 3–4°C. Der Stoffwechsel ist so niedrig (etwa 2% des Normalstoffwechsels), daß der angefressene Winterspeck für den ganzen Winter ausreicht.

Von den Tieren, die Wintervorräte sammeln, sind bei uns der Hamster und das Eichhörnchen am bekanntesten. Der Hamster trägt seine Vorräte, vor allem Getreide, in seinen tiefen unterirdischen Bau ein, wo sie vor Nahrungskonkurrenten ziemlich sicher sind. Anders das Eichhörnchen. Es versteckt seine Vorräte an Haselnüssen, Eicheln und Bucheckern an der Oberfläche und verfolgt dabei zwei Verfahren: Zum einen werden einzelne Haselnüsse, Eicheln und Bucheckern an markanten Stellen wie Baumwurzeln, Baumstämmen oder Felsblöcken versteckt. Diese Stellen werden im Winter abgesucht und die Vorräte mehr oder weniger zufällig wiedergefunden. Zum andern legen Eichhörnchen in hohlen Baumstämmen regelrechte Vorratskammern an, die sie im Winter regelmäßig aufsuchen. Beide Methoden haben ihre Vor- und Nachteile, wie wir in einem Spiel sehen werden. Die größtmögliche Sicherheit bietet die Kombination der beiden Methoden, wie sie beim mitteleuropäischen Eichhörnchen verwirklicht ist. Von zwei nordamerikanischen Arten versteckt die eine die Nüsse einzeln, die andere in Vorratskammern.

Was man braucht

Für jeden Teilnehmer:

1 Plastiktüte
1 Stückchen Papier (ca. halbe Postkartengröße)
(eventuell 15 Samen: z. B. weiße Bohnen, Maiskörner, Haselnüsse)

Für die ganze Gruppe:

Vorratsbeutel für Nüsse
2–4 Flaschen Tipp-Ex flüssig (bei dunklen Samen oder Nüssen) oder einige Filzschreiber, wasserfest (bei hellen Samen oder Nüssen)
4 Grenzfähnchen aus Papier oder Plastikfolie
1 Uhr mit Sekundenangabe oder Stoppuhr
2–3 Schreibblätter DIN A4 mit Karton als Schreibunterlage
1 Filzschreiber
2 kleine Schachteln (etwa halbe Größe eines Schuhkartons).

Was man vorbereiten und bedenken muß

Für das Spiel eignet sich ein Laubwald oder ein Park mit einer Baumgruppe. Auf dem Boden sollten entweder Kastanien, Eicheln, Haselnüsse oder Bucheckern in größerer Anzahl zu finden sein. Jeder Teilnehmer braucht 15 »Nüsse« zum Spiel.
Für den Fall, daß keine Früchte und Samen auf dem Boden liegen, besorgen Sie 500 Gramm weiße Bohnen oder Maiskörner. Bereiten Sie für jeden Teilnehmer einen Zettel vor, indem Sie auf die eine Hälfte der Zettel »rot«, auf die andere Hälfte »schwarz« schreiben. Die Zettel werden wie Lose gefaltet.

Es geht los!

Einführung des Spiels

1. Sagen Sie den Teilnehmern, daß bald der Winter kommen wird und dann die Tiere in Feld und Wald wenig Nahrung finden werden. Lassen Sie berichten, wie verschiedene Tiere den Winter überstehen.
2. Weisen Sie besonders auf Tiere hin, die Wintervorräte anlegen. Sagen Sie, daß wir, ähnlich wie die Eichhörnchen, Vorräte sammeln und verstecken werden.

Einsammeln der Wintervorräte

1. Es ist Herbst und höchste Zeit für die Eichhörnchen, Vorräte einzusammeln. Zeigen Sie, was gesammelt werden soll (Kastanien oder Eicheln oder Haselnüsse oder Bucheckern). Jeder Spieler erhält einen Plastikbeutel, in den er 10–20 Samen oder Nüsse einsammeln soll. Geben Sie die Grenzen des Gebietes an, in dem gesucht werden soll.
2. Wenn Sie sehen, daß einige Teilnehmer genügend Nüsse gesammelt haben, dann versammeln Sie die ganze Gruppe um sich. Die »Nüsse« werden auf den Boden geschüttet und so verteilt, daß jeder Spieler 15 »Nüsse« erhält. Die übrigen Nüsse sammeln Sie in einen Vorratssack ein.

Die Spielidee

Es gibt zwei verschiedene Möglichkeiten, die Nüsse zu verstecken: Entweder man versteckt sie an verschiedenen Plätzen, oder man legt nur ein einziges Vorratsnest an. Es soll erprobt werden, welche Vor- und Nachteile jede dieser beiden Methoden hat.
In unserem Spiel gibt es zwei Arten von »Eichhörnchen«, rote und schwarze. Die roten Eichhörnchen verstecken die Nüsse an verschiedenen Plätzen. Dabei dürfen an einer Stelle höchstens drei Nüsse versteckt werden. Die Plätze müssen mindestens 3 Schritte voneinander entfernt sein. – Die schwarzen Eichhörnchen verstecken alle Nüsse an einem einzigen Platz.

Durchführung des Spiels

1. Jeder Spieler zieht einen Zettel, der wie ein Los zusammengefaltet ist, und erfährt so, ob er ein rotes oder schwarzes Eichhörnchen ist. Achten Sie darauf, daß beide Gruppen gleich groß sind. Bei einer ungeraden Anzahl von Spielern spielen Sie selbst mit.
2. Werden Bohnen oder Maiskörner als »Nüsse« verwendet, dann braucht man sie nicht weiter zu kennzeichnen. Haselnüsse u. ä. müssen deutlich mit Tipp-Ex oder Filzschreiber markiert werden.
3. Stecken Sie mit 4 Fähnchen das Spielfeld von der Größe eines halben Tennisplatzes ab (ca. 10 × 10 m). Geben Sie etwa 3 Minuten Zeit, um die »Nüsse« zu verstecken.
4. Versammeln Sie die ganze Gruppe um sich. Sagen Sie, daß jetzt Winter geworden ist und die Eichhörnchen drei Monate lang, den Dezember, Januar und Februar, von ihren Vorräten leben müssen. – Schreiben Sie die Namen der Monate auf ein Blatt Papier (s. Tabelle).

Tabelle:

	Dezember		Januar		Februar		Anzahl der Nüsse	
	rot	schw.	rot	schw.	rot	schw.	rot	schw.
Anfang	10*	10	10	10	8	9		
überlebt	10	10	8	9	4	6		
verhungert	0	0	2	1	4	3	98	109

(* Die Zahlen haben sich bei einem Spiel ergeben.)

Ein Monat dauert im Spiel nur 2 Minuten!

5. Im Dezember braucht jedes Eichhörnchen mindestens 3 Nüsse zum Überleben. Die Nüsse müssen nicht aus dem eigenen Versteck stammen. Geben Sie genau zwei Minuten Zeit. Setzen Sie ein deutliches Start- und Schlußzeichen (eventuell mit einer Trillerpfeife).
6. Die Eichhörnchen liefern die eingesammelten Nüsse ab, die in einer Schachtel gesammelt werden. Notieren Sie in Ihrer Tabelle, wie viele rote bzw. schwarze Eichhörnchen überlebt haben und wie viele verhungert sind (s. Tabelle). Eichhörnchen, die weniger als drei Nüsse gefunden haben, sind verhungert und scheiden aus.
7. Der Winter dauert an und wird härter. Für den Januar müssen 4 Nüsse gesammelt werden. Verfahren Sie wie oben unter Punkt 4 bis 6.
8. Im Februar ist der Nahrungsverbrauch am höchsten. Jedes Eichhörnchen braucht 5 Nüsse, um zu überleben.
9. Wieviel rote und wieviel schwarze Eichhörnchen haben überlebt?

Lebenswichtige Fragen

1. Welche Vor- bzw. Nachteile hat es, die Nüsse an einem (an mehreren Plätzen) zu verstecken? Warum?
2. Wie findet wohl ein Eichhörnchen seine Nüsse wieder?
3. Was geschieht mit Nüssen, die von den Eichhörnchen nicht gefunden werden?
4. Kennst Du Tiere, die keine Vorräte anlegen und doch ganz gut durch den Winter kommen?

Was man noch tun kann

Futterräuber!

Das Eichhörnchenspiel wird sehr spannend, wenn Nahrungskonkurrenten den Eichhörnchen das Futter streitig machen. Eichhörnchen verteidigen ihre Vorräte nicht. Mäuse, Eichelhäher und Spechte können von ihren Vorräten profitieren.
Das Spielfeld wird so gut wie möglich nach übersehenen Nüssen abgesucht. Die Nüsse der roten und schwarzen Eichhörnchen werden auseinandersortiert. Die Spieler stellen sich im Kreis auf. Sie zählen ab, und jeder 4. Spieler wird zum Futterräuber. Ein Futterräuber braucht genauso viel Futter zum Überleben wie ein Eichhörnchen.
Teilen Sie die Spieler so auf, daß es gleich viele rote wie schwarze Eichhörnchen gibt. Jedes Eichhörnchen erhält wieder 15 Nüsse (notfalls aus dem Vorratssack ergänzen). Die Räuber dürfen nicht zusehen, wie die Nüsse versteckt werden.
Notieren Sie entsprechend dem letzten Spiel, wie viele der roten, der schwarzen Eichhörnchen und der Räuber die Wintermonate überlebten. Wieviele Nüsse der roten Eichhörnchen und wie viele der

schwarzen wurden gefunden? – Wie unterscheiden sich die Ergebnisse von denen des ersten Spiels? – Suche nach einer Erklärung.

Wir schauen uns um

- Hast Du ein Eichhörnchen gesehen?
- Vielleicht findest Du Spuren von Eichhörnchen und Mäusen? (Suche nach angefressenen Tannenzapfen, aufgebrochenen Nüssen).
Vielleicht entdeckst Du sogar einen Eichhornkobel.

Die Aktivität »Wer war der Täter?« läßt sich hieran anschließen (s. S. 120).

Stimmen in der Nacht

Die Teilnehmer an diesem Spiel erleben, daß es Tiere gibt, die erst nachts aktiv werden. Sie erfahren, daß wir uns in der Nacht, ähnlich wie viele Tiere, gut nach dem Gehör orientieren können.

Ort:

Hochwald mit lichtem Unterholz oder Gebüsch. Evtl. Parkanlage.

Jahreszeit:

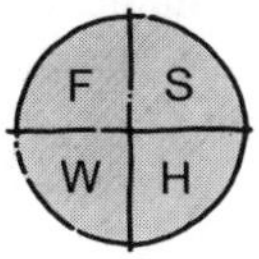

Gruppengröße:

15 bis 30

Alter:

ab 10 Jahren

Zeitbedarf:

ca. 45 Minuten

Was man wissen sollte

Auch nachts zeigt sich reges Leben in Wald und Flur. Grillen zirpen, Frösche quaken, und dann und wann ruft ein Käuzchen. Die Sicht ist in der Nacht begrenzt, aber viele nachtaktive Tiere haben ein gut ausgebildetes Gehör, mit dem sie sich sehr gut orientieren können. Die Laute, die die Tiere nachts ausstoßen, können ganz verschiedene Bedeutungen haben. So erkennen sich z. B. Tiere der gleichen Art an ihrer Stimme und den Lauten, die sie erzeugen. Das Zirpen eines Grillenmännchens oder einer Laubheuschrecke ist ein Werbegesang, mit dem ein paarungsbereites Weibchen angelockt werden soll. Der Ruf des Waldkauzes kann etwa folgendes bedeuten: »Hier ist mein Revier, in dem ich jage. Jeder andere Waldkauz, der hier eindringt, wird angegriffen und vertrieben«. Hat der Kauz noch kein Weibchen gefunden, dann wirbt er mit seinem Ruf um eine Partnerin, der er anzeigt, daß er im Besitz eines Revieres ist.
Die Rufe gesellig lebender Tiere sind meist sehr differenziert. Wölfe können z. B. durch Rufe signalisieren, daß sie eine Beute aufgespürt haben, sie verfolgen oder erbeutet haben. Sie können dem Rudel mitteilen, daß Gefahr droht, daß sie Hilfe brauchen und vieles andere mehr.
Andererseits verraten sich viele Tiere auch durch ihren Ruf und machen Beutegreifer auf sich aufmerksam. Eine Eule hört z. B. das Piepsen einer Maus und orientiert sich bei der Jagd nach der Beute weitgehend mit dem Gehörsinn.

Was man braucht

Für die ganze Gruppe:

1 Taschenlampe oder Leuchtstab zur Markierung des Sammelplatzes
1 Trillerpfeife
evtl. weitere Lampen oder Leuchtstäbe, um das Spielfeld abzugrenzen.

Für jeden Teilnehmer:

1 Taschenlampe
1 lauterzeugendes Instrument (z. B. Pfeife, kleines Glöckchen, selbstgefertigte Rassel aus einer Blechbüchse oder Streichholzschachtel mit einem Klapperstein, Maultrommel o. ä.)

Was man vorbereiten und bedenken muß

Das Spiel erfordert mindestens 10 Teilnehmer. Mit 25 bis 30 Spielern wird es am schönsten. Bei einem Nachtspiel müssen Sie als Spielleiter das Spielfeld besonders sorgfältig auswählen. Überzeugen Sie sich am Tage, daß auf dem Spielgelände keine Löcher, Gräben oder andere gefährliche Hindernisse sind. Am besten eignet sich ein Stück eines Hochwaldes mit Gebüsch und lichtem Unterholz. Das Waldstück sollte durch Wege oder eine Wiese klar abgegrenzt sein. Die Grenzpunkte können durch aufgehängte Taschenlampen oder Leuchtstäbe (keine offenen Flammen!) zusätzlich markiert werden. Das Spielfeld sollte etwa die Größe eines Fußballplatzes haben, so daß alle Spieler in Rufweite des Sammelplatzes bleiben. Der Sammelplatz wird durch eine helle Taschenlampe gekennzeichnet.
Forstleute und Jäger schätzen es meist nicht, wenn größere Gruppen nachts durch den Wald streifen. Führen Sie das Spiel wenn möglich in der Nähe eines Waldgrillplatzes aus. Sie haben den Vorteil, daß die Teilnehmer den Platz leicht erreichen können. Weiterhin haben Sie die Möglichkeit, entweder vor oder nach dem Spiel noch ein kleines Grillfest zu veranstalten.

Es geht los!

Versammeln Sie bei einbrechender Nacht die gesamte Gruppe um sich. Fordern Sie die Gruppe auf, zwei oder drei Minuten lang

ganz ruhig zu sein und auf alle Geräusche und Laute zu achten, die aus dem Wald kommen.
Fragen Sie die Teilnehmer, was sie gehört haben, von wem die Geräusche und Laute kommen, was sie bedeuten können. Erklären Sie, daß sich Tiere über Laute und Geräusche verständigen. Machen Sie aber auch deutlich, daß sich die Tiere durch Rufe und Geräusche verraten und ihre Beutegreifer auf sich aufmerksam machen.

Das Jäger-Beute-Spiel

Es gibt eine Reihe von Tieren, die nachts aktiv sind und durch Geräusche oder Rufe die Aufmerksamkeit ihrer Beutegreifer erregen. Bei den Vögeln sind es die Nachtgreife, zu denen z.B. auch der Waldkauz gehört. Aber auch Wiesel, Iltis und Fuchs jagen als Beutegreifer nachts. Sie alle haben ein gut ausgebildetes Gehör, mit dessen Hilfe sie sich orientieren und die Beute aufspüren.
Auch wir können uns gut nach dem Gehör orientieren. Ein Teil von uns wird die Rolle von Beutetieren übernehmen, die sich durch Geräusche verraten. Andere Spieler übernehmen die Rolle von Beutegreifern auf der nächtlichen Jagd.
Hinweise, die unbedingt zu beachten sind:

1. Sagen Sie der ganzen Gruppe eindringlich, daß die Hinweise, die Sie geben, und die Spielregeln unbedingt eingehalten werden müssen, damit niemand verlorengeht und das Spiel gelingen kann.
2. Um sicher zu sein, daß niemand verlorengeht, zählen Sie vor und nach dem Spiel ab.
3. Gehen Sie zunächst mit der ganzen Gruppe zum Sammelplatz und machen Sie ganz klar, daß er durch eine Lampe (Leuchtstab) von weitem sichtbar ist, und daß Sie hier immer anzutreffen sind.
4. Weisen Sie darauf hin, daß die ganze Gruppe zum Sammelplatz kommen muß, wenn Sie dreimal mit der Trillerpfeife pfeifen. Machen Sie den Pfiff vor.
5. Schreiten Sie mit allen Teilnehmern die Grenzen des Spielfeldes ab und machen Sie darauf aufmerksam, daß kein Spieler die Grenzen überschreiten darf.
6. Händigen Sie jedem Teilnehmer eine Taschenlampe aus, die er aber nur im Notfall verwenden soll. Die Lampe gibt den Teilnehmern eine gewisse Sicherheit.
7. Sind manche Spieler zum ersten Mal nachts im Wald, dann sollten beim ersten Spiel immer zwei Spieler zusammengehen.

Die Spielregeln

1. Erklären Sie den Teilnehmern, daß es bei dem Spiel Beutetiere und Beutegreifer gibt, deren Rollen von den Spielern übernommen werden. Teilen Sie die Rollen so auf, daß auf 5–6 Beutetiere ein Beutegreifer kommt.
2. Die Beutetiere bekommen ein lauterzeugendes Instrument, mit dem sie in regelmäßigen Abständen von ca. 30 Sekunden (leise auf 30 zählen) Laut geben müssen.
3. Die Spieler in der Rolle der Beutetiere bekommen 3 bis 5 Minuten Zeit, um sich auf dem Spielfeld zu verstecken. Ihren einmal gewählten Platz dürfen sie nicht mehr verlassen, bis sie gefangen sind oder das Spiel abgepfiffen wird.
4. Die »Jäger« (Beutetiere) gehen auf ein Signal des Spielleiters auf Jagd.
5. Haben die Jäger eine Beute aufgespürt und durch Berühren geschlagen, dann »vermehren« sich die Jäger, d.h. das frühere Beutetier wird nun auch zum Jäger.
6. Das Spiel ist zu Ende, wenn alle Beutetiere geschlagen sind bzw. der Spielleiter nach etwa 15 Minuten durch die drei Pfiffe das Spiel abbricht. Alle Spieler kommen dann zum Sammelplatz.

Variationen

Das Spiel kann wiederholt und abgewandelt werden. Zur Anregung seien hier einige Vorschläge gemacht. Suchen Sie mit Ihrer Gruppe nach weiteren Möglichkeiten.

1. Verändern Sie das Verhältnis zwischen Beutetieren und Jägern.
2. Die Beutetiere dürfen während des Spiels den Platz wechseln.
3. Die Jäger sind auf bestimmte Beutetiere spezialisiert, z. B. auf pfeifende oder klappernde.

Wer gab Laut?

Versammeln Sie am Schluß die ganze Gruppe um sich und lassen Sie die Spieler von den Erfahrungen berichten, die sie gemacht haben.

Sollten Laubheuschrecken im Gebüsch zirpen, dann versuchen Sie, sich an ein Tier heranzupirschen und es eventuell mit der Taschenlampe anzuleuchten. Ermutigen Sie die Teilnehmer, nach anderen Tieren zu suchen.
Sollten Sie das Glück haben, daß ein Kauz in der Nähe ruft, und wenn Sie außerdem seinen Ruf nachahmen können, dann wird er Ihnen wahrscheinlich antworten oder sich sogar anlocken lassen.
Viel Glück! Huhuhu!

Lautlose Pirsch

In einem Spiel übernehmen die Teilnehmer die Rollen von Beutegreifern und Beutetieren und erfahren dabei, wie wichtig ein scharfes Gehör und die Fähigkeit zum lautlosen Schleichen sind.

Ort:

Sportplatz,
Wald,
Park

Jahreszeit:

Gruppengröße:

bis 20

Alter:

ab 8 Jahren

Zeitbedarf:

ca. 60 Minuten

Was man wissen sollte

Viele Beutegreifer (z. B. Raubtiere) schleichen sich an ihre Beutetiere heran, um sie zu schlagen. Wurden die Beutetiere durch eine unvorsichtige Bewegung oder ein Geräusch gewarnt, dann fliehen sie. Eine Katze schleicht sich lautlos an ein Mauseloch heran und wartet, bis die Maus in Reichweite kommt, um sie dann zu fassen. Ein Luchs nähert sich unbemerkt einem kränkelnden Reh, um es dann anzuspringen. Ein Reiher oder Storch steht nahezu unbeweglich im seichten Wasser, um mit einem raschen Schnabelhieb einen Fisch oder Frosch zu erbeuten.
Auch Beutetiere bewegen sich leise und vorsichtig, um die Beutegreifer nicht auf sich aufmerksam zu machen. Ein scharfes Gehör und die Fähigkeit, die Richtung, aus der ein Geräusch kommt, genau orten zu können, sind sowohl für den Beutegreifer als auch für die Beutetiere lebensnotwendige Anpassungen.

Was man braucht

Für jede Spielgruppe:

1 dunkles Tuch, ca. 30 × 40 cm
1 Wäschegummi, ca. 1 cm breit und ca. 40 cm lang, zu einem Ring vernäht

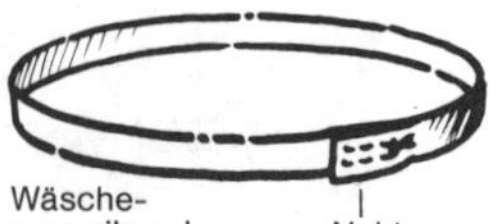

1 Spritzflasche oder Wasserpistole, die mindestens 6 m weit reicht
(1 Taschenlampe an Stelle der Spritzflasche für den Fall, daß man das Spiel nachts durchführen möchte)
1 Schnur, ca. 10 m lang
ca. 20 Blatt (Zeitungs-) Papier zur Markierung des Spielfeldes
2 Aktionskarten »Wasser« für jeden Spieler
(Anstelle einer Aktionskarte kann auch ein eingewickeltes Bonbon oder Schokolädchen verwendet werden.)

Was man vorbereiten und bedenken muß

Das Spiel kann auf jedem freien Platz durchgeführt werden. Es wird interessanter, wenn es nacheinander auf einem geräuscharmen Untergrund wie einer Wiese oder einem Rasen, einem Platz mit knirschendem Kies oder einem Wald mit raschelndem Laub und knackenden Zweigen gespielt wird.
Das Spiel eignet sich für 5–20 Teilnehmer. Haben Sie mehr als 10 Teilnehmer, dann teilen Sie sie in zwei oder mehr Spielgruppen auf, von denen keine unter 5 Spielern haben sollte.

Es geht los!

Sagen Sie den Teilnehmern, daß wir ein Spiel machen, in dem sie die Rollen von Beutegreifern und Beutetieren übernehmen. Um zu trinken, müssen die Beutetiere, die in der Steppe leben, an ein Wasserloch herankommen, ohne daß sie von einem Raubtier (Beutegreifer) bemerkt und überwältigt werden.
Ein Spieler markiert auf dem Spielgelände (ein Boden mit knirschendem Kies oder raschelndem Laub ist für den ersten Durchgang besonders vorteilhaft) mit einem Papierstück den Mittelpunkt des Spielkreises. Von der 10 m langen Schnur gibt er 6 bis 7 m frei. Ein zweiter Spieler nimmt das freie Ende der Schnur auf und schreitet mit ausgespannter Schnur einen Kreis mit dem Durchmesser von ca. 14 m ab, der mit Papierstücken markiert wird. Als zweites legen Sie den inneren Spielkreis mit der Schnur aus. Er hat einen Durchmesser von ca. 3 m. Am inneren Rand des kleinen Spiel-

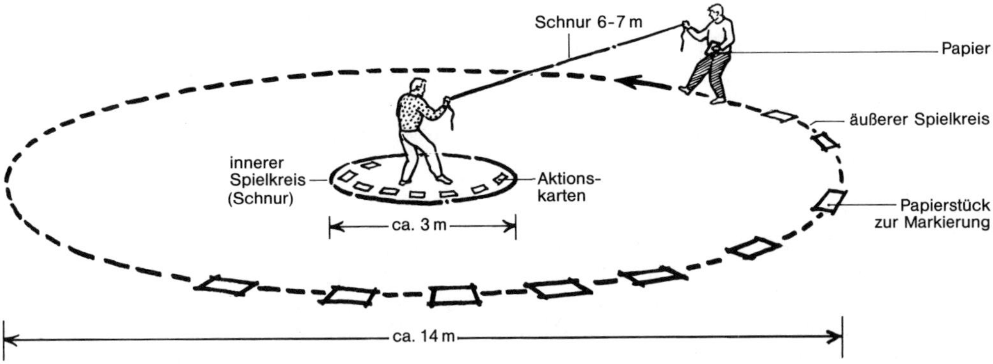

kreises werden etwa doppelt soviele Aktionskarten wie Spieler deponiert.

Die Spielregeln

1. Einer der Spieler ist das Raubtier, die anderen sind die Beutetiere.
2. Das Raubtier stellt sich in die Mitte des kleinen Kreises. Es hat eine Spritzflasche mit Wasser, mit der es etwa 6 m weit spritzen kann.
3. Da es Nacht ist, ist das Raubtier völlig auf sein Gehör angewiesen. – Dem Raubtier werden die Augen verbunden. Dazu wird ein dunkles Tuch von ca. 30 auf 40 cm auf die Hälfte gefaltet, über den Gummiring gezogen und dann als Maske auf den Kopf gesetzt. Die Ohren müssen völlig frei bleiben.

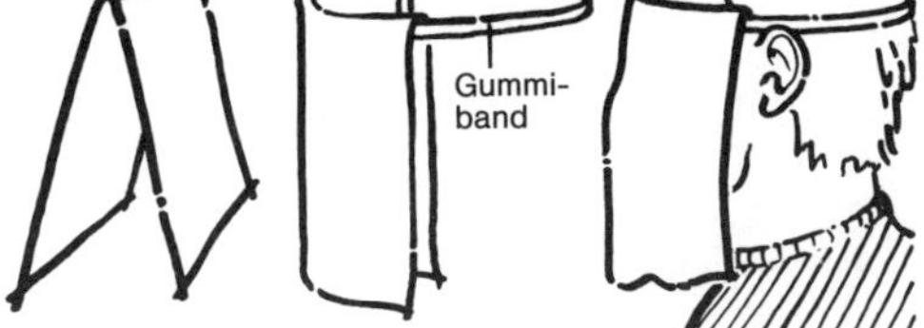

Tuch auf die Hälfte falten

Tuch als Maske

4. Die Beutetiere stellen sich außerhalb des großen Kreises auf.
5. Sind alle fertig, dann dreht sich das Raubtier 3 bis 4 mal um sich selbst herum, die Beutetiere wandern den großen Kreis entlang, bis der Spielleiter »Stop« ruft.
6. Jetzt versuchen die Beutetiere, sich lautlos bis zum inneren Kreis anzuschleichen, um ein Aktionskärtchen zu erwischen. Sie sind erst außer Gefahr, wenn sie mit der Karte wieder unbemerkt zum äußeren Rand des Spielkreises zurückgekommen sind.
7. Die Beutetiere schleichen sich schrittweise an die Wasserstelle heran. Nach jedem Schritt verhalten sie 2 bis 3 Sekunden, um abzuwarten, ob sie von dem Raubtier bemerkt wurden. Es ist also nicht erlaubt, rasch zu dem Wasserloch zu rennen und sich eine Aktionskarte zu holen.
8. Hört das Raubtier ein verdächtiges Geräusch, dann schießt es einen kurzen, scharfen Strahl in die Richtung, in der ein Beutetier vermutet wird. Der Spielleiter entscheidet, ob ein Beutetier getroffen wurde. Ein getroffener Spieler setzt sich ruhig auf den Boden, so daß er den Beutegreifer nicht durch unnötigen Lärm irritiert.

9. Das Spiel ist aus, wenn sich alle Beutetiere mit einer Aktionskarte in Sicherheit gebracht haben oder von einem Wasserstrahl getroffen wurden.

Variationen

- Führen Sie das Spiel mehrmals durch. Wechseln Sie dabei das Gelände (Wiese, Kiesweg, Fichtenwald, Laubwald).
- Wie verändert sich der Spielverlauf, wenn das Raubtier durch Alter oder Krankheit sein Hörvermögen ganz oder teilweise verloren hat? – Verbinden Sie dem Beutegreifer mit einem Schal die Ohren oder setzen Sie ihm einen Kopfhörer auf, um sein Hörvermögen zu reduzieren.
- Die Beutetiere ahmen vierbeinige Tiere nach und bewegen sich auf Händen und Füßen.
- Spielen Sie das Spiel im Herbst im Wald, wenn der Wind durch die Bäume pfeift.
- Bei einem Nachtspiel wird die Wasserflasche durch eine Taschenlampe ersetzt. Die Beutetiere werden kurz angeblitzt. – Bei dieser Variation sehen die Beutetiere den Boden nicht gut und haben es schwer, lautlos zu bleiben.

Wir pirschen uns an!

- Ermutigen Sie die Teilnehmer dazu, sich so nahe wie möglich an einen Vogel, eine Katze, ein Eichhörnchen, einen Frosch am Wasser, eine Eidechse oder einen Schmetterling heranzupirschen.
- Fordern Sie die Teilnehmer auf, bei Gelegenheit eine Katze zu beobachten, wie sie sich an eine Maus oder einen Vogel heranschleicht, oder wie Amseln und andere Vögel nach Würmern und Insekten jagen.
- Motivieren Sie die Teilnehmer dazu, sich mit der Kamera (nur Normalobjektive sind erlaubt) so nahe wie möglich an wild lebende Tiere anzupirschen und zu fotografieren.

Folge der Fährte!

Im Schnee werden mit Sprühflaschen Duftspuren gelegt, die dann erschnüffelt werden müssen.

Ort:	**Jahreszeit:**	**Gruppengröße:**	**Alter:**	**Zeitbedarf:**
Wald, Park	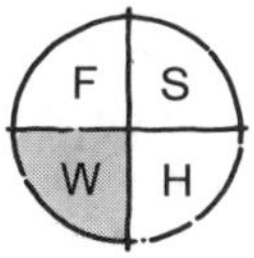	10 bis 20	ab 10 Jahren	40 bis 60 Minuten

Was man wissen sollte

Wolf, Fuchs, Dachs, Wiesel und viele andere Säugetiere haben einen sehr fein ausgebildeten Geruchssinn. Wölfe können z.B. den Geruch einer Fährte mit der Nase aufnehmen und ihr Beutetier stundenlang verfolgen. Abgerichtete Suchhunde erkennen einen einzelnen Menschen an seinem Geruch und folgen seiner Spur unbeirrbar, auch wenn sie sich mit anderen Spuren kreuzt. Spürhunde der Polizei, die auf Rauschgift abgerichtet sind, erschnüffeln die sichersten Verstecke. Versuche haben gezeigt, daß die Nase eines Hundes mindestens eine Million mal empfindlicher ist, als die eines Menschen.
Tiere gebrauchen ihren Geruchssinn, um Nahrung zu finden, Beutetiere zu verfolgen, Geschlechtspartner aufzuspüren, die eigenen Jungen zu erkennen und um Feinde zu wittern. Häufig werden die Reviere eines Tieres durch Duftmarken begrenzt. Urin und

Kot riechen kräftig und geben dem Kundigen Auskunft über Größe, Alter, Gesundheitszustand und Geschlecht des Artgenossen. Meist sind es Männchen, die Reviere markieren. Wir können täglich auf der Straße beobachten, wie Hunderüden an Laternenpfählen, Bäumen und Gartenzäunen schnüffeln und ein paar Tropfen Urin als deutliches Zeichen für andere Hunde abgeben. Manche Tiere, wie z.B. Stinktiere, Ziegen, Hirsche, Rehe und Mäuse, haben besondere Duftdrüsen, mit deren Sekret sie ihre Territorien markieren.

Was man braucht

Für jede Zweier- oder Dreiergruppe:

1 »Tier« bestehend aus 1 Marmeladenglas, 2 Pralinen oder anderen Schleckereien, Einwickelpapier in den gleichen Farben wie die Gruppenfähnchen, Bindfaden
1 Sprühflasche (Pflanzenbesprüher, Sprühflasche für Fensterputzmittel, gut gereinigt)
1 Fläschchen mit Duftstoff (Backaroma von möglichst verschiedenem Geruch; z.B. Vanille, Bitter Mandel, Zitrone, Pfefferminz, Rosenwasser, Lavendel u.a.)
1 Joghurt- oder Plastikbecher
20–30 Stöckchen mit farbigen Papierfähnchen

Für die ganze Gruppe:

1 Eimer oder großer Topf zum Anrühren der Farblösung
2 Packungen Ostereierfarben rot oder orange (auch Wasserfarben oder rote Tinte sind möglich)
Klebeetiketten
Filzschreiber, wasserfest, oder Bleistift.

Was man vorbereiten und bedenken muß

Auswahl des Ortes

Wählen Sie ein (möglichst) schneebedecktes, unbegangenes, etwa sportplatzgroßes Gelände aus. Es kann ein Waldstück oder Park sein. Günstig ist es, wenn Büsche, einzelne Bäume, Schuppen, Holzstapel oder Felsblöcke auf dem Gelände sind, welche die Sicht teilweise verdecken. Die Grenzen des Spielfeldes müssen durch Bäume, Wege u.dgl. klar markiert sein.

Herstellen der »Tiere«

Jede Zweiergruppe bekommt ein »Tier« zum Verstecken. Es soll eine kleine Schleckerei für die Finder als Belohnung enthalten. Zwei Pralinen, zwei Stückchen Schokolade, Waffeln, Salznüsse oder ähnliches werden gern gegessen.
Die Schleckereien werden wetterfest in einem Marmeladenglas untergebracht, das mit Papier eingewickelt wird, welches die gleiche Farbe hat wie die Fähnchen der dazugehörigen Zweiergruppe. Mit Filzschreiber oder Bleistift schreibt man den Namen des Tieres wie z.B. »Hase«, »Feldmaus« u.a. darauf. Die Spritzflaschen und Plastikbecher werden mit Etiketten versehen, die dieselben Namen tragen.

Duftsprüher

Bereiten Sie für jede Gruppe eine Duftsprühflasche vor. Mischen Sie den halben Inhalt eines Duftstofffläschchens mit etwa 150 ml Wasser und fügen Sie soviel gelben oder roten Lebensmittelfarbstoff zu, daß die duftende Flüssigkeit den Schnee kräftig gelb oder rot färbt. Füllen Sie die duftende, gefärbte Lösung in die Sprühflaschen.

Es geht los!

1. Erzählen Sie den Teilnehmern, daß viele Tiere wesentlich empfindlichere Nasen als wir haben, und lassen Sie berichten, was die Kinder vom Geruchssinn freilebender Tiere oder von abgerichteten Suchhunden wissen.
2. Teilen Sie an jede Zweiergruppe ein »Tier« aus, und sagen Sie, daß jedes Tier, wenn es sich durch den Wald oder die Wiese bewegt, eine Duftspur hinterläßt. Jedes Tier hat seinen ganz individuellen Duft. Teilen Sie die Sprühflaschen aus, lassen Sie die Art des Geruchs erraten.
3. Jede Gruppe soll mit ihrem »Tier« vom Startpunkt aus losgehen und einen günstigen Unterschlupf für das »Tier« suchen. Der Startpunkt wird mit dem Bündel Fähnchen und dem Plastikbecher mit dem Namen des »Tieres« markiert. Auf der Suche nach einem Versteck hinterläßt die Gruppe etwa alle 5 Schritte eine deutliche »Duftmarke« im Schnee. Damit der Fuchs oder Wolf den »Hasen« oder die »Feldmaus« nicht so leicht finden kann, werden Haken geschlagen und blinde Fährten gelegt. Der Weg darf sich mit denen der andern Gruppen beliebig oft kreuzen.
4. Geben Sie den Gruppen ca. 10 Minuten Zeit, um ihre »Tiere« zu verstecken.
5. Rufen Sie nach der vereinbarten Zeit die Teilnehmer zurück. Sagen Sie den Gruppen, daß sie jetzt ihre Rollen wechseln und zu hungrigen Wölfen und Füchsen werden, die Jagd auf Beute machen.
6. Die Gruppe, die zuerst »Hase« spielte, jagt jetzt z.B. die »Feldmaus« und so fort. Jede Jäger-Gruppe bekommt den Plastikbecher, auf dem der Name ihres Beutetieres steht, und füllt ihn mit Schnee, der dann mit dem Duft ihres Beutetieres eingesprüht wird. Den Becher nehmen die Jäger mit auf die Jagd, um sich unterwegs immer wieder zu vergewissern, ob sie noch auf der rechten Spur sind.
7. Die Duftmarken im Schnee dürfen nur berochen, aber nicht weggenommen oder sonst verändert werden. Jede Duftmarke, die eindeutig erkannt wurde, wird mit den mitgenommenen Fähnchen gekennzeichnet, so daß am Schluß der Weg der einzelnen Tiere an den verschiedenfarbigen Fähnchen deutlich zu erkennen ist.
8. Ist das Versteck der Beute gefunden, dann darf das Beutetier »gerissen« und »aufgefressen« werden. Hat eine Jäger-Gruppe die Fährte verloren oder ein falsches Versteck aufgespürt, dann muß sie soweit zurück, bis sie die richtige Spur wieder gefunden hat.
9. Haben alle Jäger ihre Beute gefunden, dann kehren die Spieler zum Ausgangspunkt zurück.

Tabelle: Spuren im Schnee

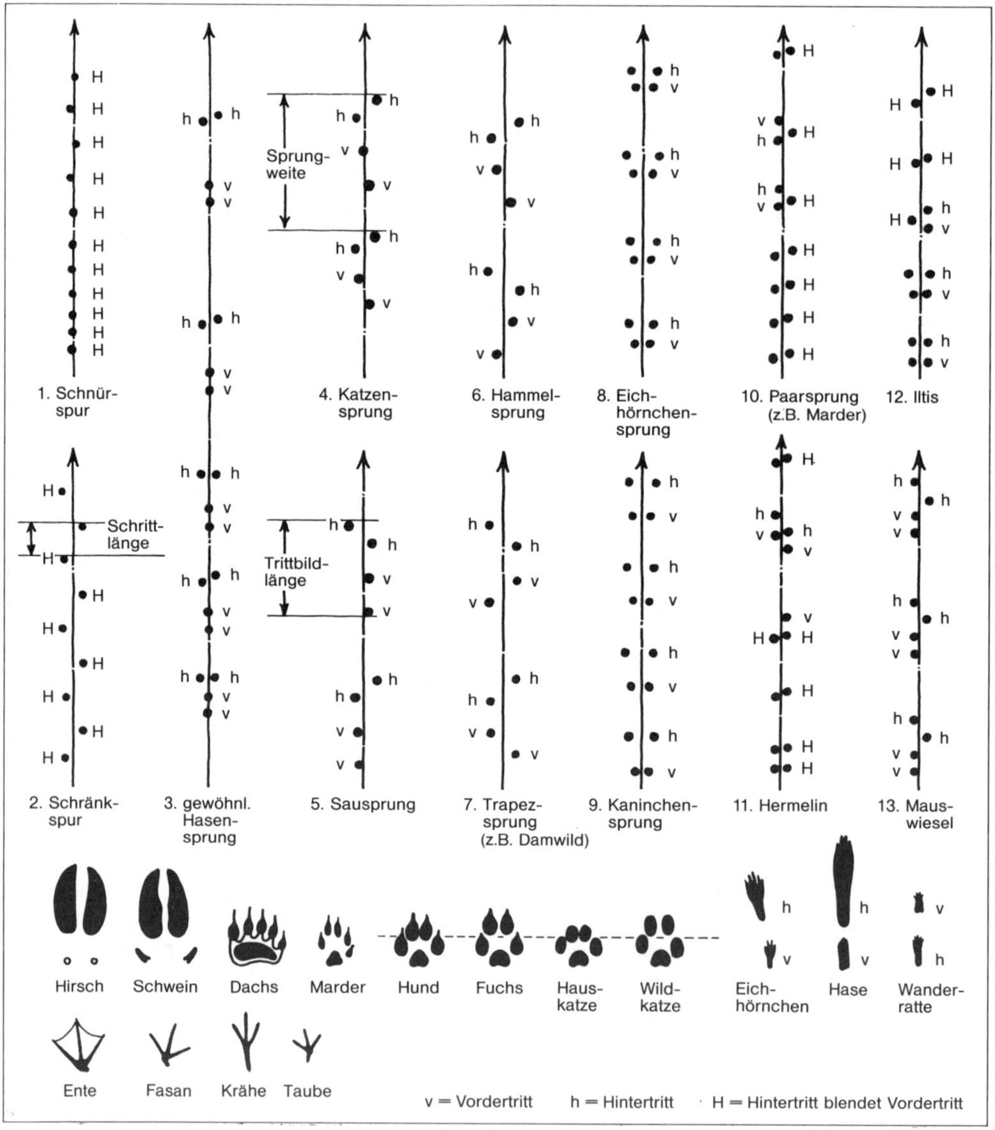

Aufgespürte Fragen

1. Waren die Fährten leicht oder schwer zu finden? - Welchen Nachteil haben wir als aufrecht gehende Zweibeiner gegenüber einem Fuchs oder Hund?
2. Welche Gerüche waren gut, welche schlecht zu unterscheiden? Mußte irgend jemand zurück?
3. Hatte jemand Schnupfen? - Wenn Tiere älter werden, dann läßt ihr Geruchssinn nach. Welche Folgen hat dies für einen Fuchs und welche für ein Reh?
4. Was entspricht an dem Spiel der Wirklichkeit und was nicht? Hast Du Vorschläge, wie das Spiel anders gemacht werden könnte?

Was man noch tun kann

Spuren im Schnee

Für den Fall, daß noch Zeit verbleibt, suchen Sie mit den Teilnehmern nach Spuren von Tieren im Schnee. Bevor Sie darauf eingehen, von welchem Tier die Spuren stammen, versuchen Sie, mit der Gruppe zu erschließen, wie sich das Tier verhalten hat: Ist es ruhig gegangen, gerannt oder geflüchtet, hat es nach Futter gesucht, einen Schlafplatz verlassen? Vielleicht finden Sie Kot oder Urin, der von dem Tier abgegeben wurde. Teilen Sie die Aktionskarten aus und versuchen Sie zu bestimmen, von welchem Tier die Spuren stammen.

Aktionskarte Spuren im Schnee

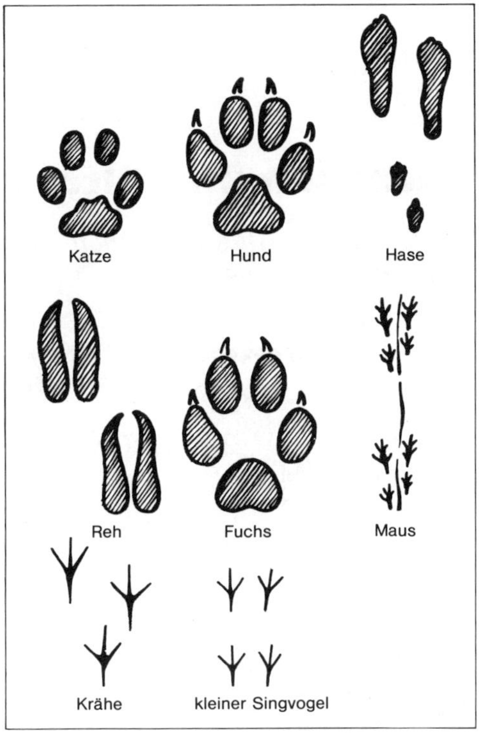

Literatur

KELLE, A., STURM, H.: Tiere leicht bestimmt. Dümmler, Bonn, 1984.

BRAND, K., BEHNKE, H.: Fährten- und Spurenkunde. Parey, Hamburg, 1978.

BANG, P., DAHLSTRÖM, P.: Tierspuren. Bestimmungsbuch. BLV, München, 1981.

Wald und Park

Wachstum und Alter der Bäume

Jahresringe von Bäumen geben Auskunft über ihr Alter, über gute und schlechte Jahre und über die Art ihres Wachstums.

Ort:

Wald, Park

Jahreszeit:

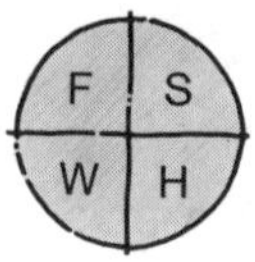

Gruppengröße:

15 bis 20

Alter:

ab 10 Jahren

Zeitbedarf:

45 bis 60 Minuten

Was man wissen sollte

Wie alt ist wohl der Baum? Diese Frage stellt sich häufig, wenn wir vor einer stattlichen Fichte, einer knorrigen Eiche oder einer alten Dorflinde stehen. Ein erfahrener Forstmann kann aus der Dicke des Baumes und seiner Wuchsform das ungefähre Alter abschätzen.
Bäume wachsen in die Dicke, indem sie unter der Rinde jedes Jahr einen Zuwachsring an Holz bilden. Im Frühling und Sommer wächst der Baum rasch. Er bildet helles, grobporiges Holz. Im Herbst, und bei Nadelbäumen auch im Winter, bildet sich dunkles, feinporiges Holz, das sich scharf gegen das Frühjahrsholz absetzt. Auf einem Querschnitt durch einen Stamm oder einen Ast erkennt man deutlich die Jahresringe aus hellem Sommerholz und dunklem Winterholz. An einem abgesägten Baumstamm, der bis in die Mitte gesund ist, kann man so sein Alter auf das Jahr genau ablesen. Die Breite der Jahresringe gibt Auskunft über gute und schlechte Zeiten. Ein breiter Jahreszuwachs zeigt an, daß es dem Baum gut ging, daß er genügend Wasser und Licht hatte. Ging es dem Baum schlecht, dann sind die Jahresringe schmal. Trockenheit, Krankheit oder Insektenfraß haben dem Baum zugesetzt.

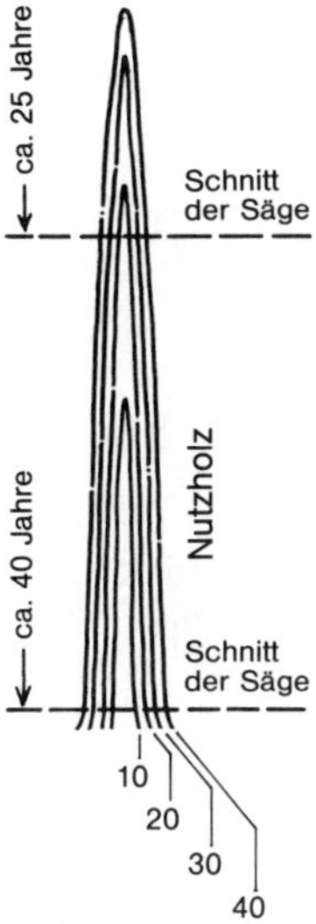

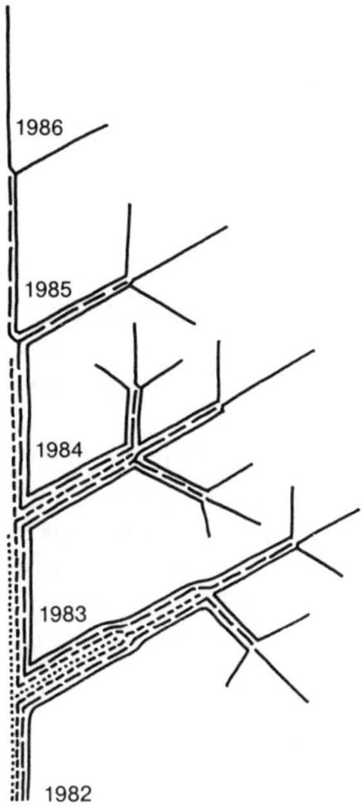

Das Längenwachstum eines Baumes kann man bei jungen Nadelbäumen gut ablesen. Sie legen jedes Jahr einen Trieb zu. Bei den Laubbäumen ist das Längenwachstum nicht so deutlich, da die Krone verzweigt ist und die Jahrestriebe nicht mehr hervortreten.

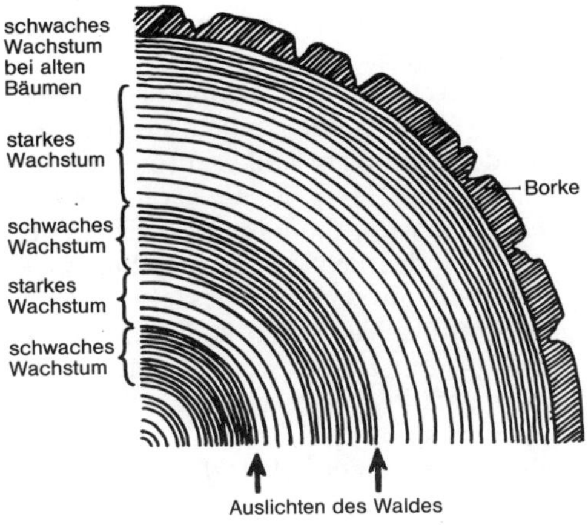

Laub- und Nadelbäume wachsen nur an den Enden der Äste oder Zweige in die Länge. Der Stamm streckt sich nicht mehr. Das heißt also, wenn wir an einem Baum einen Ast in drei Meter Höhe haben, dann wurde er auch in dieser Höhe angelegt.

Was man braucht

Für jede Zweiergruppe:

1 Filzschreiber, fein
30–40 Glaskopfstecknadeln
auf einem Korken oder Styroporstück
ca. 20 Papierfähnchen (4 cm × 1 cm)
1 Stück Sandpapier, mittel
1 Meterstab oder Maßband
4 Aktionskarten

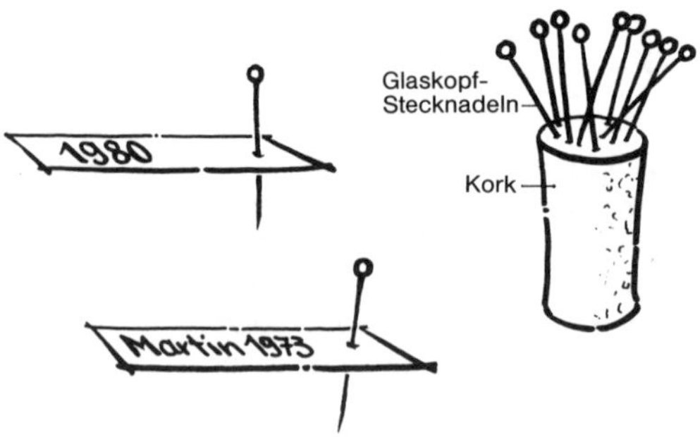

Was man vorbereiten und bedenken muß

Auswahl des Ortes

Im Wald wird Nutz- und Brennholz in den Wintermonaten geschlagen. Es wird als Langholz gestapelt oder als Brennholz in Beigen aufgesetzt. Da es oft Monate dauert, bis das Holz abtransportiert wird, trifft man das Holz das ganze Jahr über an. Zuweilen werden auch in Städten Park- oder Alleebäume gefällt, so daß man auch dort das Alter von Bäumen bestimmen kann.

Sicherheitsvorkehrungen

Verbieten Sie ausdrücklich, auf Holzstapel oder Holzbeigen zu klettern. Sind die Stämme oder Scheite schlecht geschichtet, dann können sie ins Rutschen kommen. Erlauben Sie auch nicht, daß die Teilnehmer auf den Baumstämmen schaukeln.
Suchen Sie sich für die Untersuchungen einen Stapelplatz aus, auf dem einzelne Holzstämme lagern und in der Nähe einige Beigen mit Brennholz am Wegrand stehen. Es ist davon abzuraten, mit der Säge Holzstämme entzweizusägen, da dies für Kinder und Jugendliche zu gefährlich und in jedem Fall zu zeitraubend ist.

Schülervorstellung

Sie sollten sich darauf einstellen, daß viele Schüler glauben, daß ein Baum von innen, vom Mark her in die Dicke wächst.

Es geht los!

Wir zählen Jahresringe

1. Lassen Sie die Teilnehmer schätzen, wie alt die Bäume in einem Wald oder Park sind. Vermutlich sind alle Teilnehmer mehr oder weniger ratlos. Fragen Sie, ob Möglichkeiten bekannt sind, das Alter eines Baumes zu bestimmen.
2. Erläutern Sie, daß Bäume jedes Jahr etwas dicker werden, indem sie unter der Rinde im Frühjahr und Frühsommer weiches, helles Holz, im Spätsommer und Herbst hartes, dunkles Holz bilden. Es wachsen deutlich abgesetzte Jahresringe, die man an einem abgesägten Baumstamm oder Ast sehen kann. Sagen Sie, daß wir auszählen werden, wie alt die hier gefällten und gestapelten Baumstämme sind.
3. Weisen Sie eindringlich darauf hin, daß es gefährlich und deshalb verboten ist, auf

Langholzstapel und Holzbeigen zu klettern.

4. Markieren Sie die Stämme, deren Alter bestimmt werden soll. Bilden Sie zwei Gruppen, händigen Sie ihnen die Aktionskarte 1, Sandpapier, Filzschreiber, Stecknadeln und Papierfähnchen aus. Gehen Sie von Gruppe zu Gruppe und helfen Sie dort, wo die einzelnen Teilnehmer nicht zurechtkommen.
5. Wenn Sie sehen, daß das Zählen der Jahresringe abgeschlossen ist, dann versammeln Sie alle Teilnehmer um sich. Gehen Sie von Baumstamm zu Baumstamm und lassen Sie die Gruppen berichten.
6. Versuchen Sie, im Gespräch folgende Fragen anzuschneiden:
   - Wachsen alle Bäume gleich schnell?
   - Welche Baumarten sind schnellwüchsig, welche wachsen langsam?
   - Wie unterscheiden sie sich im Holz?
   - Stimmen Stammquerschnitt und Jahresringe oben und unten überein?

Wie ein Baum in die Höhe wächst

1. Fragen Sie die Teilnehmer, wie ein Baum in die Höhe wächst. Wenn es sich ergibt, können Sie den Vergleich von einem Menschen mit einem Baum anstellen: Ist der Kopf eines Menschen jünger als seine Füße oder sind beide gleich alt? – Ist der Wipfel eines Baumes jünger als der untere Teil des Stammes oder sind beide gleich alt?
2. Beauftragen Sie die Zweiergruppen, die Jahresringe am dünnen Ende ihres Baumstammes auszuzählen. Diskutieren Sie das Ergebnis (Aktionskarte 2, S. 91).
3. Betrachten Sie mit der ganzen Gruppe die Wuchsform einer jungen Tanne oder Fichte und weisen Sie auf den jährlichen Längenzuwachs hin, der sich deutlich in den Stockwerken der Äste ausdrückt. Bei alten Laubbäumen, die im geschlossenen Waldbestand stehen, sterben die unteren Äste ab und werden abgestoßen, so daß man bei ihnen die Altersstockwerke nicht mehr erkennen kann. An jungen Zweigen kann man das Längenwachstum feststellen.
   Laubbäume bilden eine verzweigte Krone. Ein Stockwerkaufbau nach Jahren ist nicht zu erkennen (s. Abb. S. 90).

Aus der Lebensgeschichte eines Baumes

1. Die Jahresringe geben Auskunft über die Lebensgeschichte eines Baumes. Sagen Sie den Teilnehmern, daß sie versuchen sollen, soviel wie möglich aus den Jahresringen abzulesen. Teilen Sie die Aktionskarte 3 aus.
2. Versammeln Sie alle Teilnehmer um sich und fordern Sie die Gruppen auf, die Geschichte ihres Baumes zu erzählen. Sie könnte sich für Primarschüler z. B. so anhören: »Im Jahre 1809 fiel ich als Eichel von einer großen Eiche, in deren Schutz ich aufwuchs. Während meiner

ersten 20 Jugendjahre ging es mir gut, doch dann wurde mir allmählich der Platz eng, und ich konnte nicht mehr so recht wachsen. Da kam im Jahre 1835 der Bauer und fällte die großen Bäume. Ich hatte nun genug Licht und Wasser, so daß ich gut wachsen konnte. Doch war ich nicht allein. Auch andere Bäume wuchsen mit mir in die Höhe und Breite. Wir beengten uns gegenseitig so sehr, daß wir alle kaum noch größer werden konnten. Wieder kamen Bauern. Sie schlugen einige der halbwüchsigen Bäume. Ich blieb verschont und konnte wieder kräftig wachsen. In den Jahren 1869 bis 1872 war es sehr trocken, Jahre, in denen ich kaum dicker wurde; es gab Jahre, in denen es so viele Maikäfer gab, daß ich nur mit Mühe überleben konnte, so sehr hatten sie meine Blätter zerfressen. Mit hundert Jahren war ich ein stattlicher Baum. Ich wurde langsam alt, und ich wuchs nicht mehr so kräftig wie in früherer Zeit. Doch das Holz, das ich ansetzte, war hart und fest. Im Jahre 1986 kamen Holzhauer und fällten mich. Was aus meinem Holz wird, das weiß ich noch nicht«.

Was man noch tun kann

- Das Alter und die Art des Wachstums verschiedener Baumarten wird verglichen.
- Das Alter von Wald- und Parkbäumen wird geschätzt.
- Ein Gang mit dem Förster durch den Wald kann uns wichtige Informationen über das Leben der Bäume geben.

junger Nadelbaum mit stockwerkartigem Aufbau — Fichten im Hochwald — Laubbaum

Aktionskarte Altersbestimmung

Wie alt ist der Baum?

Zähle am dicken Ende eines Baumstammes die Jahresringe aus. Beginne außen am Stamm. Markiere jeden zehnten Jahresring mit einer Stecknadel.

Sind die Jahresringe nicht deutlich zu sehen, dann kannst Du versuchen, den Anschnitt mit Sandpapier etwas zu glätten. Mitunter treten die Jahresringe deutlicher hervor, wenn man das Holz mit etwas Speichel befeuchtet oder den Baumstamm leicht mit Erde einreibt.

Der Stamm ist .... Jahre alt

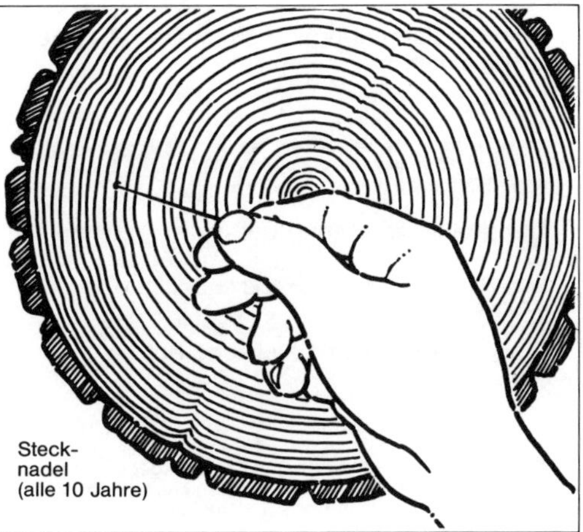

Aktionskarte Altersbestimmung

Sind der untere und der obere Teil eines Stammes gleich alt?

Zähle die Jahresringe am dünneren Ende eines Baumstammes aus.

Zahl der Jahresringe am dicken Ende: ....
(siehe Aktionskarte 1)

Zahl der Jahresringe am dünneren Ende: ....

Unterschied: ....

Miß den Durchmesser des Stammes am dicken und dünnen Ende.

Durchmesser am dicken Ende: .... cm

Durchmesser am dünneren Ende: .... cm

Unterschied: .... cm

Wie erklärst Du Dir die Unterschiede?

....

....

....

Aktionskarte Lebensgeschichte eines Baumes

Aus den Jahresringen kannst Du vieles aus der Lebensgeschichte eines Baumes erschließen.

Breite Jahresringe zeigen, daß es dem Baum gut ging und er kräftig wachsen konnte. Suche den breitesten Jahresring und miß ihn.

Der größte Jahresring betrug.......... mm

Schmale Jahresringe zeigen, daß es dem Baum nicht gut ging.

Der geringste Jahreszuwachs betrug

.... mm

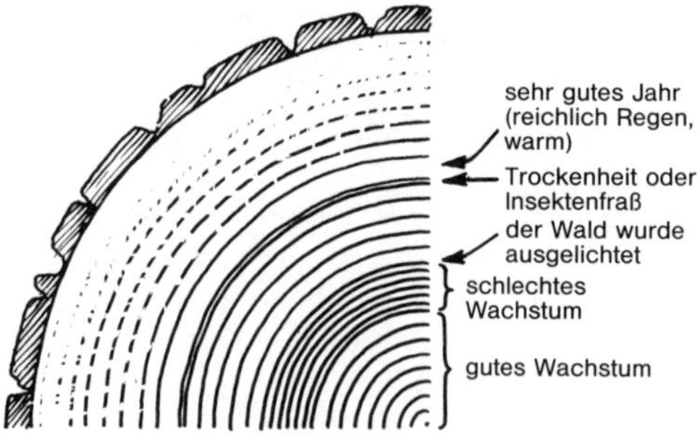

Dicht stehende Waldbäume nehmen sich gegenseitig Licht und Wasser weg. Wenn der Wald gelichtet wird, wachsen die übrig gebliebenen Bäume wieder schneller. Du findest deshalb bei Waldbäumen, daß es Zeiten gab, in denen sie schnell wuchsen, dann das Wachstum abnahm, bis nach einem Auslichten des Waldes wieder eine Reihe breiter Jahresringe auftrat.

Wie oft wurde während dem Leben des Baumes der Wald gelichtet? Der Wald wurde............ mal gelichtet.

Wieviele Jahre sind von einer Durchforstung bis zur anderen vergangen?

Der Wald wurde in Abständen von ...., ..., ..., ..., ... Jahren gelichtet.

Wir zählen Bäume

In einem Waldstück wird die Häufigkeit verschiedener Baumarten durch eine einfache statistische Methode ermittelt und grafisch dargestellt.

Ort:

Wald mit dichtstehenden Bäumen

Jahreszeit:

Gruppengröße:

bis 20

Alter:

ab 12 Jahren

Zeitbedarf:

30 bis 60 Minuten

Was man wissen sollte

Ein Wald setzt sich meistens aus mehreren Baumarten zusammen. Je nach Höhenlage, Hangneigung und Untergrund kann sich diese Artenzusammensetzung stark unterscheiden. Hinzu kommt, daß durch forstliche Maßnahmen die Artenzusammensetzung eines Waldgebietes gezielt verändert werden kann. Bei einem Spaziergang muß man schon genau hinschauen, um die verschiedenen Baumarten unterscheiden zu können. In vielen Fällen wird man sagen können, daß eine Art die vorherrschende ist, doch kann dabei der erste Eindruck täuschen.
In der Ökologie bedient man sich verschiedener Schätzmethoden zur Bestimmung von Populationsgrößen und Individuenzahlen. Eine wichtige Methode der quantitativen Pflanzenökologie beruht darauf, Pflanzenindividuen oder Pflanzenarten entlang einer zufällig oder willkürlich festgelegten Linie, z. B. einer Geraden, zu zählen. Mehrere solcher Stichproben geben dann einen zuverlässigen Schätzwert für die Artenzusammensetzung der gesamten Untersuchungsfläche. In »Wir zählen Bäume« benutzen die Teilnehmer eine Abwandlung der sogenannten Profil-Technik, um die Artenzusammensetzung eines Waldgebietes herauszubekommen. Erst werden mit Hilfe von langen Wäschleinen Linien-Züge von Baum zu Baum gelegt und dann werden von allen getroffenen Bäumen Probeblätter entnommen. Diese Blätter werden auf einer Anschlagtafel so angeordnet, daß ein »Säulendiagramm« entsteht. Aus der Anordnung kann man die Häufigkeitsverteilung der Baumarten im Untersuchungsgebiet ablesen (vgl. Abb.).

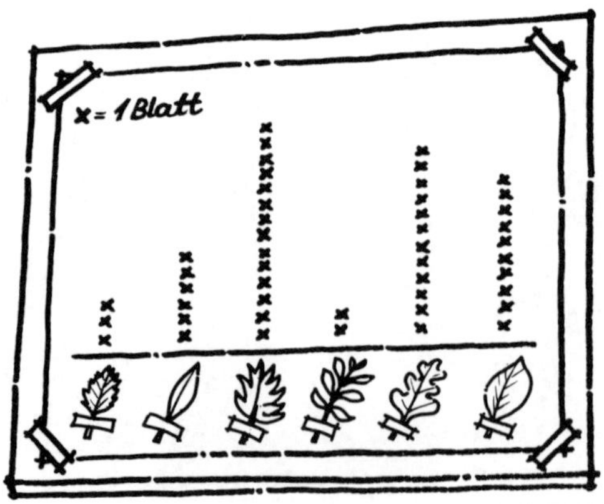

Was man braucht

Für jede Teilgruppe:

1 mindestens 30 m langes Wäscheseil, das um Pappkarton gewickelt ist (billigste Qualität reicht aus!)
1 Papier- oder Plastiktüte
1 mindestens 4 m langes Seil mit einer Schlaufe an jedem Ende.

Für die ganze Gruppe:

1 Stück Pappe auf Unterlage (oder Zeichenkarton, DIN A2). Auf dem Karton ist in 10 cm Abstand vom unteren Rand eine Linie gezogen.
1 Filzschreiber
1 Rolle Klarsicht-Klebeband.

Was man vorbereiten und bedenken muß

Am besten geeignet ist ein junger Laubwald, ein sogenanntes Stangenholz, in dem die Stämme höchstens wenige Meter voneinander entfernt stehen. Sie müssen bei der Auswahl des Gebietes weiterhin darauf achten, daß möglichst viele verschiedene Gehölzarten vorkommen, da die Untersuchung sonst langweilig und das Ergebnis vorhersehbar wird. Günstig sind z. B. feuchte Niederungen auf besseren Böden mit Eschen, Berg-ahorn, Buchen, Erlen, oder Hangwälder mit Ulmen, Ahorn-Arten, Eichen, Buchen, Linden. Auch reichere Niederwälder mit Eichen, Winterlinden, Vogelbeeren, Faulbaum und Zitterpappel sind geeignet. Probieren Sie aus, welche Mindestseillänge für das ausgewählte Gebiet notwendig ist (dies hängt in erster Linie von der Dichte der Bäume und vom Umfang ihrer Stämme ab). Holen Sie eventuell beim zuständigen Forstamt die Erlaubnis für das Bäumezählen ein. Erkundigen Sie sich, wie alt die Bäume der ausgewählten Waldparzelle sind und welche forstlichen Maßnahmen durchgeführt wurden (Aufforstung in Reihen, Reihenabstand, gezieltes Auslichten zu welchem Zeitpunkt, Schädlingsbefall usw.).

Es geht los!

1. Lassen Sie die Gruppe schätzen, wie viele verschiedene Baumarten in dem Gebiet wachsen.
2. Fragen Sie nach der häufigsten Baumart. Erklären Sie den Teilnehmern, daß Sie mit Hilfe eines Seils die Häufigkeit der verschiedenen Baumarten genauer ermitteln wollen.
3. Führen Sie die Linien-Transekt-Methode (Profil-Technik) mit einem Teilnehmer vor:
   a) Befestigen Sie ein Ende des Seils (mindestens 30 m lang) an einem Baum.
   b) Rollen Sie das Seil ab und gehen Sie zum nächststehenden Baum. Dieser sollte nur 1–2 m vom ersten Baum entfernt stehen. Sind die Einzelbäume weiter voneinander entfernt, muß ein wesentlich längeres Seil verwendet werden. Ziehen Sie das Seil straff an. Das Seil muß den neuen Baum berühren. Am besten schlingen Sie das Seil einmal um den Stamm. Dann gehen Sie zum nächsten Baum, der wieder nur 1–2 m entfernt steht.
   c) Versuchen Sie, beim Zickzackweg von Baum zu Baum eine Hauptrichtung einzuhalten.
4. Teilen Sie die Teilnehmer in Zweiergruppen auf. Geben Sie jeder Gruppe ein Seil. Markieren Sie für jede Gruppe einen Startbaum. Die verschiedenen Startbäume sollten mindestens 5 m voneinander entfernt stehen. Weisen Sie allen Gruppen dieselbe Richtung zu, um zu vermeiden, daß sich die einzelnen Transekte überkreuzen. Die Arbeit kann beginnen!
5. Wenn alle Gruppen ihre Seile gespannt haben, lassen Sie die Teilnehmer erneut schätzen, welche Baumart die häufigste ist. Lassen Sie die Teilnehmer, soweit sie das können, die Baumarten benennen bzw. bestimmen.
6. Sagen Sie den Teilnehmern, daß sie nun die Bäume, die in ihren Transekt fallen, zählen werden. Jede Gruppe soll an dem Seil entlanggehen und von jedem Baum, den das Seil berührt, ein Blatt abpflücken. Hierzu erhält jede Gruppe eine Plastiktüte. Wenn sich kein Blatt erreichen läßt, sollen sie den Baum schütteln, damit eines abfällt. Sie können auch die Blätter ihres Baumes genau anschauen und dann von einem niedrigeren Baum oder vom Boden dieselbe Blattart aufnehmen. Die Blätter werden in die Plastiktüte gesteckt.
7. Wenn die Teilnehmer mit dem Sammeln fertig sind, werden sie vor der Anschlagtafel versammelt. Sagen Sie ihnen, daß sie die gesammelten Blätter dazu verwenden können, herauszubekommen, welche Baumart die häufigste ist. Fragen Sie, wie man herausfinden kann, ob 2 Blätter zu einer Art oder zu 2 verschiedenen Arten gehören. Lassen Sie die Teilnehmer selbst Unterscheidungskriterien finden. Schlagen Sie vor, daß sie besonders auf die Blattform, den Blattrand und die Oberfläche achten sollen (Form: ungeteilt, gelappt, gefiedert; Rand: glatt oder gesägt; Oberfläche: behaart, glatt oder runzelig).

8. Erklären Sie nun, daß jeder Blattyp an eine bestimmte Stelle unter der Linie am Anschlagebrett geklebt werden soll.
9. Bitten Sie eine Gruppe, ein Blatt der Baumart vorzuzeigen, die sie für die häufigste hält. Kleben Sie dieses Blatt unter die Linie der Anschlagtafel und fragen Sie alle Gruppen, wie viele gleichartige Blätter sie gesammelt haben. Für jedes gesammelte Blatt machen Sie ein Kreuz über dem aufgeklebten Blatt derselben Art. Die Kreuze sollen alle gleich groß sein. Lassen Sie diese Methode der Registrierung für alle gefundenen Blattarten durchführen.
10. Nachdem alle Blätter gezählt und auf der Anschlagtafel notiert worden sind, erklären Sie den Teilnehmern, daß Sie nun ein Säulendiagramm der Baumarten in dem Untersuchungsgebiet gemacht hätten. Bitten Sie die Teilnehmer, sich das Säulendiagramm genau anzuschauen und Ihnen zu sagen, wie viele verschiedene Blattarten gefunden wurden und welche Baumart die häufigste ist. Inwieweit stimmen die anfänglichen Vermutungen mit diesem Ergebnis überein?
11. Lassen Sie die Gruppen ihre Seile wieder aufrollen.

Überlegungen zum Ergebnis

1. Woran könnte es liegen, daß bestimmte Baumarten besonders häufig, andere selten sind?
2. Sind die vorkommenden Arten gleichmäßig über das Untersuchungsgebiet verteilt?
3. Gibt es Gründe für eine ungleichmäßige Verteilung? Welche Möglichkeiten gibt es, mit Hilfe von Linien-Transekten die räumliche Verteilung der Baumarten darzustellen? (Die Abbildung zeigt eine solche Möglichkeit).

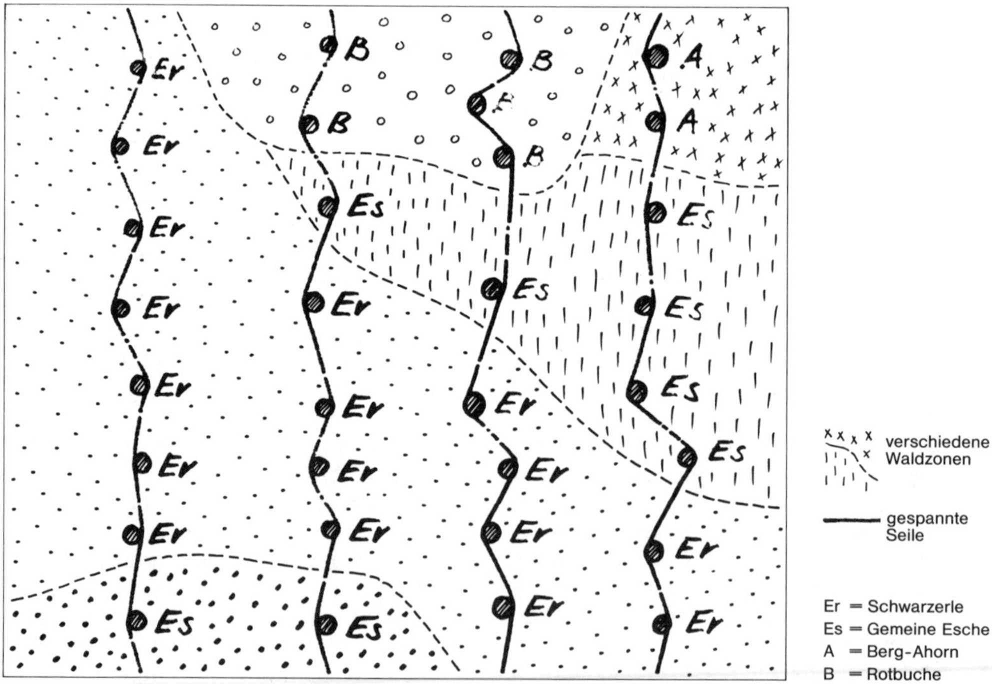

Was man noch tun kann

Aus der letzten Frage ließen sich einige weitere Möglichkeiten praktischer Häufigkeitserhebungen ableiten:

- Auszählen von kleinen Probequadraten, die gleichmäßig oder zufällig über die Gesamtfläche verteilt wurden.
- Ausbringen eines Netzes zahlreicher Probequadrate. Es wird festgestellt, ob eine Art in einem Probequadrat vorkommt oder nicht.

Mit dieser zweiten Methode kann man besonders gut feststellen, wie häufig flächig wachsende Pflanzen an einem Standort sind (Erdsproß-Pflanzen, Moospolster, Flechten), bei denen ein Auszählen schwierig ist. Die Zahl der Probequadrate mit der betreffenden Art gibt dann ein Maß für die relative Häufigkeit der Art.

Das »Baum-zu-Baum-Rennen«

Das Spiel läßt sich nur in einem Mischwald mit einigen nahezu gleich häufigen Baumarten spielen. Die einzelnen Bäume sollten nicht älter als 30 bis 40 Jahre sein und ziemlich dicht stehen.
Zunächst müssen ein Startpunkt und eine Ziellinie festgelegt werden. Die Ziellinie kann z. B. durch Auslegen eines 30-m-Seiles markiert werden. Führen Sie nun das Spiel mit einem Teilnehmer vor.
Jede Zweiergruppe soll sich eine Baumart aussuchen. Zwei oder mehrere Gruppen können die gleiche Art auswählen. Die beiden Spieler einer Mannschaft halten die beiden Enden eines 4–10 m langen Seils das ganze Rennen über; beide Partner starten an demselben Baumstamm. Vor dem Start sollen beide den Baum berühren. Auf das Startsignal bewegt sich der Partner A zu einem anderen Stamm derselben Art, während Partner B weiter den Startbaum berührt. Sobald A den neuen Baum erreicht hat, kann B den Startbaum loslassen und nach einem dritten Stamm derselben Art suchen. Das »Von-Baum-zu-Baum-Rennen« endet, wenn alle Gruppen die Ziellinie erreicht haben.
Geben Sie jeder Gruppe ein 4–10 m langes Seil und lassen Sie einen Startbaum heraussuchen. Achten Sie darauf, daß alle Startbäume gleich weit von der Ziellinie entfernt sind. Lassen Sie das Rennen mehrere Male laufen und empfehlen Sie den Spielern, bei jedem Lauf eine andere Baumart auszuwählen. Sie müssen während des Spiels gut darauf achten, daß die Gruppen immer nur die richtige Baumart ansteuern.

Literatur

AICHELE, D.; SCHWEGLER, H. W.: Welcher Baum ist das? Kosmos Naturführer. Franckh, Stuttgart, 1983.

POLUNIN, O.: Bäume und Sträucher Europas. BLV, München, 1984.

Pilzsammler und Schwammerlsucher

Auf einer Wanderung
werden möglichst verschieden aussehende Pilze gesammelt
und anschließend ausgestellt.

Ort:

Wälder

Jahreszeit:

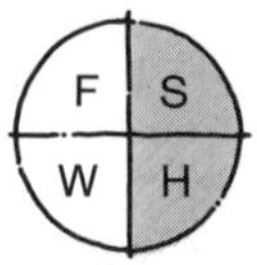

Gruppengröße:

ca. 20

Alter:

ab 12 Jahren

Zeitbedarf:

2 bis 3 Stunden

Was man wissen sollte

Immer mehr Leute interessieren sich für Pilzesammeln oder Schwammerlsuchen, wie man in Bayern und Österreich sagt. Ebenso wie die zunehmende Beliebtheit von Wildgemüsen und Salaten und selbstgesammelten Kräutern und Tees ist dies wohl ein Ausdruck unserer Sehnsucht nach einer naturnäheren und der Natur mehr verbundenen Lebensweise. Jemand, der sich für Pilze interessiert, interessiert sich zunächst einmal für die kulinarischen Genüsse, die er sich von seinen Sammelergebnissen erhofft. Da frische Champignons jedoch mittlerweile sehr billig zu kaufen sind, kann man vermuten, daß es nicht nur Sparsamkeit ist, die ihn in den Wald treibt. Wer sich für Pilze interessiert, hat ein zumindest verstecktes Interesse an Natur und Naturvorgängen und dieses Interesse gilt es zu wecken, zu aktivieren und zu vertiefen.
Hinzu kommt, daß Pilze seit alters her auf den Menschen eine besondere Faszination ausüben. Sei dies bedingt durch ihr plötzliches und unerwartetes Auftreten, durch ihre eigenartige und oft fast unheimliche Form und Farbe oder durch die gefährlichen Giftstoffe, die manche Vertreter enthalten können. Viele volkstümliche Pilznamen weisen auf diese eigentümliche Beziehung der Menschen zu den Pilzen hin. Als Beispiele seien Totentrompete, Hexenbutter, Satanspilz oder Hexenei genannt.
Schon bei den alten Römern waren die Pilze darüber hinaus als Delikatessen den Feinschmeckern wohlbekannt, und es wird berichtet, daß viele Römer bereit waren, ein Vermögen für ein Gericht Kaiserlinge zu bezahlen. Auch unser deutsches Wort »Pilz« läßt sich von dem lateinischen Wort »Boletus« (Speisepilz) ableiten und lautet im Althochdeutschen »Pulitz«.
Von dem Römer Plinius wurden die Pilze auch zum ersten Mal dem Pflanzenreich zugeordnet. Diese Zuordnung wurde bis heute beibehalten, obwohl es verschiedene Vorschläge gibt, die aus den Pilzen ein eigenes Reich oder eine eigene Gruppe machen wollen, die zwischen Pflanzen und Tieren steht. Dies ist nicht ganz unberechtigt, denn die Pilze besitzen eine ganze Reihe von Eigenschaften, die sie von allen übrigen Pflanzen unterscheidet und sie eher in die Verwandtschaft der Tiere bringt. Neben der Ernährungsweise – Pilze sind wie Tiere auf organische Nährstoffe angewiesen – kann man auf die Fähigkeit zur Chitinbildung (Zellwände) und zur Bildung des Speicherstoffes Glykogen (statt Stärke) hinweisen.
In den verschiedensten Bereichen sind Pilze heute für den Menschen von großer Bedeutung:

- Als Parasiten von Nutzpflanzen richten sie in der Landwirtschaft jährlich riesige Schäden an. Ihre Bekämpfung mit Fungiziden belastet die Umwelt.
- Pilzkrankheiten (Mykosen) bei Tieren und vor allem bei Menschen nehmen zu. Vor allem die Zunahme von Hautpilzen bei Menschen ist sehr auffällig.
- In der Biotechnologie und in der chemischen Industrie spielen Pilze als Stoffproduzenten eine wichtige Rolle. Hier sind in erster Linie die Hefen als älteste »Hausmikroben« der Menschen zu nennen, aber auch viele Schimmelpilzarten.
- Mit der Entdeckung des Penicillins im Jahre 1928 wurde eine neue Ära der Pharmazie eingeleitet. Unsere heutige Medizin wäre ohne die meistens von Pilzen stammenden Antibiotica nicht mehr denkbar.
- Die Rolle der Pilze als Nahrungsmittel sollte nicht unterschätzt werden. Im Jahre 1981 wurden in der Bundesrepublik insgesamt im Werte von rund 270 Millionen DM Pilze produziert. Hinzu kommen Pilzimporte im Wert von 530 Millionen DM.
- Pilzgifte gehören zu den giftigsten Substanzen, die von Organismen produziert werden. Ihre chemische Zusammensetzung und ihre biochemische Wirkungsweise wurden erst in jüngster Zeit erforscht.
- Seit langem sind Pilze, insbesondere

Schimmelpilze, als Verderber von Nahrung und anderen Naturstoffen bekannt. Erst in neuerer Zeit hat sich herausgestellt, daß verschimmelte Nahrungsmittel auch für den Menschen hochgefährliche, krebserregende Stoffe enthalten können, die sogenannten Aflatoxine.

- Pilze schließlich sind die wichtigsten »Abfallbeseitiger« in Lebensgemeinschaften und Ökosystemen. Vor allem im Wald sorgen sie für die Aufarbeitung des organischen Abfalls, also der Laubstreu und des Totholzes. Da gerade im Wald besonders viele solcher organischen Abfallstoffe anfallen, ist der Wald auch bevorzugter Siedlungsort vieler Pilzarten.

Die Pilze, die man im Walde sammelt, sind nur ein kleiner Teil der Pilzpflanze, eigentlich nicht mehr als die Birne vom Birnbaum, nämlich die Fruchtkörper. Die eigentliche Pilzpflanze lebt in der Laubstreu, im Holz oder im Boden und besteht aus einem weitverzweigten mikroskopisch dünnen Fadengeflecht, dem Mycel. Bei vielen Pilzen der Laubstreu kann man dieses Mycel wenigstens indirekt dadurch sichtbar machen, daß an dem Pilzfruchtkörper viele Blätter hängenbleiben, wenn man ihn emporhebt.
Eine Reihe von Pilzarten lebt in Symbiose mit Bäumen. Sie umspinnen die feinen Wurzelspitzen der Bäume und bilden mit ihnen zusammen eine sogenannte Pilzwurzel. Der Pilz erhält vom Baum Kohlenhydrate und liefert ihm dafür Wasser und Stickstoffverbindungen. Diese Beziehung zwischen einer bestimmten Baumart und einer bestimmten Pilzart kann so eng sein, daß eine Pilzart nur unter der betreffenden Baumart gefunden wird.

Was man braucht

Für jede Teilgruppe (3–4 Teilnehmer):

einen luftigen, nicht zu kleinen Korb (z.B. Spankorb) mit einer größeren Zahl

kleiner Schächtelchen wie Joghurtbecher, Margarinebecher usw.
etwa 20 kleine Zettel und einen Bleistift zum Beschriften

Für die ganze Gruppe:

möglichst viele Tabletts oder Pappscheiben als Unterlage für die Pilzausstellung
Filzschreiber
Pappetiketten für die Beschriftung.

Was man vorbereiten und bedenken muß

Das »Pilzesammeln und Schwammerlsuchen« sollte nur von Pilzkennern oder in Zusammenarbeit mit einem Pilzkenner geleitet werden. Das Gebiet, in dem die Pilze gesammelt werden sollen, muß vorher begangen werden. Insbesondere ist auf eventuell vorkommende giftige Pilze zu achten, vor denen man die Teilnehmer besonders warnen sollte. Es ist nicht notwendig, alle vorkommenden Pilze mit Namen benennen zu können, da nicht das Pilznamenlernen, sondern die Lebensweise der Pilze im Vordergrund stehen sollte.
Suchen Sie als Ausgangs- und Zielpunkt der Sammeltour einen Platz, an dem sich gut eine solche Ausstellung aufbauen läßt. Besonders geeignet sind Waldrastplätze mit Bänken und Tischen, aber auch Baumstämme und Holzstapel, auf denen die

Tabletts mit den Pilzen ausgestellt werden können.

Entsprechend den Anweisungen auf den Arbeitskarten werden verschiedene »Ausstellungsstände« vorbereitet:

1. Blätterpilze mit unterschiedlichen Sporenfarben (Lamellenfarben); andere Bezeichnung: Lamellenpilze
2. Röhrenpilze (hier sollte die Verfärbung des Fruchtkörperfleisches an der Luft bzw. bei Druck besonders berücksichtigt werden)
3. Nichtblätterpilze (Pilze, die nicht in Hut und Stiel gegliedert sind)
4. Besonders auffällig gefärbte Pilze
5. Pilze mit auffälligem Geruch
6. Pilze, die an Holz wachsen
7. Pilzwurzel, Symbiose zwischen Pilzen und Bäumen
8. Entwicklung eines Pilzfruchtkörpers (Beispiele: Fliegenpilz, Großer Parasol, Champignon-Arten usw.)

Diese Ausstellungsplätze sollen ähnlich wie die Stände auf einer Messe ein Stück voneinander entfernt sein, so daß alle Teilnehmer bequem um diese Ausstellungsflächen herumgehen können. Sie entsprechen den Aufgaben auf den Aktionskarten.

Es geht los!

1. Erklären Sie den Teilnehmern, daß »Pilzesammeln« immer nur heißt, daß man die Fruchtkörper sammelt, die in dem Boden oder dem Holzstück, auf dem sie wachsen, ein weitverzweigtes Fadengeflecht bilden.
   Es ist ziemlich gleichgültig, ob die Pilze abgeschnitten oder aus dem Untergrund herausgedreht werden. Erläutern Sie aber, daß für die Bestimmung der gesamte Pilzfruchtkörper und damit auch das untere Ende des Fußes wichtig sind, und daß es deshalb für das Kennenlernen der Pilze besser ist, sie nicht abzuschneiden, sondern vorsichtig aus dem Untergrund zu drehen. Vom Holz müssen sie natürlich zum Teil weggeschnitten oder sogar weggesägt werden, wenn sie fest ansitzen.
2. Nennen Sie das Ziel der Pilztour: Die Teilnehmer sollen gemäß den Aktionskarten Pilze sammeln und möglichst viel über die Lebensweise der Pilze erfahren.
3. Regen Sie an, daß immer drei bis vier Teilnehmer eine Sammelgruppe bilden. Verteilen Sie an jede Sammelgruppe einen Satz Aktionskarten. Jede Sammelgruppe bearbeitet alle Aktionskarten.
4. Weisen Sie nun eventuell auf besondere Gefahren (Knollenblätterpilz!) hin und versichern Sie sich, daß alle Teilnehmer den Weg zum Sammelpunkt zurück finden werden. Vereinbaren Sie den Zeitpunkt der Rückkehr der Sammelgruppen (etwa 30 Minuten bis eine Stunde Sammelzeit).
5. Beteiligen Sie sich zunächst an dem Sammeln und geben Sie wo nötig Anregungen und Hilfen.
6. Kehren Sie etwa 15 bis 20 Minuten vor dem vereinbarten Zeitpunkt zur Sammelstelle zurück und bereiten Sie die Ausstellung vor. Jede Aktionskarte soll einem Ausstellungsstand entsprechen.
7. Die zurückkehrenden Sammelgruppen sollen nun selbständig ihre Pilzfunde ausstellen. Eine Gruppe ist besonders verantwortlich für die Ausstellung »Pilze mit auffälligem Geruch«, eine andere für die Ausstellung »Pilze mit auffälligen Farben« usw. Sie sammelt die verschiedenen Funde und bestimmt sie mit Ihrer Hilfe bzw. mit Hilfe von Pilzbestimmungsbüchern oder an der Exkursion beteiligten Pilzkennern. Die verschiedenen Pilzarten erhalten Namenskärtchen, und durch zusätzliche Beschriftungen kann auf Besonderheiten aufmerksam gemacht werden. Geben Sie für die Ausgestaltung der Ausstellung etwa 30 Minuten Zeit.
8. Weitere 30 Minuten benötigen die Teilnehmer nun, um von Stand zu Stand zu gehen und sich jeweils gegenseitig die Besonderheiten der Exponate zu erklären. Versammeln Sie zum Schluß noch

Aktionskarte Pilzesammler

Sammle je einen Pilz,
der in Hut und Stiel gegliedert ist und der auf der Hutunterseite

a) weiße
b) braune
c) rötliche (rosafarbene)
d) schwärzliche oder dunkelviolette

Blätter hat

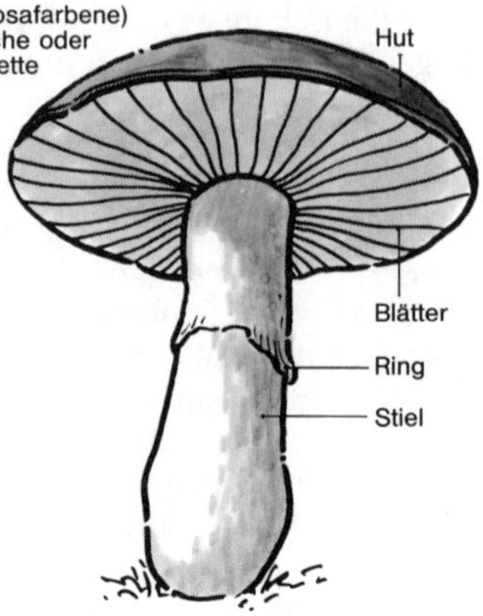

Aktionskarte Pilzesammler

Sammle einen Pilz,
der in Hut und Stiel gegliedert ist und der auf der Unterseite des Hutes Röhren trägt.
Die Röhren sollen sich leicht vom Hutfleisch lösen.

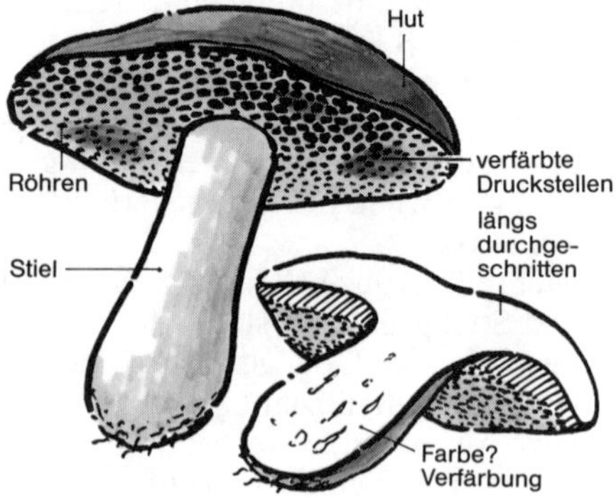

Verfärben sich die Röhren nach Druck?
Was passiert, wenn man den Pilz anschneidet?

Aktionskarte Pilzesammler

Sammle vier verschiedene Pilze,
die nicht in Hut und Stiel gegliedert sind!

Sie können z.B. so aussehen:

Aktionskarte Pilzesammler

Sammle einen Pilz mit besonders auffälligen Farben!

einmal die ganze Gruppe. Weisen Sie auf Besonderheiten der Ausstellung hin und fassen Sie zusammen, an welchen Merkmalen man einen Pilz erkennen kann:

- Form des Fruchtkörpers (gegliedert in Hut und Stiel oder anders)
- Unterseite des Hutes (Lamellen, Röhren, Poren oder Stacheln)
- Farbe der Lamellen oder Röhren
- Farbe der Hutoberseite und der anderen Teile des Fruchtkörpers
- Ausbildung eines Ringes bzw. anderer Häute um Lamellen und Fruchtkörper
- Geruch
- Standort (z.B. Holz oder Laubstreu, ganz bestimmte Baumarten).

Aktionskarte Pilzesammler

Sammle vier Pilze mit unterschiedlichem Geruch!

Versuche, den Geruch jeweils zu beschreiben (zum Beispiel durch Vergleich mit bekannten Gerüchen wie Anis, Rettich, Erde usw.)

Aktionskarte Pilzesammler

Sammle vier verschiedene Pilze, die an Holz wachsen!

Aktionskarte Pilzesammler

Achte auf Pilze, die immer nur unter einer bestimmten Baumart zu finden sind.

Sammle einen Pilz und einen Zweig des dazugehörigen Baumes.

Aktionskarte Pilzesammler

Sammle zwei verschiedene Pilze, die an ihrem Stiel einen Ring tragen.

Suche von diesen Pilzen Fruchtkörper verschiedenen Alters.
Versuche durch Vergleiche von ganz jungen, älteren und ausgewachsenen Fruchtkörpern herauszubekommen, wie der Ring entsteht.

Literatur

DÄHNCKE, R. M.: Wie erkenne ich Pilze? At Verlag, Aarau, 1978.

DÄHNCKE, R. M., DÄHNCKE, S. M.: 700 Pilze in Farbfotos. At Verlag, Aarau, 1981.

GERHARDT, E.: Pilze, Bd. 1 u. 2. BLV-Intensivführer. München, Wien, Zürich, 1984.

JAHN, H.: Pilze, die an Holz wachsen. Busse, Herford, 1979.

JAHN, H.: Pilze rundum (Nachdruck). Koeltz, Königstein, 1979.

LANGE, J. E., LANGE, M.: Pilze. BLV, München, 1982.

HALLER, B., PROBST, W.: Botanische Exkursionen, Bd. I: Exkursionen im Winterhalbjahr. G. Fischer, Stuttgart, New York, 2. Aufl., 1983.

Leben in der Laubstreu

Verschiedene Tiere der Laubstreu sollen gesammelt, beobachtet und bestimmt werden.

Ort:	**Jahreszeit:**	**Gruppengröße:**	**Alter:**	**Zeitbedarf:**
Laubwald	nicht im Schnee	10 bis 15	ab 12 Jahren	mindestens 1 Stunde

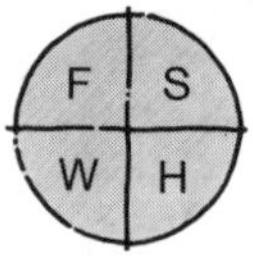

Was man wissen sollte

Der Waldboden ist mit einer Streu aus abgestorbenem Pflanzenmaterial bedeckt: Blättern, Zweigen, Ästchen, Rindenstückchen usw. Diese *Streuschicht* wird von Bodenorganismen zersetzt, wobei die organischen Verbindungen bis zur völligen Mineralisierung abgebaut werden. Für die ersten Schritte dieses Abbauprozesses sind vor allem kleine Tiere verantwortlich: Springschwänze, Rindenläuse, kleine Zweiflügler-Larven, Schnecken, Asseln, Ohrwürmer, Moosmilben, Ringelwürmer. Für die letzten Stufen des Abbaues dagegen sind vorwiegend Mikroorganismen verantwortlich: verschiedene Bakterien und Pilze. Die weißlichen Fadengeflechte von Pilzen kann man zum Teil mit bloßem Auge erkennen.
Nicht alle Tiere der Laubstreu leben von totem Pflanzenmaterial. Es gibt auch räuberische Tiere wie Spinnen und Hundertfüßler. Die meisten Tiere, die in der Laubstreu leben, sind jedoch sehr klein. Neben Kerbtieren und Spinnentieren kommen Weichtiere und Ringelwürmer vor. Ihre geringe Größe erlaubt es ihnen, auch kleine Höhlungen und Gänge zwischen den Pflanzenresten zu nutzen. Diese geringe Größe führt aber auch dazu, daß man diese kleinen Tierchen meistens übersieht, obwohl sie in sehr großer Zahl vorkommen. Je kleiner die Lebewesen, desto größer ist im allgemeinen ihre Individuenzahl. So werden als Durchschnittszahlen für 1 l Wald- oder Wiesenboden angegeben:

30 000 Fadenwürmer
1 000 Springschwänze
2 000 Milben
100 Gliederfüßer
50 Borstenwürmer
2 Regenwürmer.

Allerdings ist es sehr schwierig, solche Angaben zu machen, da die Zahlen von Bodentyp zu Bodentyp sehr stark schwanken.

Mikroorganismen im Boden

Bakterien (einschließlich Strahlenpilze)
mikroskopische Pilze (Hefen und Schimmelpilze)
Blaualgen
Grünalgen
Kieselalgen
Einzeller (Flagellaten, Amöben, Ciliaten, Strahlentierchen)
Bakteriophagen und andere Viren.

Was man braucht

Für jede Teilgruppe (2–3 Teilnehmer):

1 kleine Schaufel
1 Schüttelbüchse (vgl. Abb. S. 106)
1 Lupe
1 Bestimmungsrad (vgl. Anleitung zur Herstellung, S. 110 ff).
1 Plastikbeutel, in dem die Materialien untergebracht werden können
1 Bleistift
mehrere Farbstifte
1 wasserfester Folienschreiber (schwarz)
1 Bogen mit Körperumrissen zum Ausschneiden (s. S. 108)
1 Schere oder Transparentpapier
1 Schreibunterlage
Tablettenröhrchen oder Schnappdeckelgläschen

Für die ganze Gruppe:

einige weiße Beobachtungsschalen, geeignet sind auch durchgeschnittene Milchkartons, Quark- oder Margarinebecher
zusätzliche Bögen mit Körperumrissen von Laubstreu-Tieren
einige Binokulare;
Lupen

Streuzersetzung

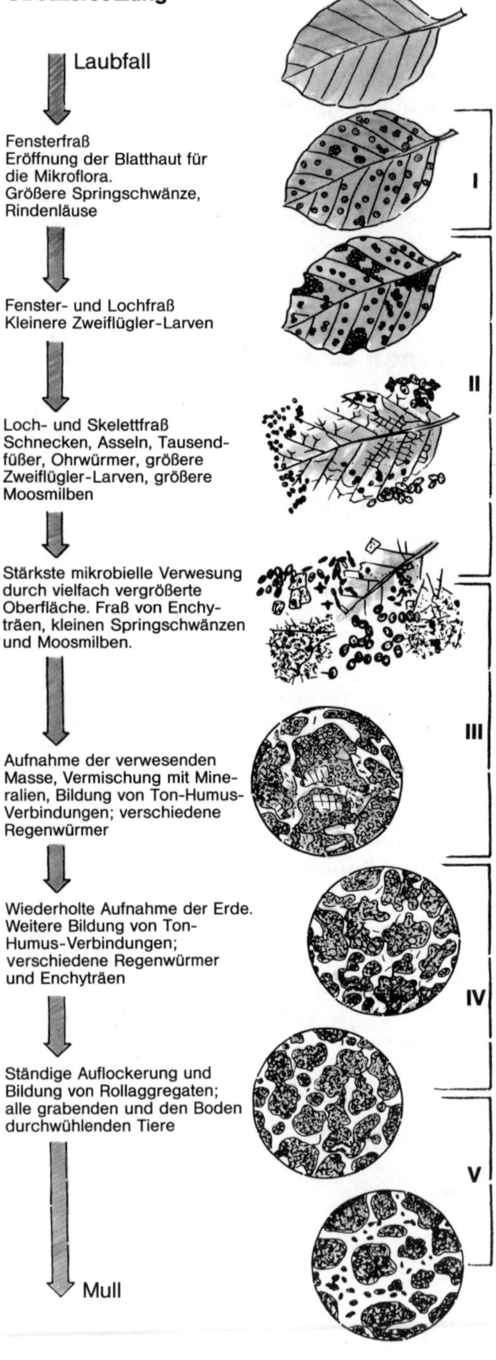

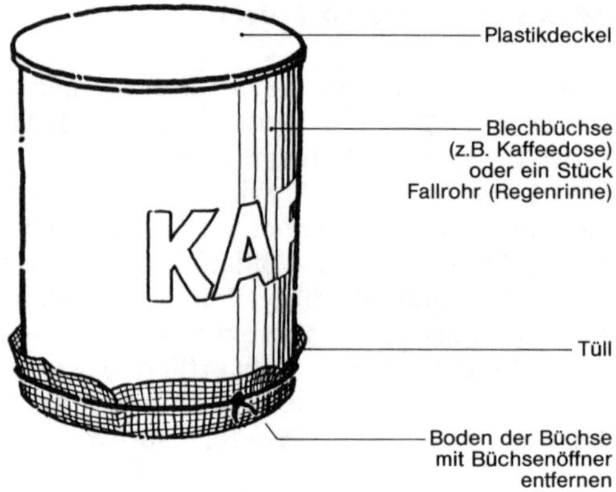

Was man vorbereiten und bedenken muß

Suchen Sie sich ein Gebiet mit einer möglichst individuen- und artenreichen Laubstreufauna aus (Eichen-Buchenwald, Erlen-Eschenwald). Erproben Sie die Schüttelbüchse und die anderen Geräte, und ordnen Sie die gefundenen Lebewesen den großen Tiergruppen zu.
Stellen Sie selbst Bestimmungsräder für die Laubstreutiere her oder legen Sie das Material bereit, so daß jede Gruppe sich selbst ein Bestimmungsrad anfertigen kann (s. S. 110ff). Dies sollte am besten im Klassenzimmer oder in einem anderen geschlossenen Raum erfolgen. Für diese Bastelarbeit benötigt man etwa 1 Schulstunde (45 min).
Die beigefügten Abbildungen sind nur ein Vorschlag. Sie können – je nach vorgefundenen Lebewesen – besser passende Skizzen entwerfen.

Es geht los!

1. Stellen Sie die Aufgabe: Die Lebewesen der Laubstreu sollen erforscht werden.
2. Erklären Sie den Teilnehmern, daß alle Fang- und Suchmethoden erlaubt sind, soweit die Tiere dabei nicht geschädigt werden. Zeigen Sie, wie man mit der

Schüttelbüchse umgehen kann. Weisen Sie darauf hin, daß Teilnehmer nicht in den Boden hineingraben sollen, sondern daß sie nur die lose aufliegende Streu für ihre Untersuchung verwenden sollen.
3. Weisen Sie darauf hin, daß zum Schluß alle gesammelten Teile wie Holz, Steine, Streu wieder an ihren Platz zurückgebracht werden sollen, an dem sie entnommen wurden.
4. Regen Sie die Teilnehmer an, ein Bild von jeder gesammelten Tierart anzufertigen. Zeigen Sie an einem gefangenen Tier, wie mit den Umrißkarten eine Zeichnung oder ein Klebebild hergestellt werden kann.
5. Zeigen Sie den Teilnehmern, wie man mit dem Bestimmungsrad die Tiere der Laubstreu bestimmen und abzeichnen kann. Machen Sie vor, wie man ein ausgeschnittenes Tierbild oder eine durchgepauste Zeichnung mit Farbstiften noch lebensechter machen kann.
6. Teilen Sie die Gruppen in Zweier- oder Dreiergruppen auf. Gehen Sie während der Untersuchung von Gruppe zu Gruppe und helfen Sie beim Fang und bei der Bestimmung.
7. Wenn alle Teilgruppen wenigstens ein Tier gefangen und bestimmt haben, werden die Teilnehmer zusammengerufen. Die Tierbilder und die gefangenen Tiere sollen mitgebracht werden. Hierzu dienen Tablettenröhrchen oder Schnappdeckelgläschen. Es ist günstig, wenn Sie einige weiße Beobachtungsschalen und einige Binokulare zur genaueren Beobachtung bereithalten.

Erfahrungen mit Laubstreutieren

Besprechen Sie mit der ganzen Gruppe:
1. Wieviele verschiedene Tierarten wurden in der Laubstreu gefunden?
2. Welche Tierart war am häufigsten?
3. Wieviele von den gefundenen Tierarten bestanden aus drei Körperabschnitten?
4. Wieviele Tierarten hatten Flügel?
5. Welche Schichten der Laubstreu enthalten die meisten Tiere? Eventuell noch einmal suchen!
6. Welche Schwierigkeiten traten beim Fang der Tiere auf?
7. Kann man allgemeine Aussagen über Farbe, Größe und Bewegungsart von Laubstreutieren machen?
8. Unterscheiden sich die Tiere in den tieferen, feuchten Schichten von denen der trockeneren, oberen Schichten? (Um diese Frage beantworten zu können, muß eventuell noch einmal gesammelt werden.)

Was man noch machen kann

1. Führen Sie dieselbe Untersuchung an der gleichen Stelle, aber zu einer anderen Jahreszeit durch. Vergleichen Sie die Ergebnisse (z. B. im Winter unter der Schneedecke, nach einem heftigen Regen, nach einer längeren Trockenzeit).
2. Sehen Sie die gleiche Untersuchung an verschiedenen Standorten vor. Wie unterscheidet sich die Arten- und die Individuenzahl? (Beispiel: Nadel- und Laubstreu im Buchenwald, im trockenen Eichenwald, im Erlenbruch, auf Torf).

Literatur

SCHALLER, F.: Die Unterwelt des Tierreiches. Kleine Biologie der Bodentiere. Verständliche Wissenschaft, Band 78. Springer, Berlin, Heidelberg, New York, 1962.

KAŠ, V.: Mikroorganismen im Boden. Neue Brehm-Bücherei 361, Wittenberg, 1966.

BRUCKER, G., KALUSCHE, D.: Bodenbiologisches Praktikum. Biologische Arbeitsbücher, Band 19. Quelle & Meyer, Heidelberg, 1976.

KELLE, A., STURM, H.: Tiere leicht bestimmt. Dümmler, Bonn, 1984.

Arbeitsblatt I *Körperteile von Laubstreu-Tieren* (s. S. 109)

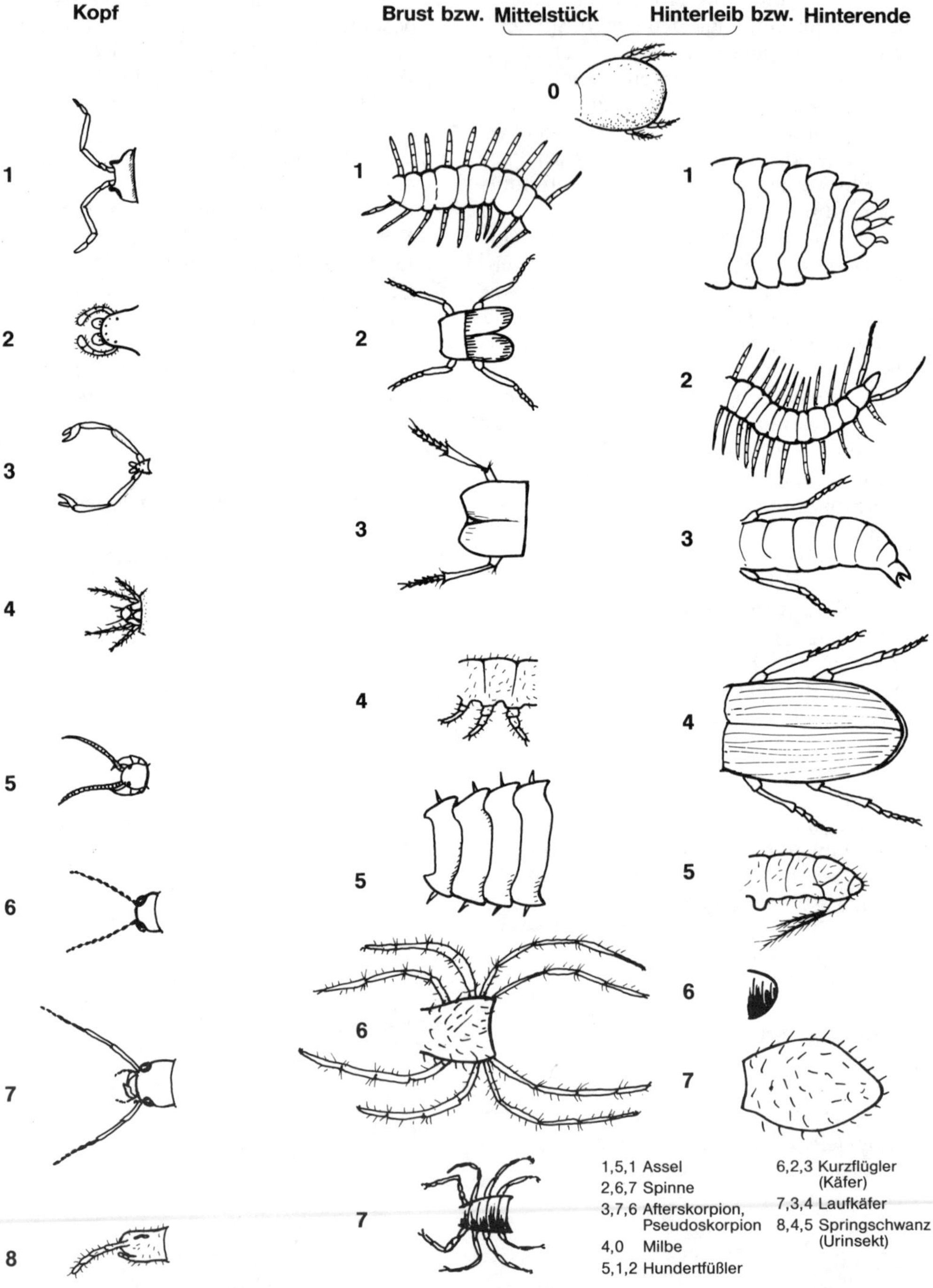

1,5,1 Assel	6,2,3 Kurzflügler (Käfer)
2,6,7 Spinne	7,3,4 Laufkäfer
3,7,6 Afterskorpion, Pseudoskorpion	8,4,5 Springschwanz (Urinsekt)
4,0 Milbe	
5,1,2 Hundertfüßler	

Laubstreu-Tierkartei

Gruppe:
Untersuchungsgebiet:
Datum:

Klebe hier ein Bild des von Dir gefundenen Tieres ein (verwende die Körperumrisse des Arbeitsblattes).

Größe (ziehe eine Linie, die so lang wie das gefundene Tier ist)

Kopf Brust Hinterleib

Male das Bild mit Bleistift und Buntstiften möglichst naturgetreu.
Beachte, ob bestimmte Farbmuster an dem Tier zu sehen sind oder ob andere wichtige Eigenschaften hervorgehoben werden müssen. Eigenschaften, die sich zeichnerisch nicht darstellen lassen, kannst Du auf der Rückseite der Karte vermerken (z.B. besonderen Geruch, besonderes Verhalten).

Arbeitsblatt I *Körperteile von Laubstreu-Tieren* (zu S. 108)

Mache eine Zeichnung der von Dir gefundenen Laubstreu-Tiere! Pause dazu die passenden Körperteile in der richtigen Zusammensetzung ab, schneide das Bild aus und klebe es auf eine Karteikarte. Du kannst die Zeichnung mit Buntstiften naturgetreuer machen.

Arbeitsblatt 2

Herstellung eines Bestimmungsrades für Laubstreu-Tiere

Das Bestimmungsrad soll dazu dienen, mit den verschiedenen Gruppen der Kerbtiere in der Laubstreu vertraut zu werden. Die Herstellung des Rades dauert etwa 30 Minuten.

Material und Geräte:

1 vervielfältigtes Titelbild (Xerokopie)
1 Satz von vier Rädern (4 Tageslichttransparente, die mit dem Kopiergerät hergestellt werden können)
1 Schere oder Rasierklinge
Klebstoff
4 Briefklammern

Benutzung des Bestimmungsrades:

1. Suche ein Tier und schaue es Dir genau an (evtl. Lupe verwenden).
2. Versuche, mit dem Bestimmungsrad eine Kombination von Körperteilen zu einem Tier zusammenzustellen, die dem gefundenen möglichst ähnlich ist.

Solltest Du in dem Gebiet keine Tiere finden, deren Körperteile auf dem Bestimmungsrad abgebildet sind, zeichne die fehlenden Körperteile auf die offenen Stellen der jeweiligen Bestimmungsräder. Verwende dazu einen wasserfesten Folienschreiber. So kannst Du Dein Bestimmungsrad immer weiter vervollkommnen. Du kannst auch neue Körperteilräder dazumachen und je nach Bedarf die Räder austauschen.

Bastelanleitung:

1. Klebe das Titelblatt auf einen gefalteten Pappkarton (vgl. die Zeichnung). Durch das aufgeklebte Titelblatt sind das Fenster, das Du ausschneiden mußt, und die Lage der Achsen für die transparenten Räder genau markiert.
2. Öffne den gefalteten Pappkarton, so daß die beklebte Seite nach oben zeigt. Schneide nun mit einer Rasierklinge oder mit einer scharfen Schere das Fenster aus dem Karton heraus.
3. Schneide den Karton so wie abgebildet aus, damit die transparenten Räder mit der Hand gedreht werden können.
4. An den Stellen, an denen die Achsen der Räder liegen sollen, machst Du kleine Schlitze in den Karton. Stecke nun Briefklammern durch diese Schlitze und durch die durchlöcherten transparenten Räder und befestige die Räder am Karton.
5. Das Bestimmungsrad ist nun fertig. Jedes Körperteil-Rad soll frei beweglich sein. Durch Drehen des Rades kann man immer jeweils den gewünschten Körperteil an der richtigen Position in das Sichtfenster hineindrehen.

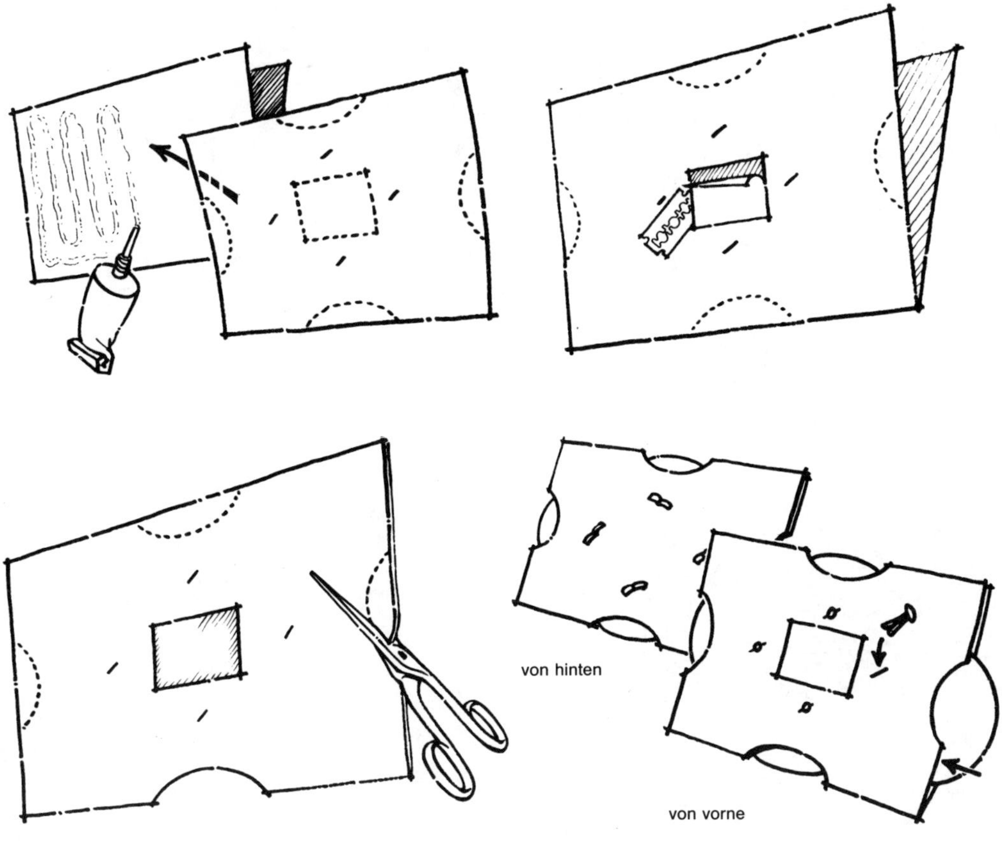

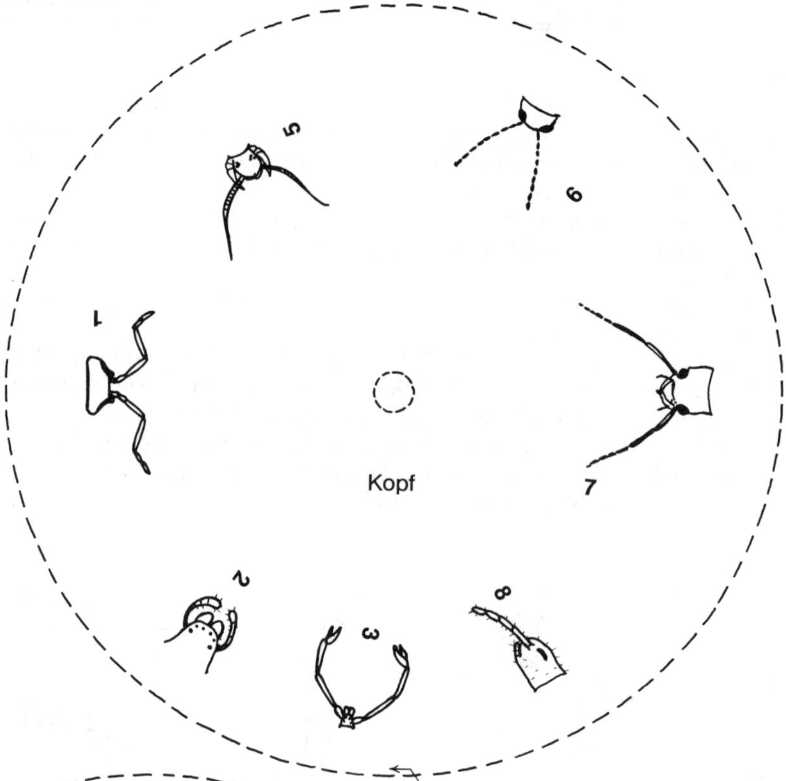

innerhalb der gestrichelten Linie ausschneiden

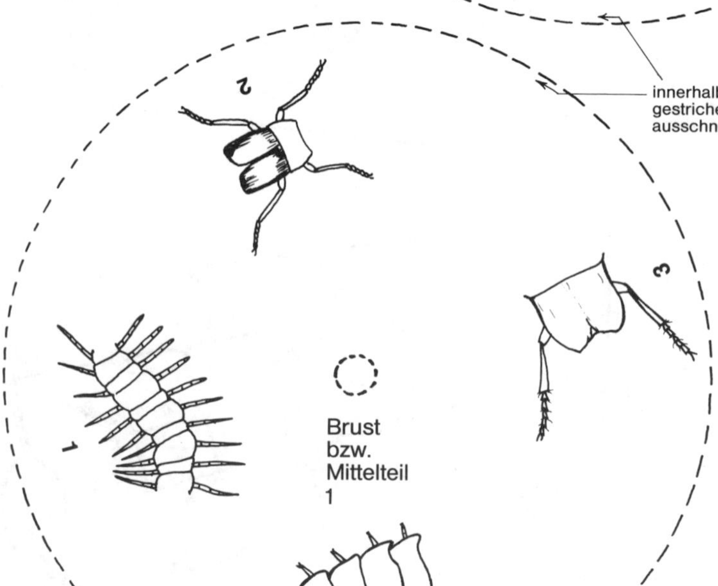

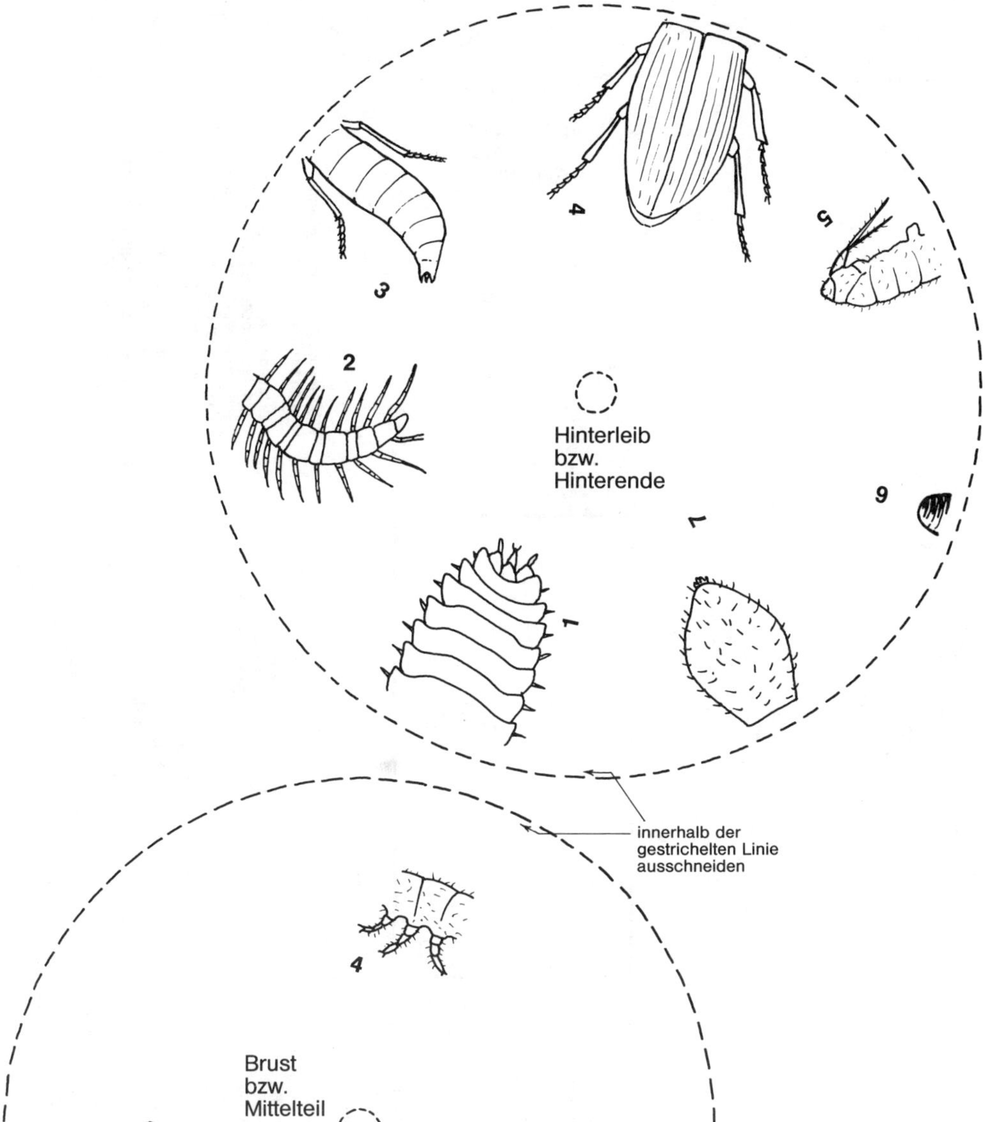
Hinterleib
bzw.
Hinterende
innerhalb der
gestrichelten Linie
ausschneiden
Brust
bzw.
Mittelteil
2

Bestimmungsrad für Laubstreu-Tiere

Titelblatt

Brust bzw. Mittelteil 1

Schlitz für Achse (Briefklammer)

Kopf

Schlitz für Achse (Briefklammer)

Schlitz für Achse (Briefklammer)

Hinterleib bzw. Hinterende

Gebrauchsanweisung:

1. Schaue Dir das gefangene Laubstreu-Tier genau an.

2. Versuche dann, durch Drehen an den Rädern zunächst den passenden Kopf, anschließend das passende Mittelstück bzw. den passenden Brustabschnitt und schließlich das passende Hinterende bzw. den passenden Hinterleib einzustellen.

3. Wenn das eingestellte Bild mit dem Tier gut übereinstimmt, kannst Du aus der Zahlenkombination die Tiergruppe bestimmen, zu der das Tier gehört:

1 5 1	Assel	5 1 2	Hundertfüßler
2 6 7	Spinne	6 2 3	Kurzflügler (Käfer)
3 7 6	Afterskorpion, Pseudoskorpion	7 3 4	Laufkäfer
4 0	Milbe	8 4 5	Springschwanz (Urinsekt)

Schlitz für Achse (Briefklammer)

Brust bzw. Mittelteil 2

Wie Du eine Skizze von Deinem Laubstreu-Tier machen kannst:

1. Schneide die passenden Körperteile aus dem Arbeitsblatt „Körperteile von Laubstreu-Tieren" oder pause das mit dem Bestimmungsrad eingestellte Tierbild durch.

2. Male Deine Skizze mit Buntstiften in den natürlichen Farben an. Versuche, das Bild dem lebenden Tier möglichst ähnlich zu machen.

Galläpfel und Linsengallen

Pflanzengallen an Blättern, Stengeln und Stielen werden gesammelt, und es wird nach ihren Verursachern und Bewohnern geforscht.

Ort:	**Jahreszeit:**	**Gruppengröße:**	**Alter:**	**Zeitbedarf:**
Waldrand, Park, Ufer mit Büschen	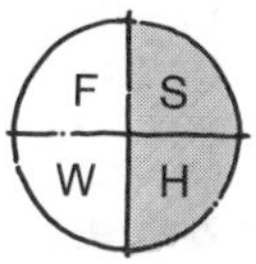	15 bis 20	ab 10 Jahren	45 Minuten

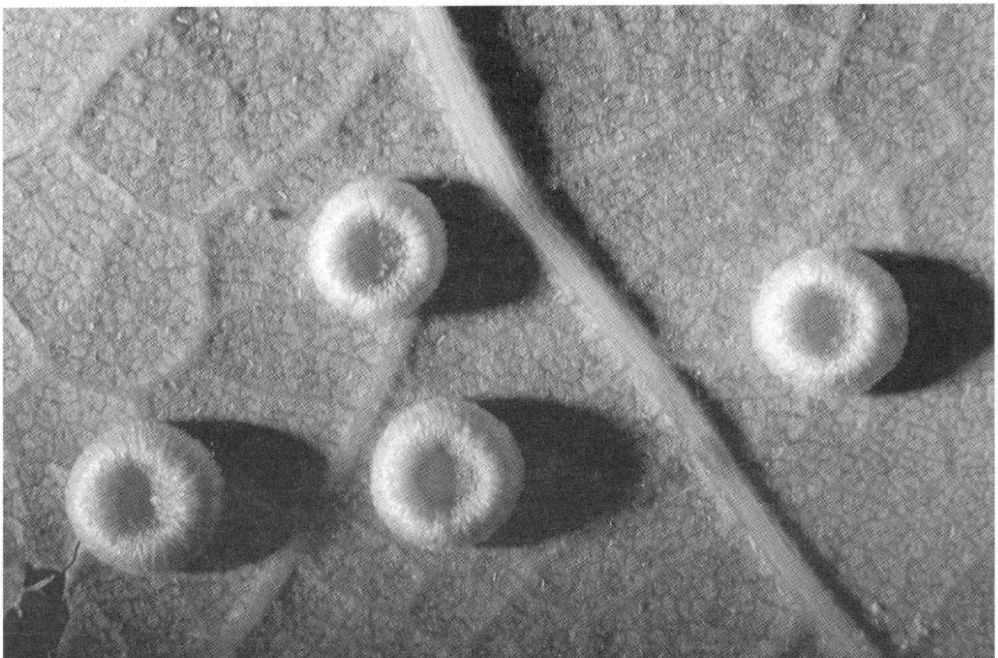

Was man wissen sollte

Betrachtet man Stengel und Blätter genauer, dann entdeckt man oft merkwürdige Wucherungen von der verschiedensten Größe und Gestalt. Es gibt kugelige und linsenförmige, beutel- und blasenartige und sogar zapfenförmige. Bei all' diesen Gebilden handelt es sich um Gallen, die von Gallinsekten oder Gallmilben hervorgerufen wurden.
Über 2000 verschiedene Gallarten kommen bei uns vor. Allein an der Eiche hat man mehr als 100 verschiedene Gallen beobachtet. Die Gallinsekten oder Milben veranlassen die Pflanze, eine für das jeweilige Tier aufs beste geeignete Galle zu bilden, die sowohl saftiges Futter gibt als auch eine schützende Behausung spendet.
Einige Faktoren, die die Pflanzen veranlassen, diese merkwürdigen Wucherungen zu bilden, sind bekannt. So legt z.B. die Buchengallmücke ihr Ei auf die Oberfläche einer Blattknospe. Aus dem Ei schlüpft die Larve, die mit ihrem Speichel einen kleinen Bereich des Blattes benetzt. Der eingespeichelte Bereich wächst taschenartig empor und schließt die Larve völlig ein. Die Larve ernährt sich von dem inneren saftigen Gewebe der Galle. Die Galle fällt im Herbst von dem Blatt ab. Die Gallmücke überwintert als Puppe und schlüpft im Frühjahr durch einen vorgebildeten Gang aus.

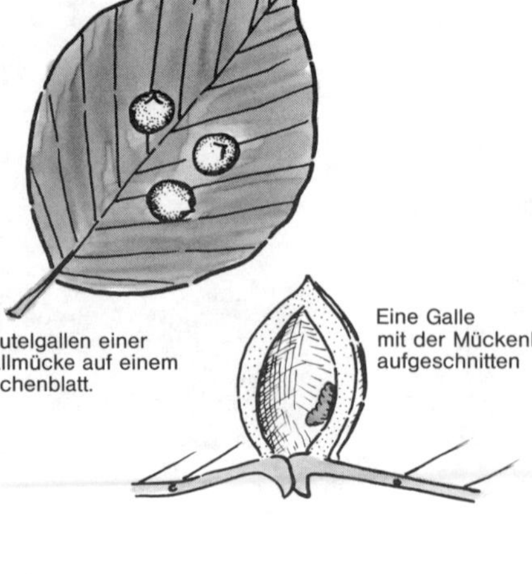

Beutelgallen einer Gallmücke auf einem Buchenblatt.

Eine Galle mit der Mückenlarve aufgeschnitten

Der Speichel der Gallinsekten enthält in wechselnder Zusammensetzung Wuchsstoffe, Pflanzenhormone, Enzyme und Aminosäuren, die zusammen die Pflanze zu abartigem Wachstum veranlassen. Möglicherweise wird der Speichel von den Insektenlarven nur an ganz bestimmten Stellen des pflanzlichen Gewebes aufgetragen. Es ist sicher, daß sich im Laufe der Entwicklung eines Gallinsekts die Zusammensetzung der Sekrete ändert, so daß das Wachstum der Gallen auf die Bedürfnisse der parasitären Insekten abgestimmt ist. Die Pflanze tut gleichermaßen alles, um ihre Parasiten jederzeit bestens zu versorgen.

Was man vorbereiten und bedenken muß

Auswahl des Ortes

Am sichersten findet man vom Sommer bis zum Herbst Gallen an Büschen und Bäumen. An Eichen, Buchen, Pappeln, Ulmen, Ahorn, Weiden und Heckenrosen, aber auch an Fichten und Kiefern sind Gallen häufig zu beobachten. Deshalb eignen sich Waldränder, Wallhecken (Knicks), Bachläufe oder Seeufer mit Gebüschen besonders gut für das Kennenlernen von Gallen. Vergewissern Sie sich, bevor Sie die Untersuchung durchführen, daß zumindest zwei verschiedene Gallsorten in ausreichender Anzahl an den Bäumen und Büschen zu finden sind.

Vorsicht beim Umgang mit Messern

Eine Reihe von Gallen hat eine sehr harte Hülle, die man ohne Messer kaum aufbekommen kann. Da auch die Messerklinge an den harten Gallen leicht abrutscht, kann man sich verletzen. Deshalb sollten Sie es untersagen, daß Kinder mit ihren Taschenmessern die Gallen öffnen. Schneiden Sie selbst die Gallen auf.

Was man braucht

Für die ganze Gruppe:

1 scharfes Messer
(eventuell: 1 Prise Eisensulfat,
1 Eisennagel)

Für jede Zweiergruppe:

5 Plastikstreifen (ca. 3 × 30 cm) als Markierungsbänder
1 Bestimmungstabelle (s. Abb. S. 118)
1 Lupe (wenn möglich)

Es geht los!

Wir suchen Gallen an Bäumen und Büschen

1. Sagen Sie den Teilnehmern, daß man auf Blättern, Zweigen und Stengeln mitunter eigenartige Auswüchse findet, die man Gallen nennt. Die Gallen können rund, linsenförmig, beutelartig oder zapfenförmig sein. – Sagen Sie zunächst noch nicht, wie die Gallen entstehen.
2. Die Teilnehmer sollen in Zweiergruppen in einem klar begrenzten Gebiet nach Gallen suchen. Jede Gruppe bekommt 5 Plastikstreifen, mit denen die Funde im Gelände deutlich gekennzeichnet werden. Geben Sie der Gruppe 5–10 Minuten Zeit zum Suchen.
3. Gehen Sie mit allen Teilnehmern von Plastikstreifen zu Plastikstreifen und schauen Sie sich die Funde an. Lassen Sie berichten, warum die Gallen ihnen auffielen. Denken Sie daran, die Plastikstreifen wieder mitzunehmen. – Jeder Teilnehmer darf sich 1 bis 2 Blätter oder Stengel mit Gallen mitnehmen. Die Pflanzen sollten dabei so gut wie möglich geschont werden.
4. Gehen Sie mit der ganzen Gruppe zurück zum Treffpunkt. Ideal ist ein Grill- oder Waldparkplatz mit Tischen, auf denen die Gallen ausgelegt werden können. Sonst sucht man sich eine ebene Stelle auf dem Boden aus. Die Gallen werden nach ihren Wirtspflanzen und nach ihrer Form und Größe sortiert.
5. Lassen Sie von den Teilnehmern die Gallen möglichst genau beschreiben. Achten Sie dabei auch darauf, wo die Gallen gebildet wurden: Ober- oder Unterseite des Blattes, Blattstiel, Ende eines Astes, an der Seite eines Astes.

Gallen werden von Insekten oder Milben bewohnt

1. Lassen Sie von jedem Teilnehmer eine Galle öffnen. Weisen Sie darauf hin, daß die Gallen so vorsichtig geöffnet werden sollen, daß die Bewohner nicht zerstört werden. Weiche Gallen kann man mit den Fingernägeln aufbrechen. Zerschneiden Sie eine harte Galle mit dem Messer.
2. Geben Sie den Teilnehmern eine Lupe, um die Bewohner der Gallen genauer zu betrachten. Bei den meisten Gallen finden wir weiße, beinlose Maden. In den großen Beutelgallen der Ulmen entdekken wir Blattläuse, von denen manche Flügel haben können.
3. Teilen Sie die Bestimmungskarten aus, auf denen auch die erwachsenen Insekten dargestellt sind. Sagen Sie, daß von den ca. 2000 einheimischen Gallinsekten nur einige wenige, auffallende Arten auf den Karten dargestellt sind.
4. Wenn die Zeit ausreicht, können alle mit Hilfe der Bestimmungskarten allein auf Gallensuche gehen. Es sollen z. B. Knospengallen an Eichen, Schlafäpfel an Rosenbüschen oder Ananasgallen an Fichtenästen gesucht werden.

Gallige Bemerkungen

Diskutieren und erläutern Sie folgende Fragen:
- Wie entstehen Gallen?
- Welche Vorteile haben Insekten, die in Gallen leben?
- Wie kommen die Gallbewohner aus ihren Behausungen wieder heraus?
- Sagen Sie, daß man nur zum Teil weiß, wie die Gallinsekten die Pflanzen so beeinflussen, daß sie genau die Art von Gallen bilden, die für das jeweilige Insekt besonders günstig ist.

Beutelgalle

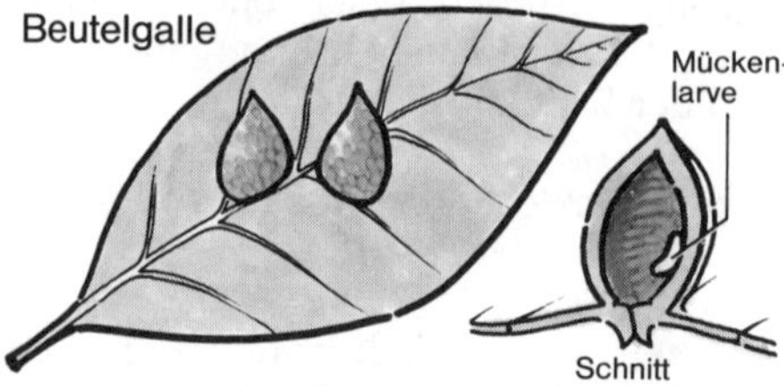

Beutelgallen der Buchengallmücke findet man oft massenhaft auf Buchenblättern. Sie fallen im Herbst ab.

Blattstielgalle

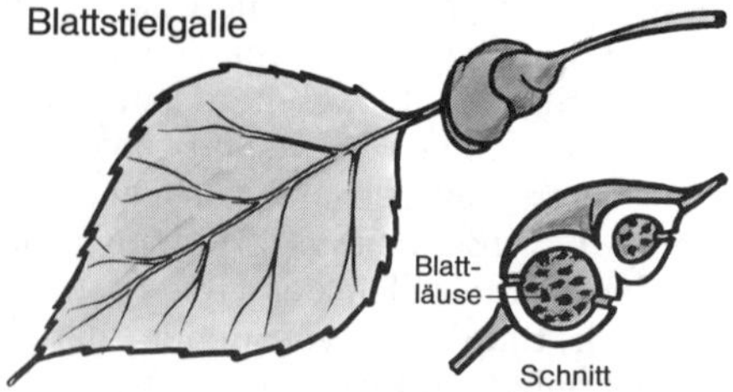

Blattstielgallen werden von Blattläusen verursacht. Sie wohnen in den verdrehten und aufgeblasenen Blattstielen. Ab Juni häufig an Pappeln.

Gallapfel

Gallwespen verursachen die Galläpfel auf Eichenblättern, die oft rotbackig sind. Man findet sie ab Juni.

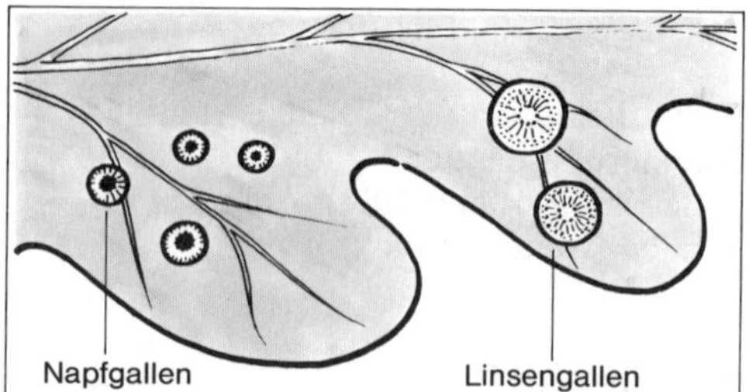

Napf- und Linsengallen

Napf- und Linsengallen an Eichenblättern werden von Gallwespen hervorgerufen.

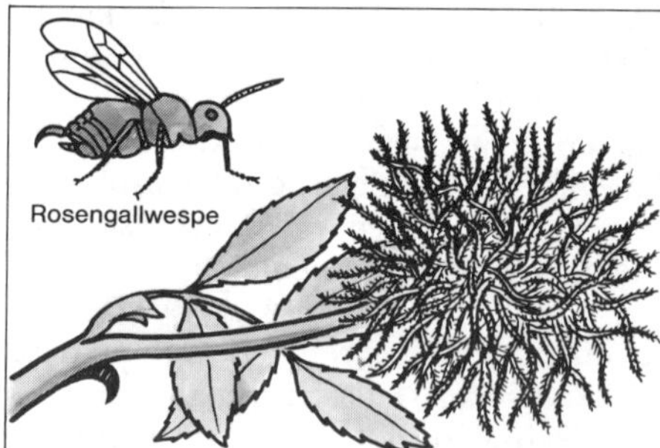

Schlafapfel

Schlafäpfel oder Knospengallen der Rosengallwespe sind Knollen mit einem Pelz langer, verzweigter moosartiger Haare. – Sie wurden früher Kindern unters Kissen gelegt, damit sie besser schlafen sollten.

Ananasgalle

Ananasgallen an Fichtenzweigen sind zapfenartige Gebilde, die durch eine Gallaus hervorgebracht werden, häufig.

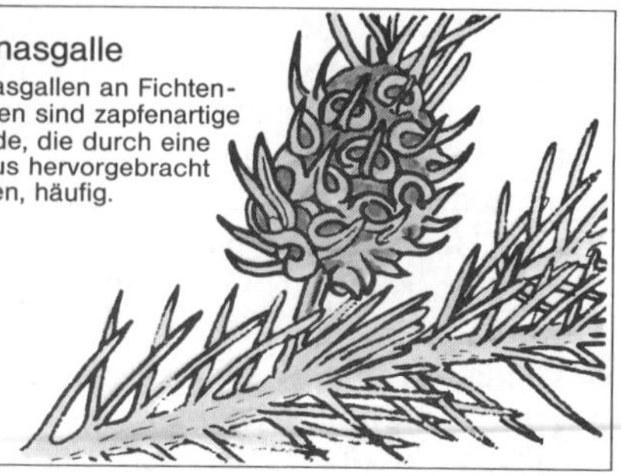

- Berichten Sie, daß man sich lange Zeiten die Entstehung der Rosengallen nicht erklären konnte. Man schrieb den Gallen geheimnisvolle Kräfte zu und legte sie als »Schlafäpfel« unter das Kopfkissen von unruhigen Kindern.

Was man noch tun kann

1. Im Herbst nehmen wir ein paar gallentragende Blätter oder Zweige mit nach Hause und stecken sie in ein Marmeladenglas, das mit einer Gaze verschlossen wird. Wenn wir Glück haben, schlüpfen nach Tagen oder Wochen die Gallinsekten aus.
2. Aus den Galläpfeln hat man früher Tinte (Eisengallustinte) hergestellt. Bringt man ein Stück blankes Eisen mit dem Saft eines Gallapfels der Eiche zusammen, dann bewirkt die Gerbsäure, daß das Eisen schwarz anläuft. Mit einigen Kristallen Eisensulfat bildet sich die blauschwarze Tinte.

Literatur

Kelle, A., Sturm H.: Tiere leicht bestimmt. Dümmler, Bonn, 1984.

Brauns, A.: Taschenbuch der Waldinsekten, Bd. 1 und 2. G. Fischer, Stuttgart, 1976.

Beiderbeck, R., Koevoet, J.: Pflanzengallen am Wegesrand. Franckh, Stuttgart, 1979.

Wer war der Täter?

Spuren an Blättern, Rinde, Holz, Zapfen und Nüssen geben Auskunft über Tiere, die oft eine verborgene Lebensweise führen und deshalb schwer zu sehen sind.

Ort:

Waldrand, Park

Jahreszeit:

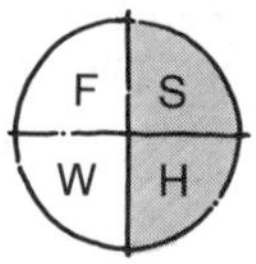

Gruppengröße:

bis 15

Alter:

ab 8 Jahren

Zeitbedarf:

40 bis 60 Minuten

Was man wissen sollte

Viele Tiere leben im Verborgenen. Oft sind es nur ihre Spuren, die uns einen Hinweis darauf geben, daß Tiere in einem Park oder an einem Waldrand leben. Fraßspuren geben oftmals Auskunft darüber, welche Tiere in einem bestimmten Gebiet vorkommen.
Von den Säugetieren sind es in erster Linie Mäuse und Eichhörnchen, die Fraßspuren hinterlassen. Sie sind so charakteristisch, daß wir eindeutig auf den »Täter« zurückschließen können. Schwieriger ist es, aus Fraßspuren der Insekten den »Täter« zu ermitteln. Meist kann man nur eine Insektengruppe für die Fraßspuren verantwortlich machen. Wir werden uns meistens damit begnügen zu sagen: »Hier hat ein Borkenkäfer gefressen« oder »Das Blatt zeigt Spuren einer Miniermotte«. Zuweilen werden wir ratlos vor Fraßspuren stehen. Doch soll es hier nicht in erster Linie unsere Aufgabe sein, in jedem Fall bis zur Artbestimmung vorzudringen, sondern es soll der Blick geschärft werden, und uns soll bewußt werden, wie vielfältig das Leben um uns herum ist. Dazu tragen die hier vorgeschlagenen Beobachtungen bei.
Die Teilnehmer versuchen, ähnlich wie in einer Detektivgeschichte, entweder den »Täter« nach ihrem »Fahndungsbuch«, einem Bestimmungsschlüssel, zu identifizieren, oder sie ziehen noch einmal aus, um ihn bei der »Tat«, das heißt beim Fressen zu beobachten.

Was man braucht

Für jede Kleingruppe:

1 Kopie der Bestimmungskarten
(evtl. Bestimmungsbuch)
1 Plastiktüte mittlerer Größe
evtl. 2 Markierungsstreifen aus Plastik oder Papier (ca. 30 cm × 5 cm)

Für die gesamte Gruppe:

3 Blatt Schreibpapier
ca. 50 Zettel (etwa halbe Postkartengröße)
Bleistifte
4–6 Markierungsfähnchen

Was man vorbereiten und bedenken muß

Auswahl des Ortes

Je abwechslungsreicher ein Untersuchungsgebiet ist, desto mehr verschiedene Tiere leben dort. Ein ideales Gebiet ist eine Wiese oder Weide, an die ein Mischwald mit verschiedenen Laub- und Nadelbäumen angrenzt. Besonders günstig sind Picknick- und Grillplätze, da man die gefundenen Blätter, Früchte usw. auf den Tischen auslegen kann. Manche Schulhöfe und Parkanlagen sind so dicht mit Büschen und Bäumen bepflanzt, daß sich auch dort genügend Tiere aufhalten, die interessante Fraßspuren hinterlassen.
Grenzen Sie das Untersuchungsgebiet klar ab. Nehmen Sie Wege, auffallende Bäume oder Markierungsfähnchen als Grenzlinien und Grenzpunkte. Wählen Sie das Gebiet so, daß Sie es noch übersehen können. Flächen in der Größenordnung eines Tennis- bis Fußballplatzes haben sich bewährt.

Es geht los!

Spurensuche

1. Sagen Sie den Teilnehmern, daß viele Tiere, die nur schwer zu beobachten sind, Fraßspuren hinterlassen, durch die sie sich verraten. – Lassen Sie berichten, ob die Teilnehmer schon solche Spuren bei früheren Spaziergängen beobachtet haben.
2. Wir wollen wie Detektive nach solchen Spuren suchen. Bilden Sie dafür nun drei

gleich große Gruppen. Die erste Gruppe bekommt den Auftrag, Fraßspuren an Blättern, die zweite Gruppe an Zapfen, Nüssen und Samen und die dritte Gruppe an Rinde und an Holz zu suchen. Die Beweisstücke sollen in eine Tüte eingesammelt und zum Treffpunkt gebracht werden. Jeder Teilnehmer erhält eine Plastiktüte. Geben Sie etwa 10 Minuten Zeit zum Suchen.

Der Täter wird ermittelt

1. Versammeln Sie nach einem vereinbarten Zeichen alle Teilnehmer um sich. Legen Sie für jede Gruppe auf einem Tisch oder einer ebenen Stelle am Boden drei Blätter Schreibpapier mit folgenden Aufschriften aus: »Fraßspuren an Blättern«, »Fraßspuren an Zapfen, Nüssen und Samen« und »Fraßspuren an Rinde und Holz«.
   Die Mitglieder der drei Gruppen legen ihre Funde aus. Sie berichten darüber, wo sie die Belegstücke gefunden haben, ob sie den Täter gesehen haben oder ob sie noch weitere Hinweise auf den Täter gefunden haben.
2. Sagen Sie, daß wir ähnlich wie Detektive zwei Möglichkeiten haben, nach dem Täter zu fahnden: Erstens helfen uns Erkennungsbücher weiter, denn oft sind die Fraßspuren so charakteristisch, daß man von ihnen eindeutig auf den Täter zurückschließen kann. Solche Bücher nennen die Biologen »Bestimmungsbücher«. – Zweitens können wir uns auf die Suche begeben und hoffen, den Täter beim Fressen zu beobachten. – Besprechen Sie mit der Gruppe, bei welchen Tieren wir wohl mehr mit der einen, bei welchen wir mehr mit der andern Methode Erfolg haben werden.
3. Geben Sie jeder Gruppe eine Bestimmungskarte. Die Gruppen sollen nun versuchen, mit Hilfe der Bestimmungskarte die Täter zu ermitteln. Die Namen der Tiere werden auf Zettel geschrieben und zu den Beweisstücken gelegt. Gehen Sie von Gruppe zu Gruppe, und helfen Sie mit, wo es notwendig ist.
4. Jede Gruppe berichtet von Erfolg und Mißerfolg ihrer Nachforschungen. Belegstücke mit den Fraßspuren werden gezeigt, und auf die charakteristischen Kennzeichen wird besonders hingewiesen.

Was man noch tun kann

Bei der Besprechung wird sich ergeben, daß am leichtesten Insekten und Schnecken zu beobachten sind, zum Beispiel wie sie an Blättern fressen. Kleinsäuger und Vögel ergreifen die Flucht, wenn sich Beobachter nähern.

1. Geben Sie jedem Teilnehmer zwei Markierungsbänder aus Plastik oder Papier mit dem Auftrag, nach Insekten zu suchen, die fressen. Da die Insekten nicht gestört werden sollen, wird nur die Fundstelle markiert. Geben Sie 10 bis 15 Minuten Zeit.
2. Versammeln Sie die Gruppe. Fragen Sie, wer erfolgreich bei der Suche war. Gehen Sie mit der ganzen Gruppe zu den markierten Stellen und lassen Sie die Täter vorführen. Verweilen Sie bei dem einen oder anderen Insekt und schauen Sie genau zu, wie es frißt.

Weiterführende Gedanken

- Insekten, die an Pflanzen fressen, an denen wir als »Nutzpflanzen« interessiert sind, nennen wir »Schädlinge«. Der Anbau von unseren Nutzpflanzen hat manchen Insekten Nahrung in Hülle und Fülle geboten, so daß sie sich ungeheuer vermehren konnten. Kartoffelkäfer fraßen ganze Felder ab, und die Borkenkäfer vernichteten riesige Wälder.
- Schädlinge konnten sich so stark vermehren, weil die natürlichen Feinde in der Kulturlandschaft zum großen Teil fehlen.

Wer war der Täter? Fraßspuren an Haselnüssen

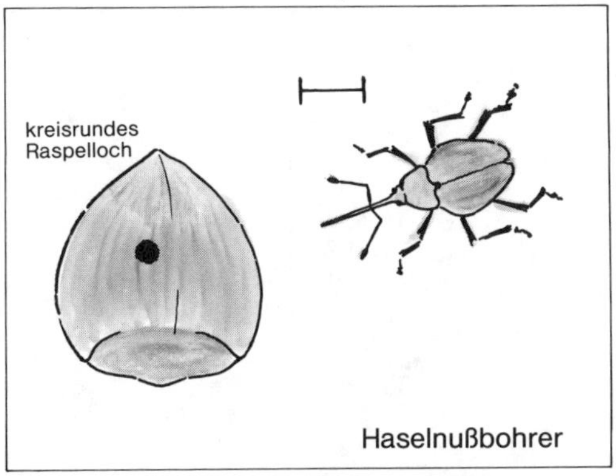

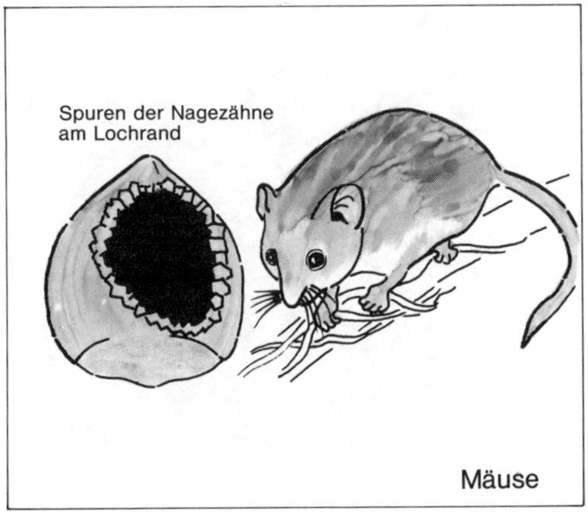

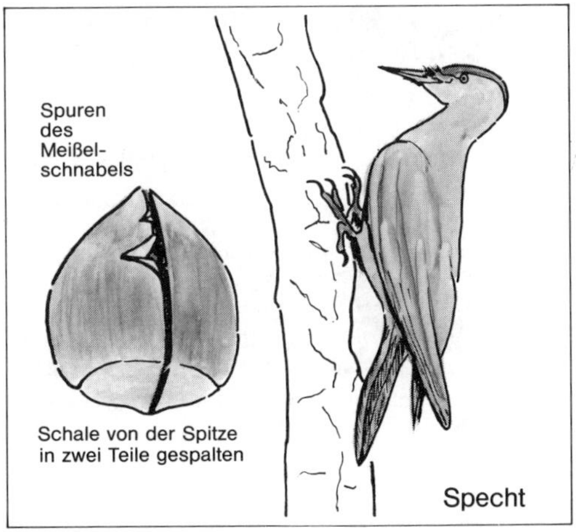

Fraßspuren an Zapfen

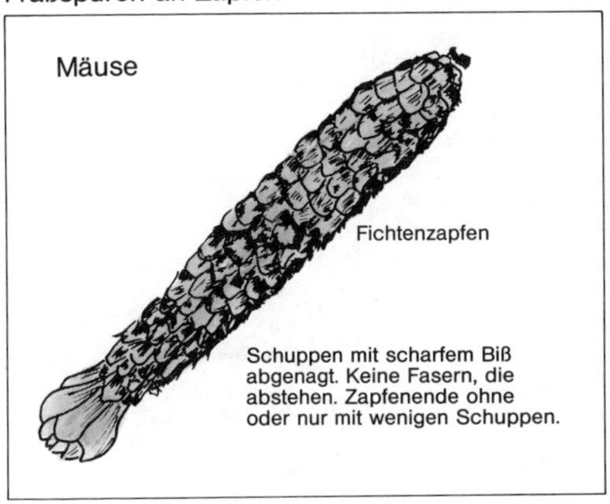

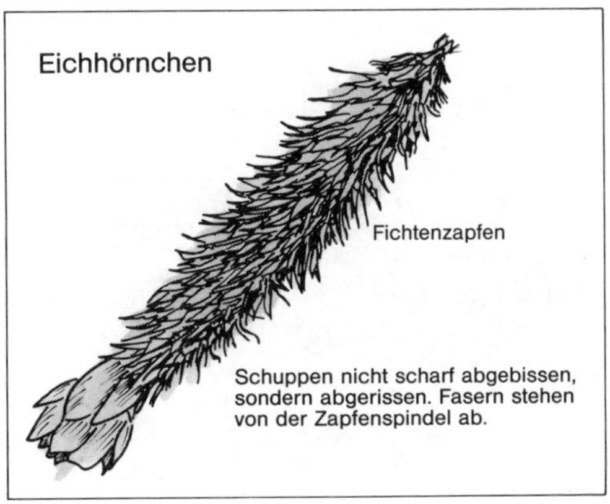

Wer war der Täter? Fraßspuren an Rinde und Holz

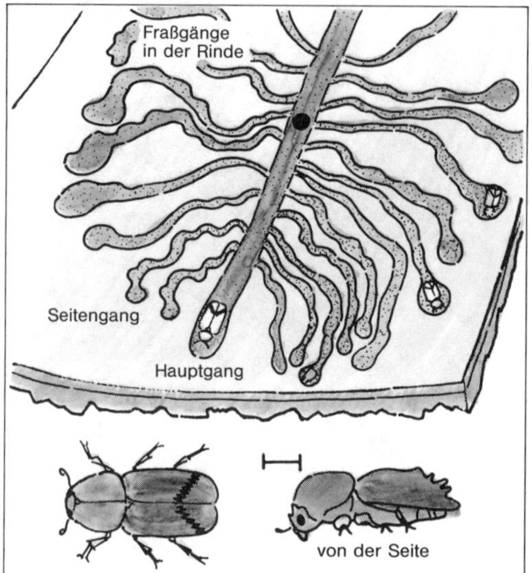

Borkenkäfer

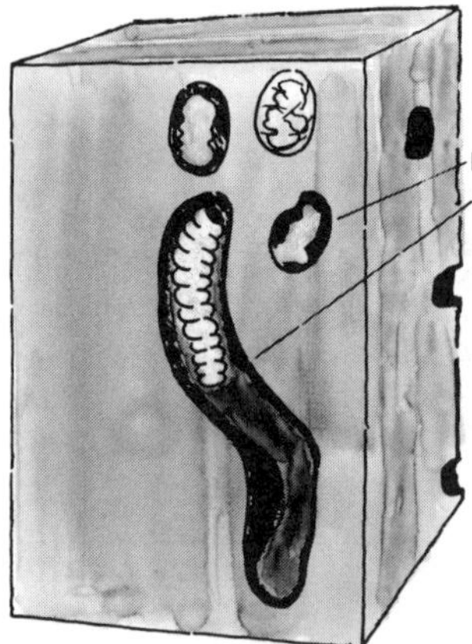

Bockkäferlarven

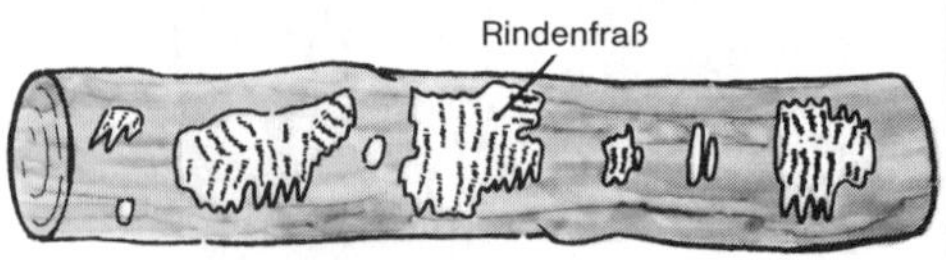

Fraßspuren sind scharf eingeschnitten. Die Doppelreihe der Nagezähne ist zu erkennen.

Nagetiere
wie Hasen, Kaninchen, Eichhörnchen, Mäuse

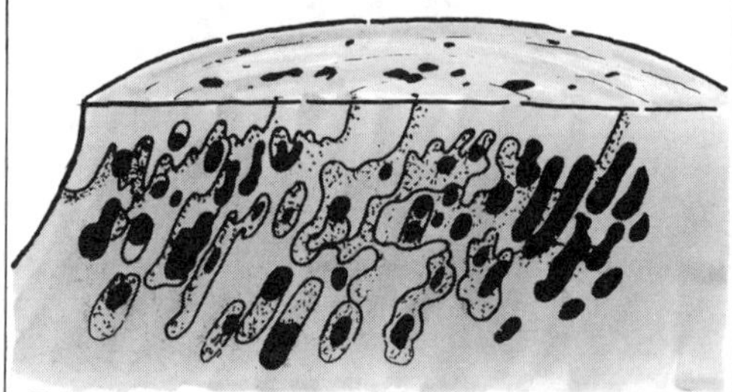

Dichtes Gangsystem in Fichtenstümpfen

Nest der Roßameise

Klopfkäferlarven

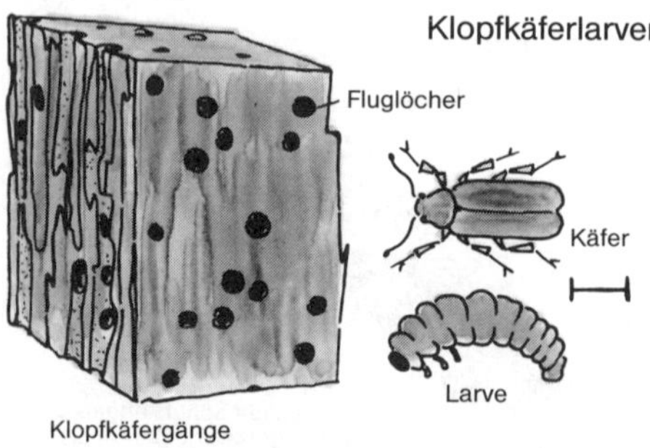

Klopfkäfergänge

Feine Gänge mit rundem Querschnitt und lockerem „Wurmmehl".

Hacklöcher von Spechten

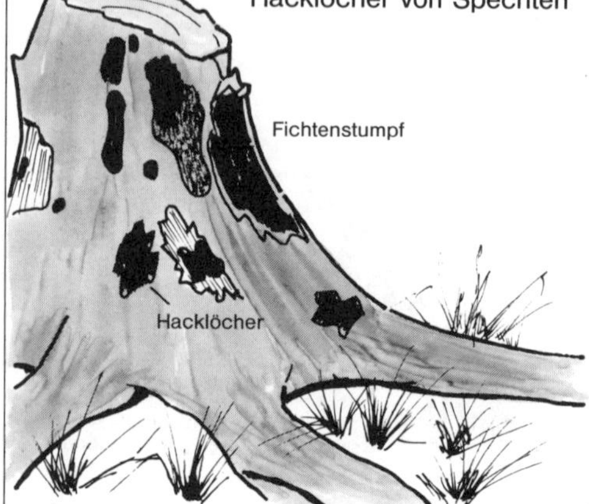

Wer war der Täter? Fraßspuren an Blättern

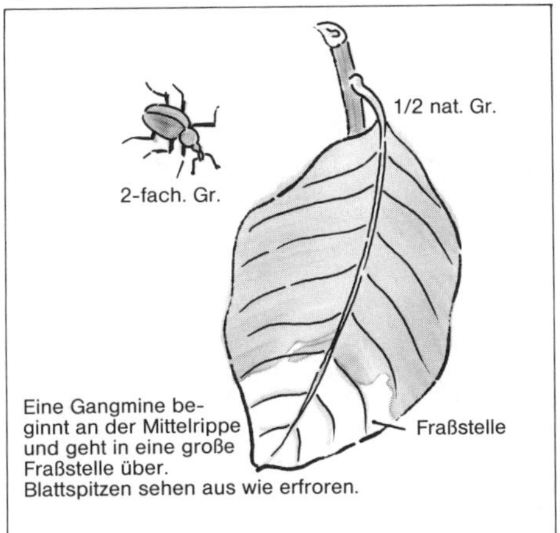

Buchenspringrüssler

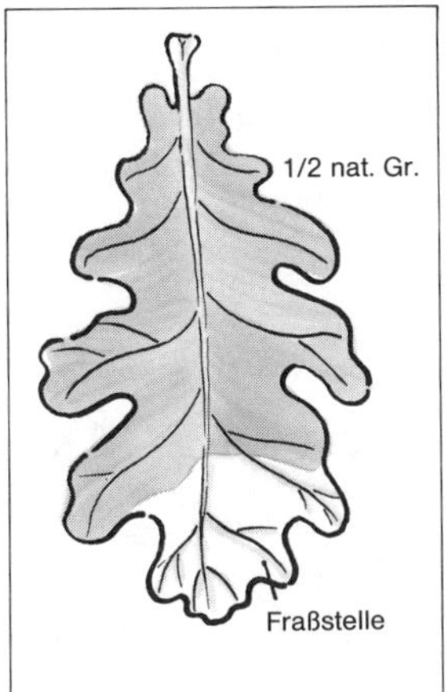

Eichenspringrüssler

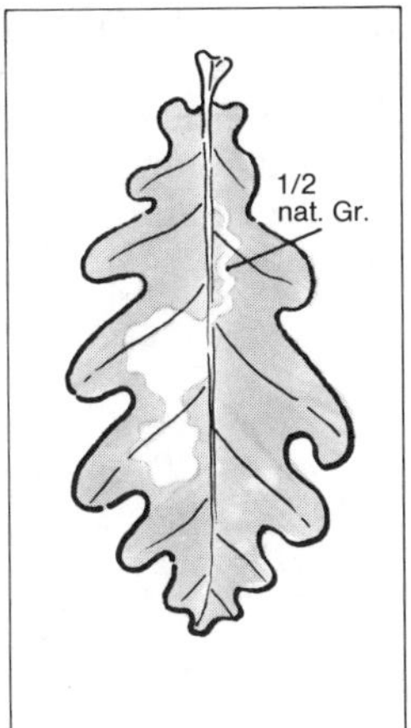

Miniermotte

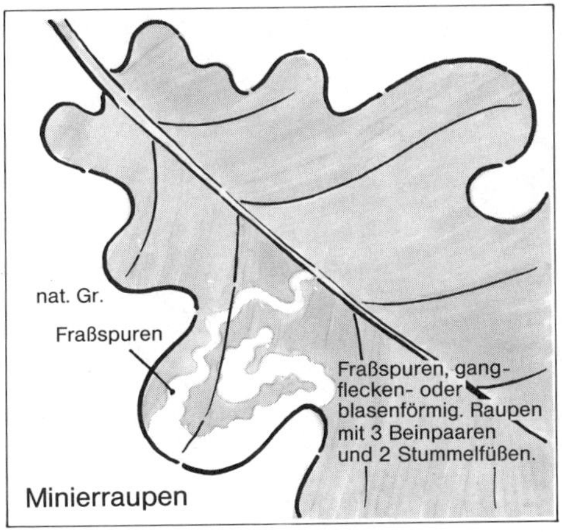

Minierraupen

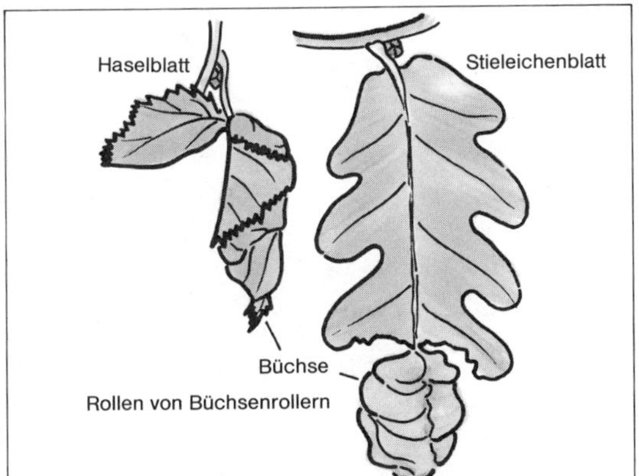

kleine Rüsselkäfer

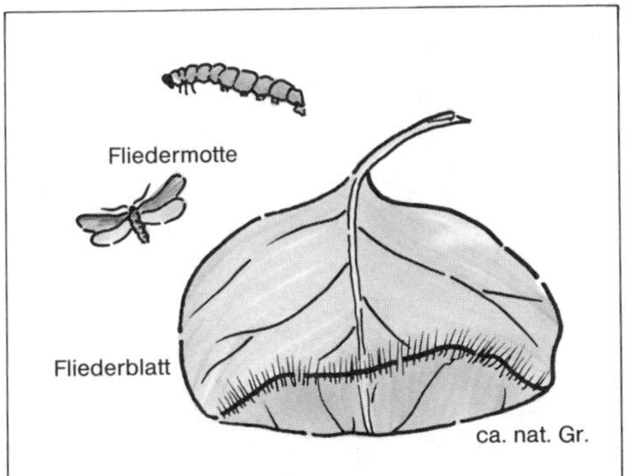

Raupen von Blattütenmotten

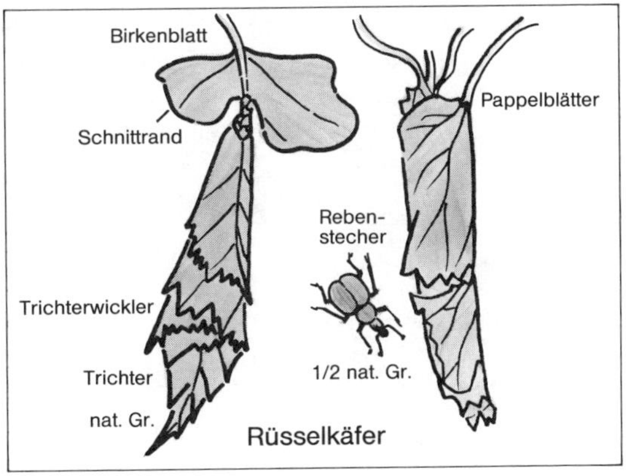

Rüsselkäfer

Deshalb werden sie vom Menschen mit Gift bekämpft. Doch mit dem Gift tötet man auch harmlose oder nützliche Insekten. Besprechen Sie die Frage der Schädlingsbekämpfung. Welche Vorteile bringen Mischkulturen? Was ist »Biologische Schädlingsbekämpfung?«

Literatur:

KELLE, A., STURM, H.: Tiere leicht bestimmt. Dümmler, Bonn, 1984.

BRAND, K., BEHNKE, H.: Fährten- und Spurenkunde. Parey, Hamburg, 1978.

BANG, P., DAHLSTRÖM, P.: Tierspuren. Bestimmungsbuch. BLV, München, 1981.

Lichtkartierung

Mit Hilfe von lichtempfindlichem Papier werden helle und schattige Stellen in einem kleinen Untersuchungsgebiet kartiert.

Ort:	**Jahreszeit:**	**Gruppengröße:**	**Alter:**	**Zeitbedarf:**
Parkgelände, Waldrand, Schlucht, Wallhecke	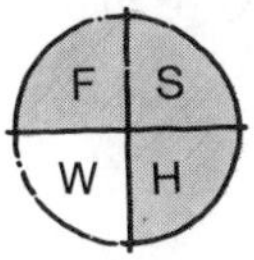	bis zu 30	ab 10 Jahren	60 bis 90 Minuten

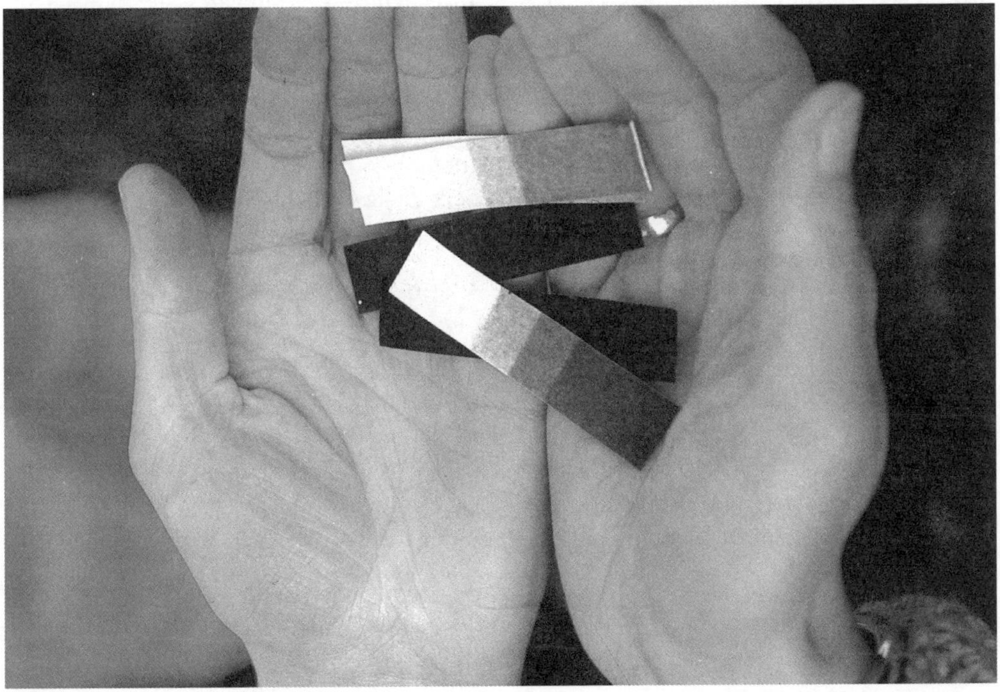

Was man wissen sollte

Was ist Licht?

Als Licht bezeichnen wir die für das menschliche Auge sichtbaren elektromagnetischen Wellen der Wellenlänge 365 bis 750 nm. Erweitert man den Bereich auf rund 300 bis 800 nm, so ist das Spektrum erfaßt, durch das Lebensvorgänge bei Pflanzen und Tieren beeinflußt werden können.

Was Licht bewirken kann

Diese Beeinflussung kommt dadurch zustande, daß die Lichtenergie ganz oder teilweise dazu verwendet wird, in dem Organismus eine chemische Reaktion in Gang zu setzen. Diese Reaktion ist dann Auslöser für weitere Folgereaktionen in dem Lebewesen. Für die Pflanzen hat das Licht eine besondere Bedeutung, da es über die Photosynthese ihrer direkten Energieversorgung dient: Pflanzen können mit Hilfe des Lichtes und des Blattgrüns aus Wasser und dem Kohlenstoffdioxid der Luft organische Verbindungen wie Stärke und Zucker aufbauen. Außerdem wird die pflanzliche Entwicklung durch das Licht gesteuert und geregelt (periodische Veränderung der Blattstellung, vom Licht abhängige Entwicklung der Pflanzengestalt, dem Licht zugerichtetes Wachstum usw.).
Im Gegensatz zu anderen Standortfaktoren ist Licht relativ gleichmäßig über die verschiedenen Zonen der Erde verteilt. Es gibt keine Region auf der Erdoberfläche, in der das Gedeihen von Pflanzen aus Lichtmangel nicht möglich wäre. Übergänge gibt es allerdings an Höhleneingängen oder mit zunehmender Tiefe im Meer und in Seen. Für die globale Verteilung der Pflanzenarten ist das Licht deshalb nicht wichtig, wohl aber bei der kleinräumigen Verteilung und bei der Musterbildung von Pflanzen.

Sonnenpflanzen und Schattenpflanzen

Bei ihrer Konkurrenz um das Licht bilden Pflanzen einer Lebensgemeinschaft meistens so viel Blattfläche aus, daß sie ein Mehrfaches der Bodenfläche beträgt. Dadurch kann das Licht besser ausgenutzt werden. Pflanzen, die im Schatten anderer Pflanzen gedeihen, bekommen von vorneherein eine geringere Lichtmenge, sie müssen ihre Blätter anders aufbauen, um ausreichend Nahrungsstoffe herstellen zu können. Der Wald-Sauerklee zum Beispiel ist eine solche Schattenpflanze. Die maximale Photosyntheserate wird hier schon bei 10% des Tageslichtes erreicht. Noch bei 0,5% des Tageslichtes kann die Pflanze existieren. Die Blättchen sind sehr dünn, und der Chlorophyllgehalt der einzelnen Zellen ist verhältnismäßig gering. Die Brunnenkresse ist dagegen eine Lichtpflanze. Sie erreicht ihre maximale Photosyntheserate erst bei vollem Tageslicht. Bei weniger als 2% des vollen Tageslichtes »verhungert« sie. Typisch für Lichtpflanzen oder Sonnenpflanzen sind die dicken, meistens durch dicht geschichtete chlorophyllreiche Zellen dunkelgrün gefärbten Blätter. Da starke Belichtung oft mit größerer Trockenheit einhergeht, sind diese Blätter häufig ledrig derb und durch besonders dicke Schutzschichten (Kutin, Wachs) gegen zu hohe Verdunstung gesichert.

Lichtempfindliches Papier

Lichtempfindliches Papier wird heute für viele Zwecke verwendet, zum Beispiel für Fotokopien oder um Abzüge von Filmnegativen herzustellen. Architekten und Ingenieure verwenden lichtempfindliches Papier, um Lichtpausen von Plänen und Entwürfen anzufertigen. Auch bei diesem Papier finden unter Einfluß des Lichtes chemische Reaktionen statt, bei denen Farbstoffe abgebaut oder aufgebaut werden. Bei dem üblichen Diazotypie-Verfahren wird durch die Belichtung eine Farbstoffvorstufe abgebaut, die sonst in Verbindung mit Ammoniakdämpfen einen Azofarbstoff bildet. Verwendet man einen Teststreifen eines solchen Papieres, so wird sein Farbton um so heller, je mehr Licht den Streifen trifft. Man kann also lichtempfindliches Papier als »Belichtungsmesser« benutzen. Diese Messung wird besonders genau, wenn man den Papierstreifen unterschiedlich stark beschattet und dadurch abgestufte Farbintensitäten erhält (vgl. Anleitung zum Bau eines Belichtungsmessers, S. 130).

Was man braucht

Für jede Teilgruppe:

Belichtungsmesser (Bau s. Anleitung) mit 7 bis 10 Teststreifen in lichtdichter Tüte
1 Plastik- oder Papiertüte
1 Kartenskizze des Untersuchungsgebietes (DIN A4-Format)
Uhr mit Sekundenanzeige
Klebeetiketten

Für die ganze Gruppe:

1 Anschlagbrett mit einer großen Kartenskizze des Gebietes (etwa DIN A1)
Doppelklebeband oder Klebestift
Entwicklungskammer für Teststreifen (vgl. nebenstehende Abbildung)

Was man vorbereiten und bedenken muß

Das ausgewählte Gebiet sollte möglichst unterschiedliche Lichtverhältnisse aufweisen. Günstig sind zum Beispiel ein Waldrand, eine Schlucht, eine Wallhecke, ein Höhleneingang oder ein Parkgelände mit großen Bäumen. Nach Wahl des Geländes soll eine Karte mit markanten Punkten und Grenzen angefertigt werden (Wege, Gräben, Hänge, Waldgrenze, große Bäume). Es wird eine große Karte des Gebiets auf einen DIN A1-Bogen gezeichnet und eine kleine Karte, die dann für die einzelnen Teilnehmergruppen kopiert werden muß. Bereiten Sie die Materialien für den Belichtungsmesserbau vor, oder bauen Sie selbst für jede Gruppe einen Belichtungsmesser nach den Angaben in der Anleitung.
Bereiten Sie eine Entwicklungskammer für die Teststreifen vor.

Entwicklungskammer für Teststreifen

Soll als Ergänzung ein Stärkenachweis in grünen Blättern durchgeführt werden, so muß dies rechtzeitig vorbereitet werden (vgl. »Was man noch tun kann«).

Es geht los!

1. Erklären Sie den Teilnehmern, daß Licht für das Pflanzenwachstum sehr wichtig ist, weil die Pflanzen mit Hilfe von Licht ihre Nahrungsstoffe selbst aufbauen können. Alle Pflanzen benötigen also Licht. Allerdings steht Licht an unterschiedlichen Standorten in sehr unterschiedlichen Mengen zur Verfügung. Einige Pflanzen können deshalb das Licht besser ausnutzen als andere. Sie gedeihen auch noch an sehr schattigen Stellen, dafür sind sie meistens empfindlicher

Bau eines Belichtungsmessers

Du brauchst:

Transparentpapier (60/65 g)
Schwarzen Karton
Schere
Klebstoff
Lichtpauspapier
einen lichtdichten Umschlag

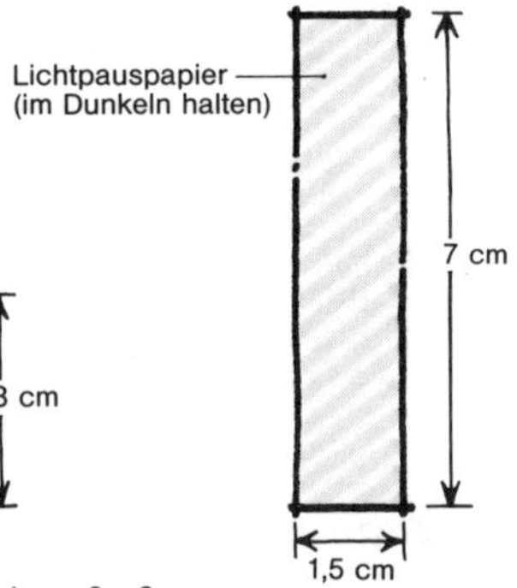

- Schneide aus dem schwarzen Karton einen etwa 3 cm breiten und 15 cm langen Streifen und falze ihn in der Mitte (quer)

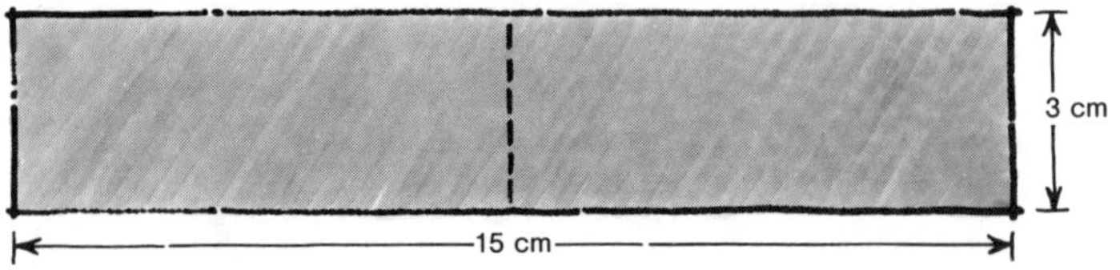

- Schneide aus dem Transparentpapier folgende Stücke: 4,5 x 6 cm, 3 x 5 cm, 3 x 4 cm, 3 x 3 cm und falte sie wie abgebildet:

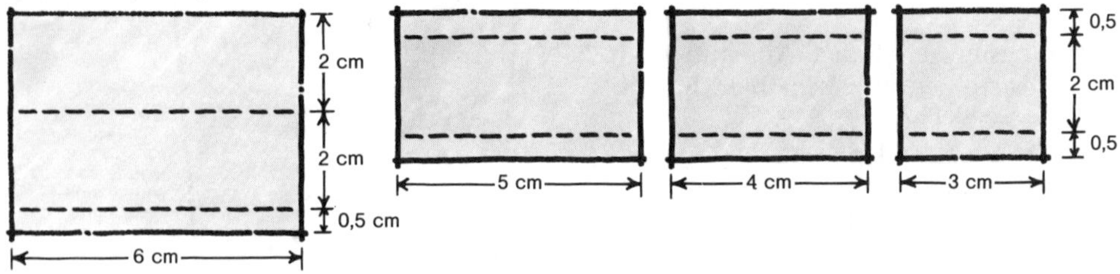

- Falte und klebe zusammen wie abgebildet:

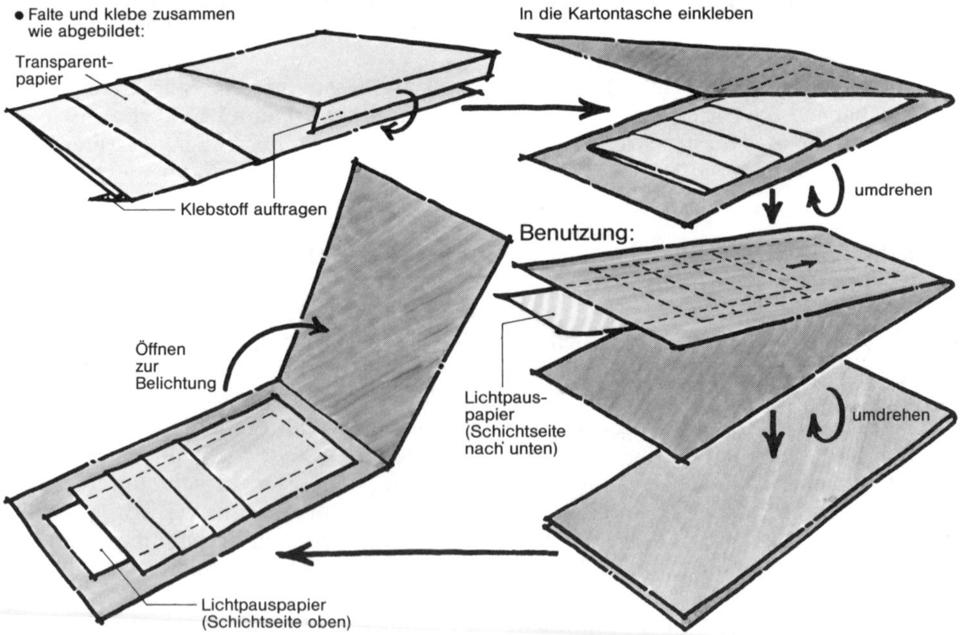

gegen Austrocknung. Andere Pflanzen benötigen sehr viel Licht.

2. Um herauszubekommen, ob das Vorkommen unterschiedlicher Pflanzenarten auf verschieden helle Standorte zurückzuführen ist, soll man zunächst das Licht messen. Dazu wird lichtempfindliches Papier verwendet.
3. Bilden Sie Gruppen aus zwei bis drei Teilnehmern und teilen Sie jeder Gruppe ein Arbeitsblatt »Bau eines Belichtungsmessers« und die dazugehörigen Materialien aus.
4. Wenn alle Teilgruppen einen Belichtungsmesser gebaut haben, teilen Sie jeder Gruppe einen Teststreifen aus. Die Gruppen sollen die Teststreifen einzeln abholen und dann mit der unempfindlichen Seite nach oben (s. Abb.) in den Belichtungsmesser stecken.
5. Lassen Sie nun alle Gruppen eine Probebelichtung durchführen. Der Belichtungsmesser wird an den Meßpunkt gelegt, und die Deckklappe wird für 30 sec – je nach Empfindlichkeit des Papiers und Helligkeit auch länger – geöffnet. Weisen Sie darauf hin, daß es sehr wichtig ist, die Belichtungszeit genau einzuhalten, und daß alle Teststreifen gleich lang belichtet werden müssen.
6. Anschließend werden alle Teststreifen in dem geschlossenen Belichtungsmesser zur Entwicklungskammer gebracht und entwickelt.
7. Besprechen Sie das Ergebnis.
8. Erklären Sie, daß nun eine Lichtkartierung des Untersuchungsgebietes durchgeführt werden soll. Jede Teilgruppe erhält hierzu eine Karte des Gebietes: »Ihr sollt in Eurem Gebiet an fünf möglichst unterschiedlichen Meßpunkten die Beleuchtungsstärke messen und an jedem dieser fünf Punkte die häufigste Pflanzenart in den Beutel einsammeln.« Geben Sie jeder Gruppe etwa sieben bis zehn Teststreifen in einer lichtdichten Tüte sowie einen größeren Plastikbeutel für das Pflanzensammeln aus. Geben Sie an, wie man vorgehen soll: »Sucht Euch einen Meßpunkt aus und tragt ihn mit einer Nummer in die Karte ein. Schreibt die gleiche Nummer auf einen der Teststreifen und belichtet den Streifen im Belichtungsmesser 30 sec (60 sec, 90 sec, je nach Helligkeitsverhältnissen). Sammelt ein Blatt oder einen Stengel der am Untersuchungsort häufigsten Pflanzenart und heftet um die Pflanze ein Klebeetikett, auf das Ihr ebenfalls die Nummer schreibt. Führt dies in derselben Weise für fünf verschiedene Meßpunkte durch.«
9. Wenn alle Gruppen mit dieser Aufgabe fertig sind, versammeln Sie sie vor dem Anschlagbrett mit der großen Kartenskizze. Es werden nun alle Teststreifen der Belichtungsmessungen an den richtigen Stellen in das Kartenbild geklebt (Klebestift oder Doppelklebeband). Dazu wird jeweils der Name der vorherrschenden Pflanzenarten (eventuell Anfangsbuchstaben) geschrieben.

Denn die einen sind im Schatten und die anderen sind im Licht . . .

Überlegen Sie gemeinsam:

- Wie groß sind die Helligkeitsunterschiede im Untersuchungsgebiet (Schattierungen um eine Stufe verschoben bedeutet etwa doppelte Helligkeit).
- Wäre die Messung zu anderen Tages- oder Jahreszeiten anders ausgefallen? Warum?
- Wachsen dieselben Pflanzenarten an Standorten derselben Beleuchtungsstärke? Wenn nicht, woran könnte das liegen?
- Wie unterscheiden sich die Pflanzen der schattigsten Standorte von denen der sonnigsten Standorte? Welche Rolle spielt dabei die Lichtausnutzung?

Stärkebildung in Laubblättern

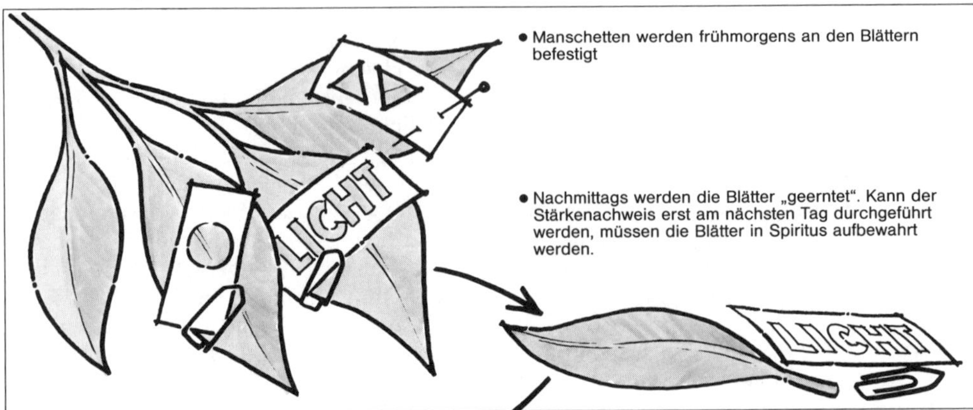

- Manschetten werden frühmorgens an den Blättern befestigt
- Nachmittags werden die Blätter „geerntet". Kann der Stärkenachweis erst am nächsten Tag durchgeführt werden, müssen die Blätter in Spiritus aufbewahrt werden.

Stärkenachweis:

- Die Blätter so lange in warmem Spiritus hin und her bewegen, bis das meiste Chlorophyll aus dem Blatt gezogen ist. Eventuell muß die Spirituslösung (die man im Wasserbad erwärmt) ein paar mal gewechselt werden.

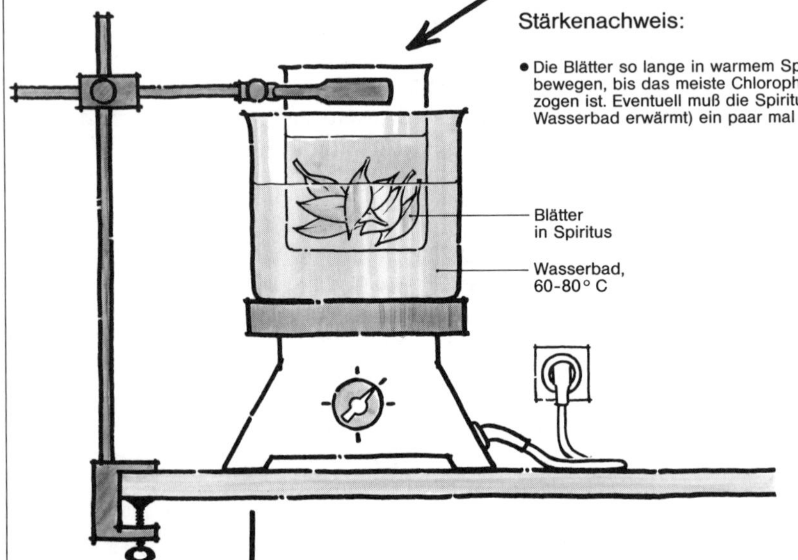

- Die fast weißen Blätter werden in eine Entwicklerschale mit Lugol'scher Lösung (Jod-Kaliumjodid-Lösung) gebracht.
Stärkehaltige Teile des Blattes färben sich schwarzblau.

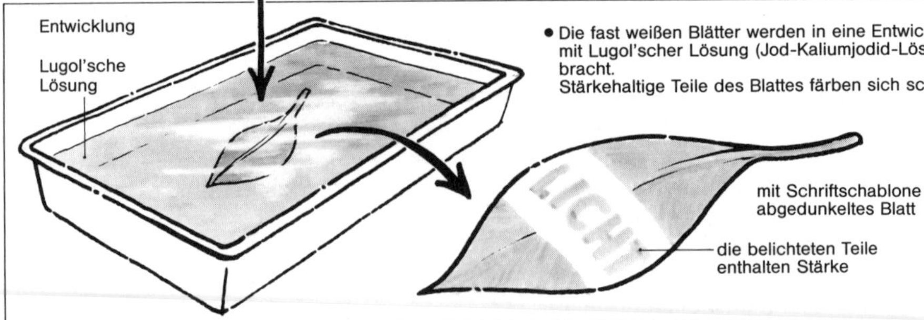

Was man noch tun kann

Um exaktere Lichtwerte zu erhalten, kann man eine Eichskala aufstellen. Zunächst wird ein Teststreifen im freien, unbeschatteten Gelände belichtet. Das Ergebnis erhält den Wert 1 oder 100% Lichtgenuß. Es werden dann mit einem Luxmeter oder mit einem Belichtungsmesser einer Kamera verschiedene Standorte aufgesucht, die die Hälfte, ein Viertel usw. des gezeigten Wertes aufweisen. Dort wird ebenfalls ein Teststreifen belichtet und dann auf eine Eichskala geklebt.
Anschließend können alle Teststreifen mit dieser Eichskala verglichen werden, und man kann dann in die Karte Werte des »relativen Lichtgenusses« eintragen.

Die Lichtkartierung kann zu verschiedenen Jahreszeiten wiederholt werden.
Eine gute Ergänzung zur Lichtkartierung ist ein vorbereiteter Demonstrationsversuch zur Stärkebildung in Blättern. Wenn man die Aktivität am Nachmittag durchführt, kann man einige Pflanzen (gut geeignet sind zum Beispiel junge Buchenblätter im Mai oder Anfang Juni) frühmorgens mit Staniolmanschetten teilweise abdunkeln. Die Blätter werden dann wie in der Anleitung dargestellt behandelt, und man kann mit Hilfe einer Jod-Stärke-Reaktion zeigen, daß sich nur in den belichteten Blatteilen der Energieträger Stärke gebildet hat.
Lichtkartierungen lassen sich auch gut mit der Aktivität »Grün am Bau« (s. S. 207) kombinieren.

Jagd nach eingeschmuggelten Gegenständen

In einem eng begrenzten Gebiet werden Gegenstände, die nicht zum Fundort passen, ausfindig gemacht.

Ort:

Hecken,
Waldränder,
Wiesen

Jahreszeit:

Gruppengröße:

bis 25,
alle Altersstufen

Zeitbedarf:

40 bis
60 Minuten

Was man wissen sollte

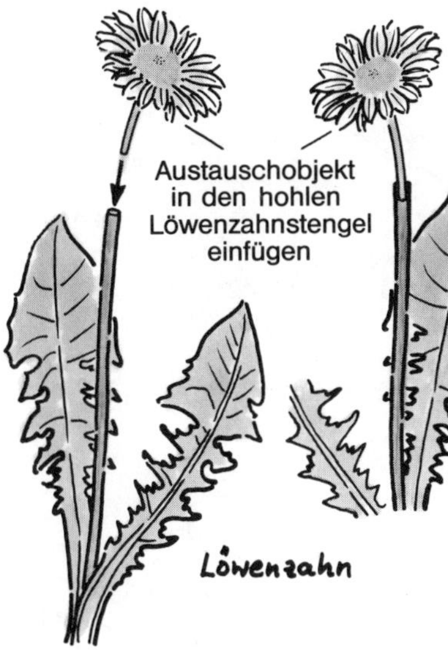

Durch das Spiel wird nicht nur das Beobachtungsvermögen geschärft, es werden auch spielerisch Einsichten in den Bau und die Lebensweise von Pflanzen und Tieren übermittelt. Gerade durch die Veränderung, die auch Verfremdung genannt werden könnte, wird die Eigenart eines Naturobjektes dem Beobachter besonders deutlich.
Das Spiel kann mit sehr unterschiedlichen Schwierigkeitsgraden gespielt werden. Einen Apfel an einem Eichenzweig kann auch ein ungeübter Beobachter schnell als Fehler identifizieren. Schwieriger wird es, wenn ein Fichtenzapfen an einer Tanne sitzt. Um die geschickt montierten Haselkätzchen am Hainbuchenzweig als Fehler zu entdecken, benötigt man schon einige Beobachtungserfahrung und botanische Kenntnisse.
Und nun einige Beispiele: Am naheliegendsten ist es, Pflanzenteile wie Blätter, Früchte oder Blüten auszutauschen. Dies geht besonders gut bei hohlen Stengeln (Beispiel Löwenzahn, Wiesen-Kerbel). Hier kann man in den abgeschnittenen Stengel einen anderen Stengel einfügen, so daß die Pflanze von oben ganz natürlich aussieht. Gleich dicke, verholzte Stengel kann man mit Hilfe eines kleinen Metallstiftes – z.B. einer mit der Kneifzange abgezwickten Stecknadel – fast unsichtbar aneinanderstecken.
Wenn man ein Blatt oder einen Blütenzweig mit Tesa-Krepp-Band befestigt, muß man das Band nachher mit Plakafarbe tarnen. Bei all' solchen »Austauschoperationen« ist es wichtig, sie so vorzunehmen, daß sie wahrscheinlich aussehen, d.h., bei einem Zweig mit gegenständigen Blättern muß auch ein eingeschmuggeltes Blatt gegenständig sein. Seitensprosse sollen immer aus Blattachseln entspringen usw.
Das Einschmuggeln muß sich natürlich nicht auf botanische Objekte beschränken. Man kann z.B. auch einen künstlichen Maulwurfshaufen anlegen oder aus Grashalmen und Moos ein künstliches Vogelnest bauen. Man kann auch in ein natürliches altes Vogelnest einige Eier aus Plastilin legen oder einen schönen gelben Pfifferling aus Plastilin nachformen und aus dem Laub schauen lassen.

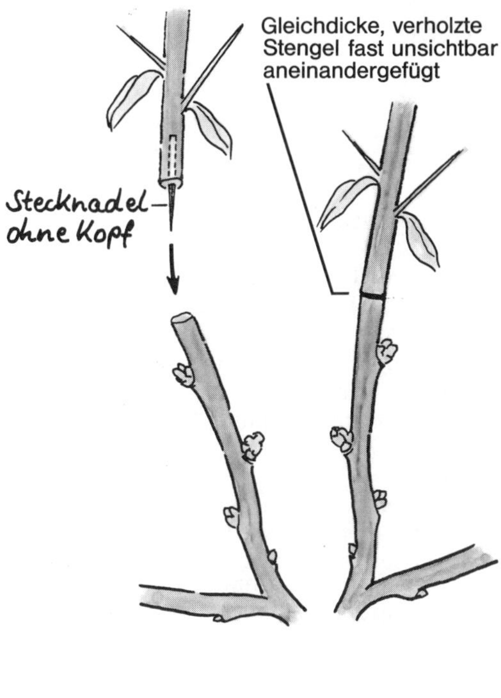

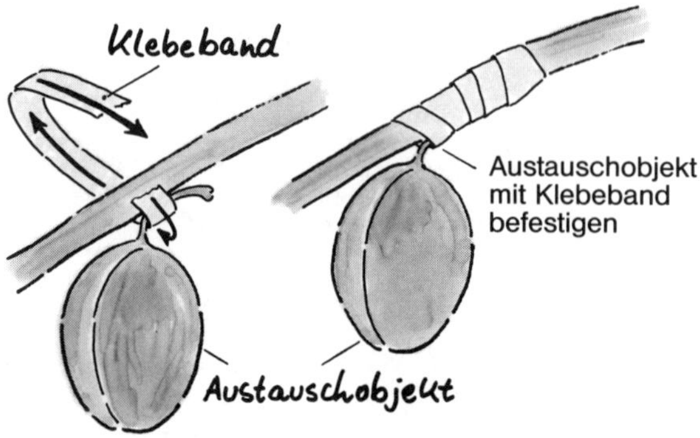

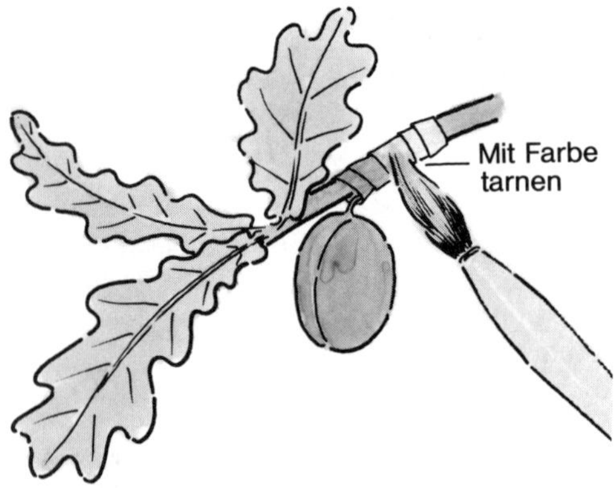

Was man braucht

Für die ganze Gruppe:

20–50 zum Gebiet passende Naturobjekte wie Früchte, Blätter, Zweige, Steine, Muscheln
Klebeband in mehreren Farben, leinenverstärkt, bzw. Tesakrepp
grüner Blumenbindedraht
Alleskleber
Bindfaden
Steck- oder Insektennadeln, einige mit abgeknipsten Köpfen
Schere oder Taschenmesser
evtl. Plakafarben und Pinsel
eventuell Schnur zur Markierung des Pfades und 10–12 Wegmarkierungen (Stöcke, Karteikarten)
Plastilin

Für jede Teilgruppe (jeden Teilnehmer):

1 Karteikarte mit Skizze des Pfades
1 Filzstift oder Bleistift

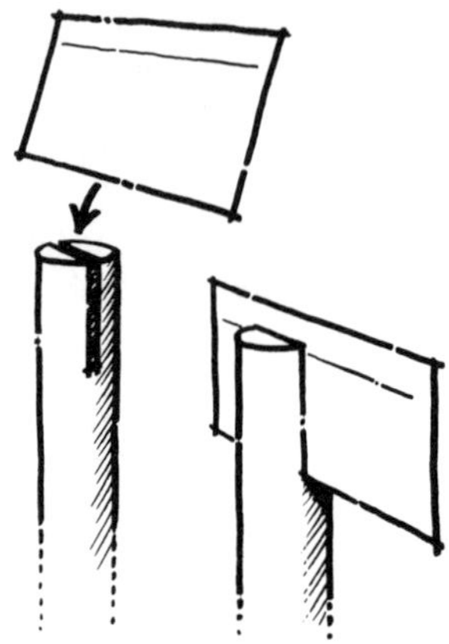

Was man vorbereiten und bedenken muß

Die eingeschmuggelten Gegenstände können entweder an bestimmten Punkten entlang eines markierten Pfades angebracht werden oder in einem eng abgegrenzten, etwa quadratischen Gebiet, dessen vier Ecken markiert sind.
Legen Sie Start- und Zielpunkt des Pfades fest. Auch ein Rundweg ist gut geeignet. Nun werden 10 bis 12 Markierungsfahnen aufgestellt, die durch Buchstaben oder Ziffern bezeichnet sind. Die einzelnen Fahnen sollen im Abstand von mindestens 4 m stehen. Wenn kein deutlicher Fußweg da ist, wird der Pfad mit einer Schnur markiert. Nun wird bei den Markierungsfahnen jeweils eine bestimmte Anzahl von Objekten eingeschmuggelt (z.B. Vertauschen von Blättern, Blüten oder Früchten, Einbringen einer

Muschel auf Waldboden, Eicheln unter Buchen, Vertauschen von Fallaub, Anlegen falscher Maulwurfshügel, Einpflanzen von Plastilin-Pilzen, Anlegen einer falschen Tierfährte). Achten Sie darauf, daß entlang des Pfades kein Abfall liegt, der fälschlicherweise als Fund betrachtet werden könnte.
Bereiten Sie schließlich die Spielkarten vor, indem Sie den Pfad auf die Karteikarten zeichnen und die mit Buchstaben oder Ziffern gekennzeichneten Orte auf jeder Karte eintragen. Bei großen Teilnehmerzahlen ist es günstiger, in flächigen Untersuchungsgebieten parallel arbeiten zu lassen. Allerdings muß dann für jede Teilgruppe ein solches Gebiet präpariert werden.

Es geht los!

1. Erklären Sie den Mitspielern: Ich habe entlang des markierten Pfades (bzw. in den markierten Flächen) einiges verändert. Zeigen Sie ein oder zwei Beispiele für »eingeschmuggelte Gegenstände«.
2. Haben Sie Probeflächen abgesteckt, so können Sie nun zwei bis drei Teilnehmer an einer Probefläche suchen lassen. Sind die »eingeschmuggelten Gegenstände« entlang eines Pfades ausgebracht worden, so kann jede Teilgruppe oder jeder Teilnehmer allein »jagen«. Beim Start erhält jede Teilgruppe eine Karteikarte mit einem Stift. Sagen Sie den Spielern, daß sie auf die Karte die eingeschmuggelten Objekte, die bei den Markierungspunkten liegen, eintragen sollen. Alle Entdekkungen sollen bis zum Spielende geheim gehalten werden.
3. Am Ende der Jagd fragen Sie nach der Anzahl der gefundenen Objekte und vergleichen die Karteikarten. Gehen Sie dann mit der ganzen Gruppe den Pfad noch einmal ab (bzw. besuchen Sie die verschiedenen abgesteckten Probeflächen) und lassen Sie sich die Gegenstände zeigen, die die Spieler gefunden haben. Weisen Sie auf die Objekte hin, die übersehen wurden.
4. Wenn noch Zeit ist, soll das Spiel nun noch einmal gespielt werden. Dazu teilen Sie die Gruppe in zwei oder mehr Teilgruppen auf. Jede Teilgruppe soll einen Pfad bzw. eine Probefläche verändern und dann jeweils eine andere Teilgruppe auf diesem Gebiet suchen lassen.

Was man noch tun kann

Haben die Teilnehmer gelernt, durch diese Spiele die Natur aufmerksam zu beobachten und die Spuren in der Natur zu lesen und zu deuten, so bietet es sich an, von künstlichen Veränderungen zu natürlichen Besonderheiten überzugehen, die gesucht werden müssen. In fast jedem Gelände kann man Seltsames oder Unerwartetes finden, z. B. die Fußspur eines Tieres, eine Galle an einer Pflanze oder das Gelege eines Insekts. Lassen Sie die Teilnehmer in einem abgegrenzten Gebiet nach solchen Spuren suchen. Eventuell kann es sinnvoll sein, die Aufgabe einzugrenzen, z. B.: Fraßspuren an Blättern und Früchten (vgl. »Wer war der Täter«), Gallen (vgl. »Galläpfel und Linsengallen«), alte Vogelnester, Fraßgänge im Holz, in der Borke oder in Blättern, Losung, Spuren von Erdbewohnern wie Maulwurfshügel, Mauselöcher, Kaninchenbauten, Kothäufchen von Regenwürmern usw.

Literatur

Bang, P., Dahlströhm, P.: Tierspuren. Bestimmungsbuch. BLV, München, 1981.
Kelle, A., Sturm, H.: Tiere leicht bestimmt. Dümmler, Bonn, 1984.

Gewässer

Leben im Teich

Die verschiedenen Lebensräume eines kleinen Gewässers werden erforscht. Welche Pflanzen- und Tierarten sind für die verschiedenen Lebensräume typisch?

Ort:	**Jahreszeit:**	**Gruppengröße:**	**Alter:**	**Zeitbedarf:**
Kleingewässer	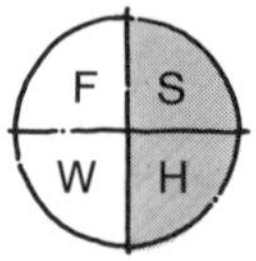	15 bis 20	ab 8 Jahren	50 bis 60 Minuten

Was man wissen sollte

Kleine stehende Gewässer, die so flach sind, daß wurzelnde Pflanzen über den gesamten Grund wachsen können, werden Weiher oder Teiche genannt, je nachdem, ob es sich um ein natürliches Gewässer oder um ein angelegtes Gewässer handelt, das abgelassen werden kann. Im und um den Teich kann man fünf verschiedene Regionen unterscheiden:
- die Wasseroberfläche
- das offene Wasser
- den Gewässergrund
- das Ufer
- den Luftraum über dem Gewässer.

Diese fünf verschiedenen Regionen nennt man Lebensräume. Ein Lebensraum ist der Platz, an dem eine bestimmte Gruppe von Pflanzen- und Tierarten zu Hause ist und an dem man diese Arten normalerweise finden kann.
Die *Wasseroberfläche* ist der Lebensraum für verschiedene Käfer, Wasserinsekten, frei treibende Schwimmpflanzen (z.B. Wasserlinsen). *Offenes Wasser* ist die Region im Inneren eines Teiches, in der ein größerer freier Wasserraum zur Verfügung steht. Einige Beispiele für Lebewesen des offenen Wassers: Fische, Wasserinsekten, Wasserflöhe, Tauchblattpflanzen. Der *Teichgrund* wird von einer Vielfalt von Tieren bewohnt, z.B. von Schnecken, Plattwürmern, Ringelwürmern, Schwämmen, Krebsen, Larven der Eintagsfliegen, Libellen und Köcherfliegen. Das *Teichufer* ist die Region, wo Wasser und Land zusammentreffen. Neben Sumpfpflanzen, die mit den »Füßen« im Wasser stehen und mit den Stengeln und Blüten über das Wasser hinausragen wie Rohrkolben und Schilf, ist diese Region der bevorzugte Aufenthaltsort für viele Amphibien, insbesondere für die Frösche. Verschiedene Schnecken leben in dem feuchten Sumpfpflanzengürtel des Teichufers. Schließlich sind hier auch Tiere zu nennen, die normalerweise außerhalb des Gewässers leben und nur zum Trinken an das Teichufer kommen.
Im *Luftraum* über dem Wasser bewegen sich Insekten, Vögel, Fledermäuse und vom Wind verbreitete Samen, z.B. von Schilf, Weiden und Pappeln.

Was man braucht

Für jede Zweiergruppe:

1 Fahne zum Markieren des Standortes
2 kleine Fangnetze (Zoohandlung)
2 kleine Gläschen zum Beobachten von Wasserinsekten
1 Lupe
1 größere weiße Beobachtungsschale oder aufgeschnittener Milchkarton, ausgewaschen
eventuell: 1 Binokular

Für die ganze Gruppe:

1 große Profilskizze des Untersuchungsteiches auf einer Anschlagtafel
mehrere Filzstifte in verschiedenen Farben (rot, blau, grün, braun)
Sammelgeräte:
Planktonnetze
Kescher
Pflanzengreifer (Anleitung S. 142)
Küchensiebe

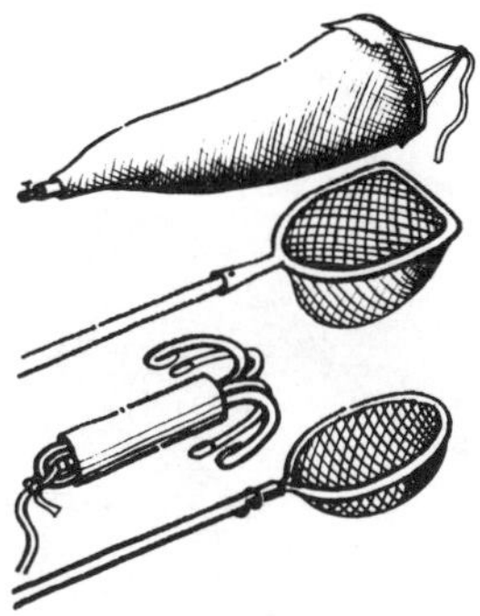

Jede Zweiergruppe sollte wenigstens eines dieser Sammelgeräte bekommen.

Was man vorbereiten und bedenken muß

Achten Sie bei der Auswahl des Teiches einmal auf die Vielfalt der Pflanzen- und Tierarten, zum anderen aber auch auf mögliche Gefahren. Partien mit Steilufer sollten vermieden werden, günstiger sind Kleingewässer mit flach auslaufenden Ufern. Sumpfige und grundlose Stellen sind gefährlich. Fragen Sie den Eigentümer oder Pächter um Erlaubnis!
Auf einer Vorexkursion sollten Sie sich mit den wichtigsten Pflanzen- und Tierformen des ausgewählten Teiches vertraut machen. Fertigen Sie dann auf einer Plakatpappe oder auf einer Tapetenrolle ein möglichst großes Profildiagramm des Teiches an. Es sollten blaue Filzstifte für die Wasseroberfläche und braune für den Grund des Gewässers verwendet werden. Steht mehr

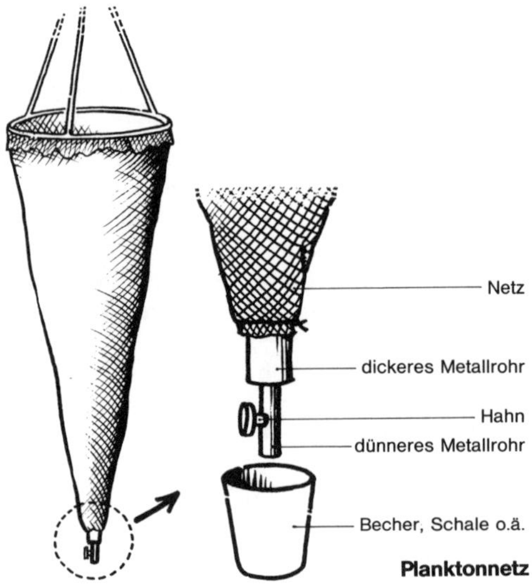

Planktonnetz

Zeit zur Verfügung, so kann diese Skizze nachher auch gemeinsam mit der Gruppe angefertigt werden.
Planktonnetz, Kescher und Pflanzengreifer können nach einfachen Vorlagen selbst gefertigt werden. Dies kann auch innerhalb der Gruppe geschehen. Eventuell kann man den Teilnehmern einige Tage vorher die Aufgabe erteilen, solche Geräte herzustellen.

Kescher

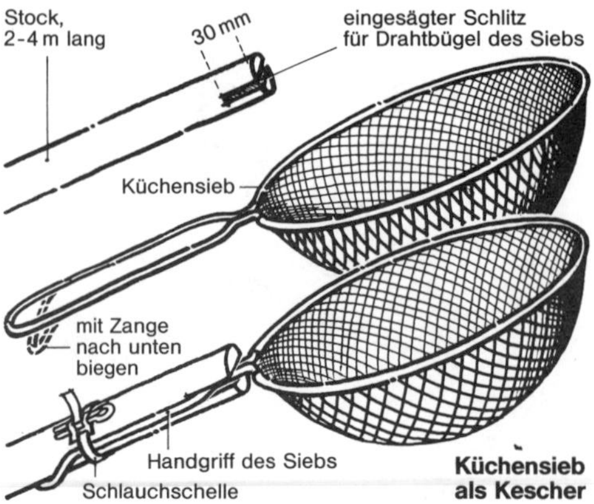

Küchensieb als Kescher

Es geht los!

1. Versammeln Sie die Teilnehmer um die groß gezeichnete Profilkarte. Vergleichen Sie mit den Gegebenheiten des Untersuchungsgewässers und bringen Sie, falls notwendig, Ergänzungen an.
2. Zeigen Sie den Gebrauch jedes Fang- und Sammelgerätes.
3. Lassen Sie Zweiergruppen bilden und teilen Sie jeder Gruppe Sammelgeräte aus.
4. Stellen Sie die Aufgabe: Jede Zweiergruppe soll alle 5 Lebensräume des Teiches nach verschiedenen Pflanzen und Tieren absuchen. Um alle Lebensräume untersuchen zu können, müssen die Gruppen ihre Fanggeräte untereinander

austauschen. Geben Sie den Teilnehmern 20–25 Min. Zeit, um Lebewesen aus den verschiedenen Lebensräumen zu sammeln und zu finden.

5. Gehen Sie von Gruppe zu Gruppe und helfen Sie beim Sammeln und beim Bestimmen.
6. Versammeln Sie nun die Teilnehmer wieder um die Profilkarte. Der Name jedes bestimmten Lebewesens soll an die passende Stelle der Karte eingetragen werden. Statt der Namen können auch kleine Bildskizzen eingeklebt werden.
7. Zum Schluß müssen alle Lebewesen wieder in ihren Lebensraum zurückgebracht werden.

Überlegungen zu Lebewesen und Lebensraum

In einem auswertenden Gespräch können folgende Fragen diskutiert werden:
- Kommen einige Pflanzen- oder Tierarten nur in einem Lebensraum vor?
- Kommen einige Pflanzen- oder Tierarten in mehreren Lebensräumen vor?

Die Beantwortung dieser Fragen wird zu dem Ergebnis führen, daß jeder Lebensraum eine spezielle Kombination von Tier- und Pflanzenarten enthält, daß es aber andererseits Arten gibt, die mehrere Lebensräume besiedeln können. Fragen Sie nach einigen speziellen Anpassungen von Lebewesen an ihren Lebensraum.

Was man noch tun kann

1. Die gesammelten Arten der verschiedenen Lebensräume können genauer untersucht werden, z.B. mit Binokular und Mikroskop. Zu diesem Zweck ist es günstig, das gesammelte Material ins Klassenzimmer oder in den Gruppenraum mitzunehmen. Auch in diesem Falle sollten die Tiere und Pflanzen anschließend wieder zum Teich zurückgebracht werden.
2. Auszählen von Individuen in bestimmten Lebensräumen, z.B. Zahl der Bodenorganismen, Zahl der Organismen im freien Wasser usw.
3. Zweiter Durchgang und Korrektur bzw. Ergänzung. Nachdem alle gefundenen Pflanzen- und Tierarten in die Kartenskizze eingetragen worden sind, werden die Zweiergruppen noch einmal losgeschickt, um weitere Arten zu finden, die noch nicht erfaßt wurden. Es ist nun auch erlaubt, Lebewesen, die man nicht fangen oder sammeln kann, in die Karte einzuzeichnen, wenn sie beobachtet wurden.

Literatur

ENGELHARDT, W.: Was lebt in Tümpel, Bach und Weiher? Franckh, Stuttgart, 1983.

AICHELE, D., SCHWEGLER, H.W.: Seen, Moore, Wasserläufe. Kosmos-Biotopführer. Franckh, Stuttgart, 1974.

BERTSCH, K.: Der See als Lebensgemeinschaft. Maier, Ravensburg, 1946.

RAUH, W.: Unsere Sumpf- und Wasserpflanzen. Winters Naturwissenschaftliche Reihe, Heidelberg, 1954.

HALLER, B., PROBST, W.: Botanische Exkursionen. Band 2, Exkursionen im Sommerhalbjahr. G. Fischer, Stuttgart, New York, 1981.

Bauanleitung für den Pflanzengreifer

Untergetauchte Pflanzen und Steine, die man vom Ufer aus nicht so leicht erreichen kann, können durch einen Pflanzengreifer gesammelt werden. Dieser wird aus einem kurzen Rohr, einem Kleiderbügel und einem langen Tau hergestellt. Wenn man den Pflanzengreifer benutzt, muß man sorgfältig darauf achten, ihn flach (mit der Hand unter Schulterhöhe) zu werfen. So wird vermieden, daß eine andere Person getroffen wird. Man muß immer daran denken, beim Werfen das freie Ende des Taues festzuhalten, damit der Greifer nicht verlorengeht. Für einen Pflanzengreifer braucht man:
1 6–8 cm langes Rohr, 1–2 cm Durchmesser
2 Kleiderbügel aus Draht (oder entsprechende Drahtstücke!)
1 Tau
1 Zange (um die Bügel zurechtzubiegen)

1. Öffne und biege die zwei Bügel zu zwei Drahtstücken gleicher Länge.
2. Biege die Bügeldrähte in der Mitte und stecke beide Drähte in das Rohr, wobei die gebogenen Enden aus einem Rohrende herausragen. Das Tau wird an diesen Schlaufen befestigt.
3. Biege die 4 freien Bügelenden am anderen Rohrende zur Form eines vierzackigen Hakens.
4. Biege jedes Hakenende um, damit keine scharfen Spitzen vorstehen.
5. Befestige an den gebogenen Drahtschlaufen ein Tau, und der Pflanzengreifer ist fertig.

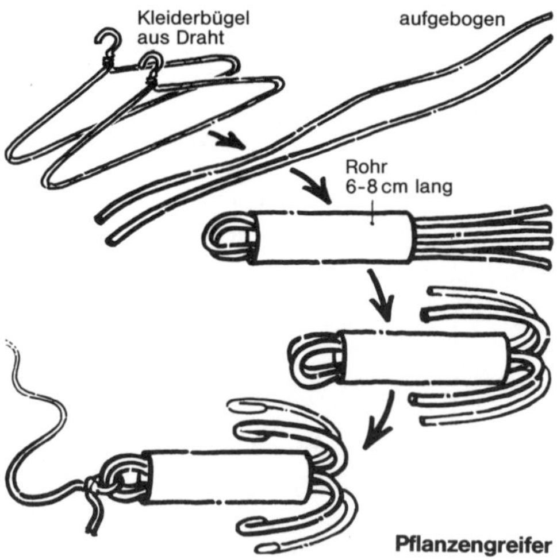

Pflanzengreifer

Fortbewegung von Wassertieren

Die Fortbewegungsart eines Tieres hängt eng mit seinem Lebensraum und seiner Lebensweise zusammen. Bei kleinen Wassertieren lassen sich Beziehungen zwischen Lebensweise und Fortbewegungsart besonders gut beobachten.

Ort:

Teichufer, Tümpel, Seeufer

Jahreszeit:

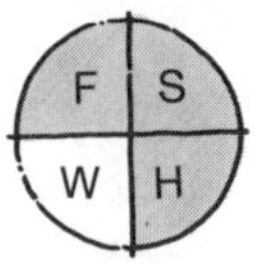

Gruppengröße:

15 bis 20

Alter:

ab 10 Jahren

Zeitbedarf:

60 Minuten

Was man wissen sollte

Für die meisten Tiere ist es charakteristisch, daß sie sich fortbewegen können. Nur durch diese freie Ortsbewegung können sie ihre Nahrung finden, vor Feinden entkommen und sich fortpflanzen. Die Art und Weise der Fortbewegung, des Schwimmens, Kriechens, Fliegens usw., ist eng mit dem jeweiligen Lebensraum und mit den besonderen Lebensbedingungen, mit der Art und Weise, wie Beute gejagt wird oder wie ein Tier den jeweiligen Beutegreifern entkommen kann, verbunden.

Die Dichte des Wassers ist etwa achthundertmal so groß wie die Dichte der Luft. Dies bedeutet einmal, daß Ruder und Flossen sehr wirkungsvolle Schuborgane sind und daß auch eine Fortbewegung nach dem Raketenprinzip leicht möglich ist. Zum anderen bedeutet es, daß der Fortbewegung ein hoher Strömungswiderstand entgegengesetzt wird und daß eine strömungsgünstige Form schon bei mäßigen Geschwindigkeiten eine entscheidende Energieersparnis bringt. Die torpedoartige Form von guten Schwimmern hat sich deshalb nicht nur bei den Fischen, sondern auch bei vielen anderen schnellschwimmenden Wassertieren parallel herausgebildet (Beispiele: Delphine, Robben, Pinguine, Wasserschildkröten und Ichthyosaurier).

Der Hauptantrieb erfolgt bei den meisten *Fischen* durch den muskulösen Schwanzstiel. Die verbreiterte Schwanzflosse dient als Ruderblatt. Durch die paarigen Bauchflossen und die unpaare Rücken- und Afterflosse wird die Lage im Wasser stabilisiert. Die Brustflossen dienen einmal zum Steuern, außerdem zur langsamen Fortbewegung. Fische mit großen Brustflossen, wie Stichlinge und Barsche, sind besonders geschickte Langsamschwimmer, die sich durch die unterschiedlichen Bewegungen der Brustflossen fast in alle Richtungen des Raumes bewegen können.

Bei *Wasserinsekten* kommen ganz unterschiedliche Schwimmtypen vor. Der Furchenschwimmer und andere große im Wasser lebende Käfer bewegen sich mit den weit ausladenden, ruderblattartig verbreiterten und mit langen Haaren besetzten Hinterbeinen fort. Der ganze Körper ist durch wasserabstoßende Fette besonders gut gleitfähig. Luft wird unter den Flügeldecken mitgeführt. Die verschiedenen Wasserwanzen, insbesondere der Rückenschwimmer, bewegen sich ähnlich fort. Insektenlarven sind meistens keine besonders guten Schwimmer. So schwimmen Großlibellenlarven nur auf der Flucht vor Feinden und dann, indem sie schnell Wasser aus dem Enddarm auspressen (Raketenprinzip). Viele Mückenlarven führen schlagende Bewegungen mit dem ganzen Körper aus (Stechmücken, Zuckmücken). Einige Wasserinsekten bewegen sich an der Oberfläche fort. Die Wasserläufer besitzen unbenetzbare Tarsen (Fußspitzen) und können so mit rudernden Beinbewegungen schnell über die Oberfläche gleiten. Sie nutzen dabei die Oberflächenspannung des Wassers und die unterschiedliche Trägheit von Wasser und Luft aus. Taumelkäfer bewegen sich in einer Luftblase an der Wasseroberfläche fort.

Verschiedene Egel zeigen eine charakteristische schlängelnde Fortbewegung (ähnlich wie Wasserschlangen und Aale). Dagegen kriechen Süßwasserschnecken meistens; ihre Kriechsohle benötigt zur Fortbewegung eine Unterlage, entweder den Bodengrund oder einen Wasserpflanzenstengel oder auch die Wasseroberfläche.

Was man braucht

Für jede Teilgruppe (2–3):

1 Bestimmungshilfe (s. S. 147 ff)
1 Stereolupe
2 Petrischalen
2 Löffel
2 Beobachtungsbehälter mit weißem Grund, Plastikschale
1 Fangnetz mit weiten Maschen

1 Fangnetz mit engeren Maschen
1 Pinsel, fein
1 Glasröhrchen, Schnappdeckelröhrchen mit Deckel

Für die ganze Gruppe:

weiße Plastikwannen
Namensschildchen
wasserfester Filzschreiber

Was man vorbereiten und bedenken muß

Suchen Sie einen Teich oder den Uferbereich eines größeren Gewässers aus, an dem die Ufer nicht zu steil und rutschig sind. Grenzen Sie das Arbeitsgebiet notfalls durch Markierungsfahnen oder ausgespannte Seile gegen gefährliche Stellen ab. Stellen Sie fest, welche Wassertiere in dem Gebiet gefunden werden können, und informieren Sie sich vor Beginn der Aktivität über deren Fortbewegungsweise. Am besten ist es, wenn Sie jedes Tier einige Zeit in einem kleinen Plastikaquarium beobachten.
Bereiten Sie Kopien der Bestimmungshilfen vor.

Es geht los!

1. Gehen Sie kurz auf die Bedeutung der Fortbewegung bei Tieren ein. Erklären Sie dann, daß es darum gehen soll, die Fortbewegungsweise einiger Wassertiere zu erforschen.
2. Bilden Sie Teilgruppen aus 2 bis 3 Teilnehmern. Weisen Sie darauf hin, daß jeder für die Sicherheit seines Gruppenpartners verantwortlich ist. Weisen Sie – wenn nötig – auf besondere Gefahren des Gebietes hin.
3. Führen Sie nun vor, wie man mit den Geräten Wassertiere fangen und beobachten kann. Die Tiere, die beobachtet werden sollen, werden in einen Behälter mit weißem Untergrund gebracht, der mit klarem Wasser gefüllt sein soll. Man kann einen Plastiklöffel oder Pinsel benutzen, um kleinere Tiere für genauere Beobachtungen in kleine durchsichtige Tablettenröhrchen, Schnappdeckelgläser oder Bechergläser zu befördern. Kleine Plastikpetrischalen oder Glasblockschälchen eignen sich gut zur Beobachtung von Kleinsttieren unter der Stereolupe.
4. Jede Teilgruppe erhält nun die in der Materialliste genannten Geräte.
5. Stellen Sie die Aufgabe: Jede Gruppe soll mindestens zwei verschiedene Tierarten fangen und genau beobachten, wie sich diese Tierarten fortbewegen.
6. Wenn die ersten Gruppen ihre Tierarten gefangen haben, weisen Sie darauf hin, daß die Behälter zum Beobachten nicht in die pralle Sonne gestellt werden sollen.
7. Helfen Sie den verschiedenen Gruppen bei der Beobachtung. Stellen Sie Fragen. Schwänzelt das Tier? Schwimmt es frei im Wasser oder gleitet es über die Wasseroberfläche? Welche besonderen Eigenschaften und Einrichtungen erlauben es dem Tier, sich entsprechend fortzubewegen?
8. Nachdem Erfahrungen über den Bewegungstyp (frei schwimmen, kriechen, schwänzeln, zucken) gemacht worden sind, können die Teilnehmer unbelebte oder belebte Gegenstände in den Beobachtungskasten bringen, um festzustellen, wie das Tier auf diese reagiert. Steinchen, Stöcke, Pflanzen oder andere Tiere werden einzeln in den Beobachtungsbehälter gebracht, so daß man jeweils die Reaktion beobachten kann. Beispiel: Der »Wassertiger«, die Larve eines Gelbrandkäfers, lauert auf Beute an einem Steinchen. Dabei ist es wichtig, den Behälter ruhig stehen zu lassen, nicht zu schütteln und auch keine raschen Bewegungen über dem Behälter auszuführen, um die Tiere nicht zu beunruhigen.

9. Erinnern Sie alle Teilnehmer daran, daß die Tiere nur für kurze Zeit aus ihrer natürlichen Umgebung entfernt werden sollen. Nach der Beobachtung sollen alle Tiere wieder an ihren Herkunftsort zurückgebracht werden. Deshalb ist es wichtig, Tiere während der Beobachtung nicht zu beschädigen oder zu verletzen.
10. Während die Tiere beobachtet werden, bereiten Sie eine Ausstellung der gefundenen Tierarten vor. Verwenden Sie hierzu wassergefüllte weiße Plastik- oder Styroporwannen. In jedes Gefäß sollte nur eine Tierart gebracht werden. Schreiben Sie ein Namensschild und stellen Sie das Schild vor die entsprechende Wanne.
11. Wenn alle Gruppen ihre Tiere genau beobachtet haben (Beobachtungszeit 15 bis 20 Min.), versammeln Sie alle Teilnehmer an dem Platz, an dem Sie die Ausstellung vorbereitet haben.

Wer schwimmt wie ein Gelbrandkäfer?

Alle Teilgruppen sollen nun über die Bewegungsweisen »ihrer« Tiere berichten. Am besten und lustigsten geschieht dies durch Pantomimenraten:
»Mein Tier liegt auf der Wasseroberfläche und es macht so . . .«. Derjenige, der sein Tier vorstellt, versucht, möglichst gut die Schwimmbewegungen nachzuahmen. Die übrigen Teilnehmer müssen nun den Namen des Tieres erraten. Dazu dürfen sie sich die ausgestellten Tiere mit den Namensschildern ansehen. Dann sollte man darüber sprechen, warum eine Tierart ganz bestimmte Bewegungen ausführt. Wie hängen diese Bewegungen mit der Lebensweise und den besonderen Bedürfnissen dieser Tierart zusammen? Bei älteren Teilnehmern (ab 14) können die Begriffe »Anpassung«, »Angepaßtsein« besprochen werden.

Literatur

Engelhardt, W.: Was lebt in Tümpel, Bach und Weiher? Franckh, Stuttgart, 1983.
Kelle, A., Sturm, H.: Tiere leicht bestimmt. Dümmler, Bonn, 1984.
Schmidt, E.: Ökosystem See. Quelle & Meyer, Heidelberg, 1979.

Die häufigsten Wirbellosen des Süßwassers (Übersicht)

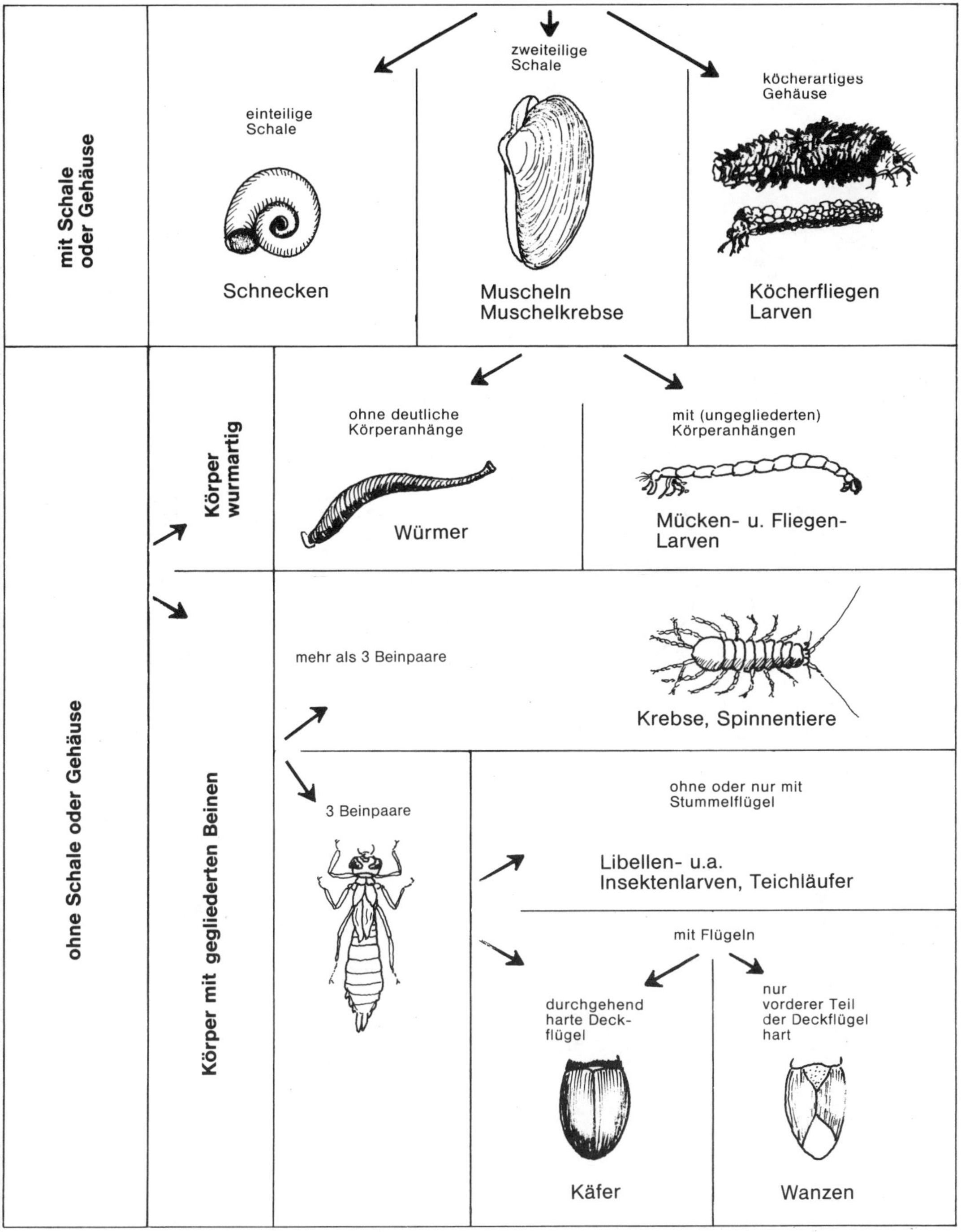

Muschelkrebse und Muscheln

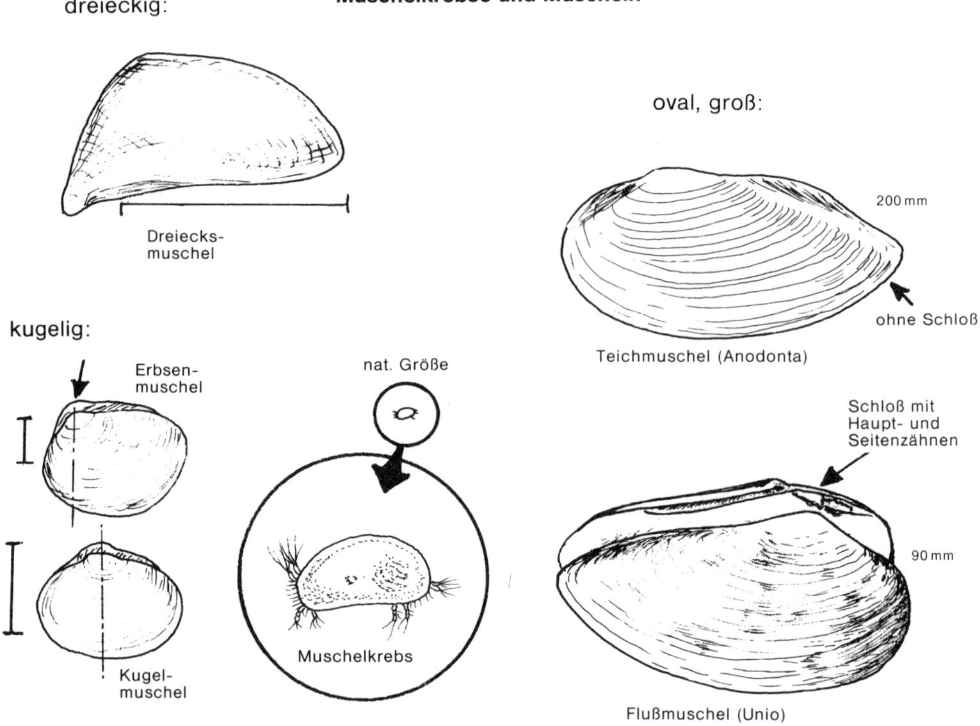

Würmer

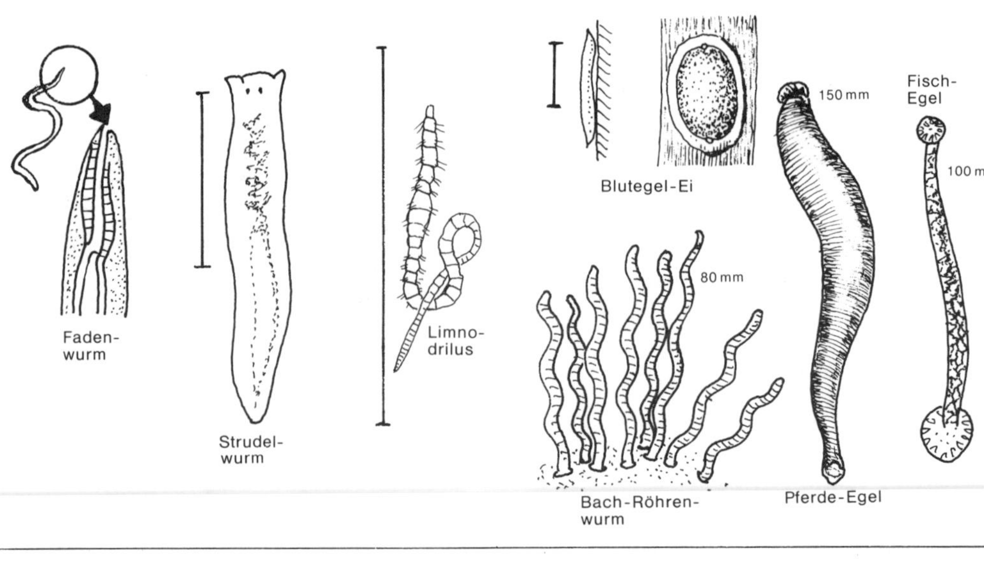

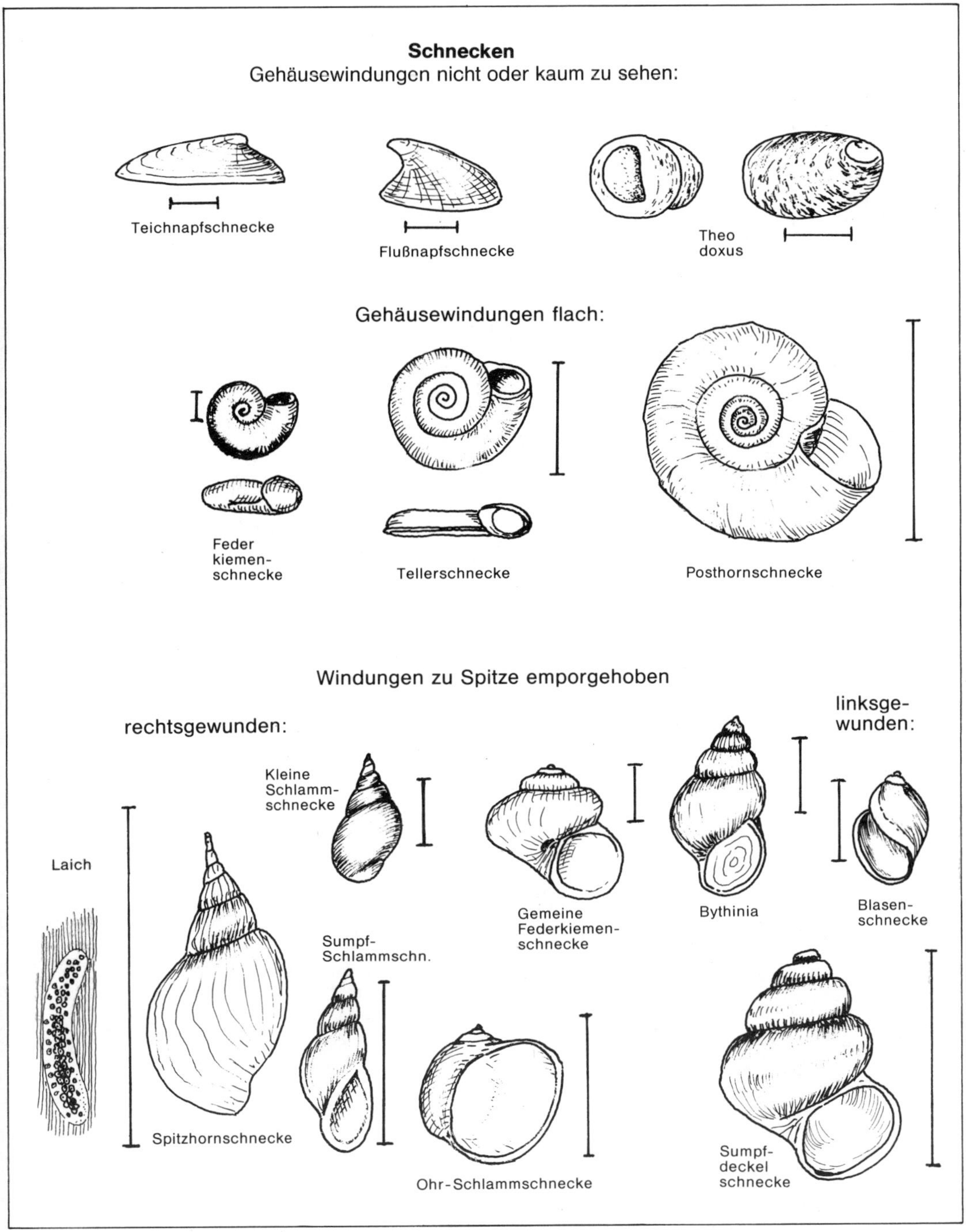
Schnecken
Gehäusewindungen nicht oder kaum zu sehen:
Teichnapfschnecke
Flußnapfschnecke
Theo
doxus
Gehäusewindungen flach:
Feder
kiemen-
schnecke
Tellerschnecke
Posthornschnecke
Windungen zu Spitze emporgehoben
rechtsgewunden:
linksge-
wunden:
Kleine
Schlamm-
schnecke
Laich
Gemeine
Federkiemen-
schnecke
Bythinia
Blasen-
schnecke
Sumpf-
Schlammschn.
Spitzhornschnecke
Ohr-Schlammschnecke
Sumpf-
deckel
schnecke

Mücken- und Fliegen-Larven

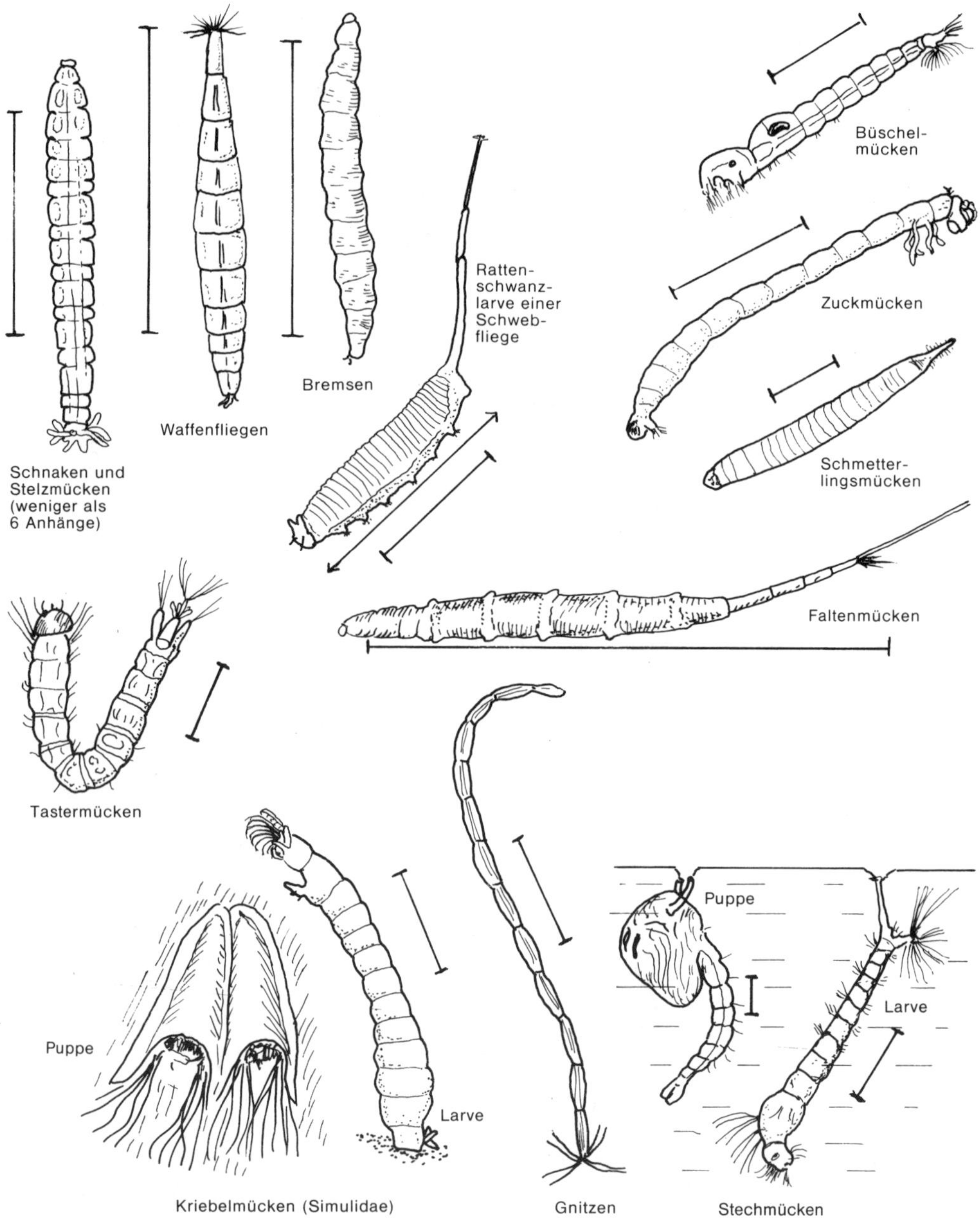

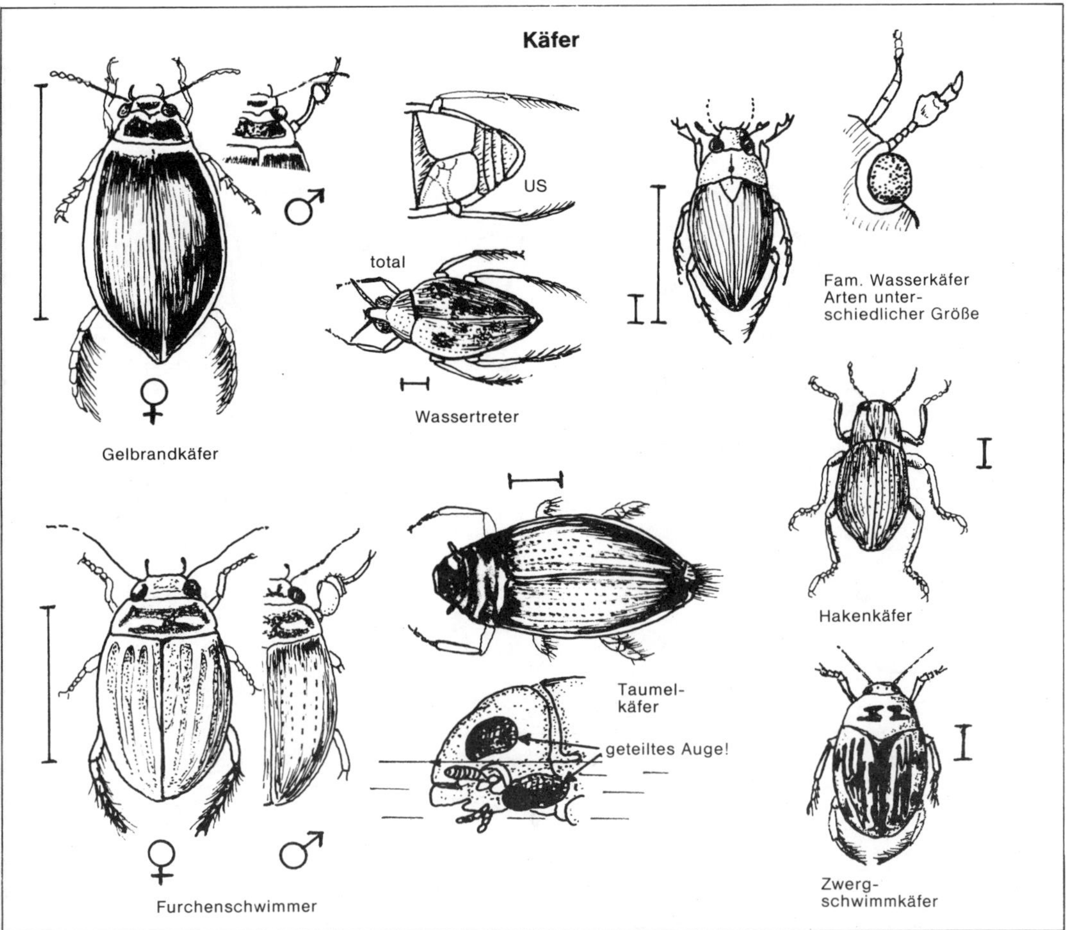
Käfer
US
total
Wassertreter
Gelbrandkäfer
Fam. Wasserkäfer
Arten unter-
schiedlicher Größe
Hakenkäfer
Taumel-
käfer
geteiltes Auge!
Furchenschwimmer
Zwerg-
schwimmkäfer

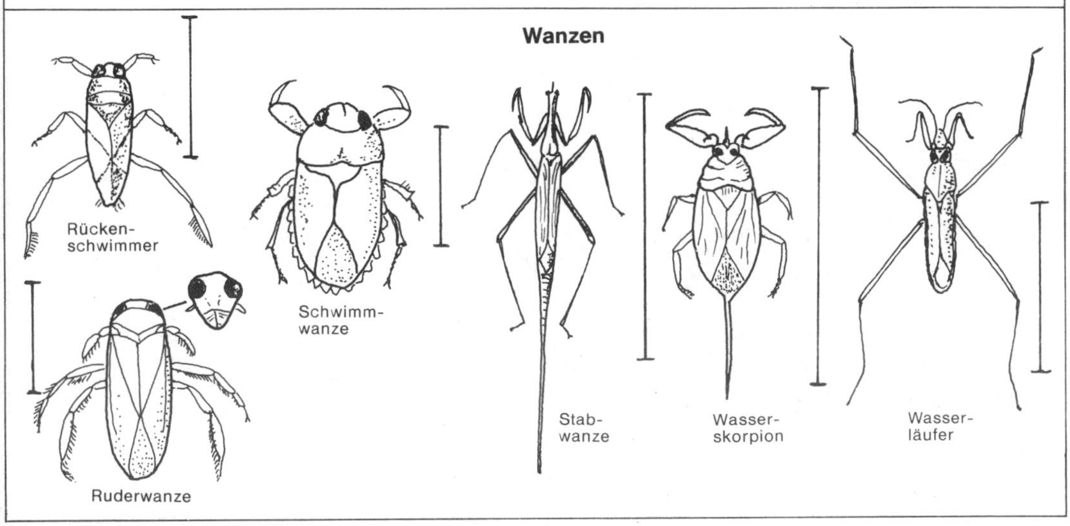
Wanzen
Rücken-
schwimmer
Schwimm-
wanze
Stab-
wanze
Wasser-
skorpion
Wasser-
läufer
Ruderwanze

Krebse

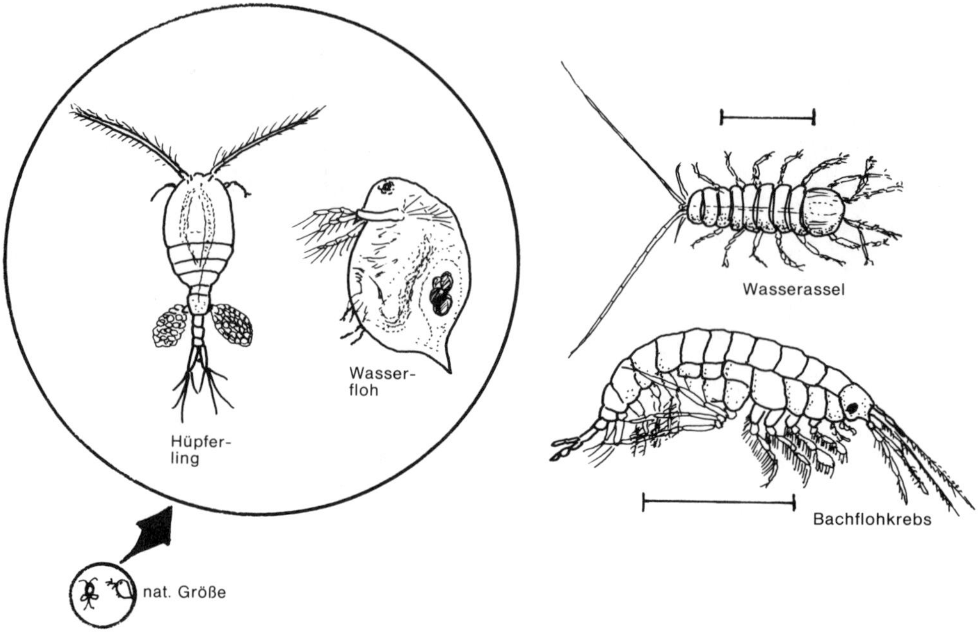

Spinnentiere

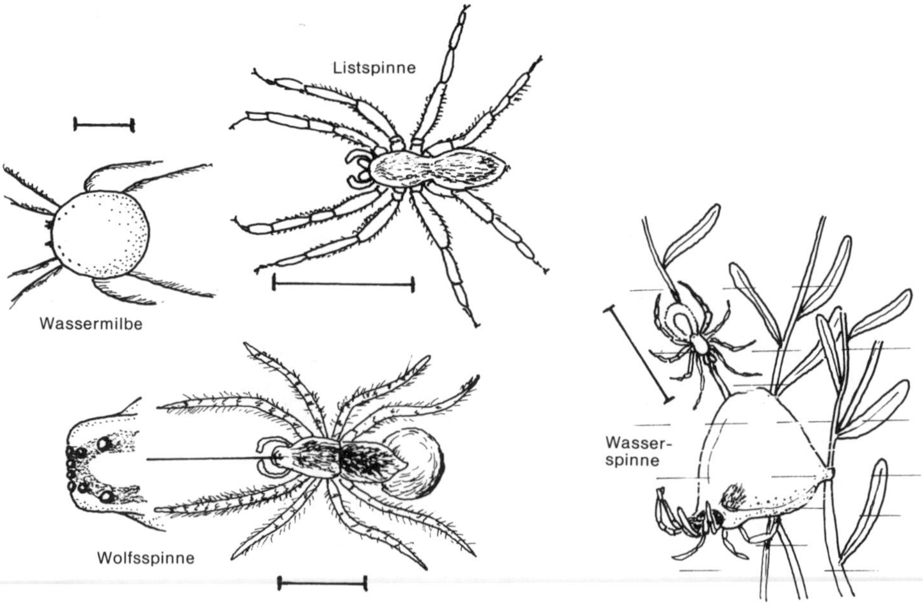

Libellen- und andere Insektenlarven, Teichläufer

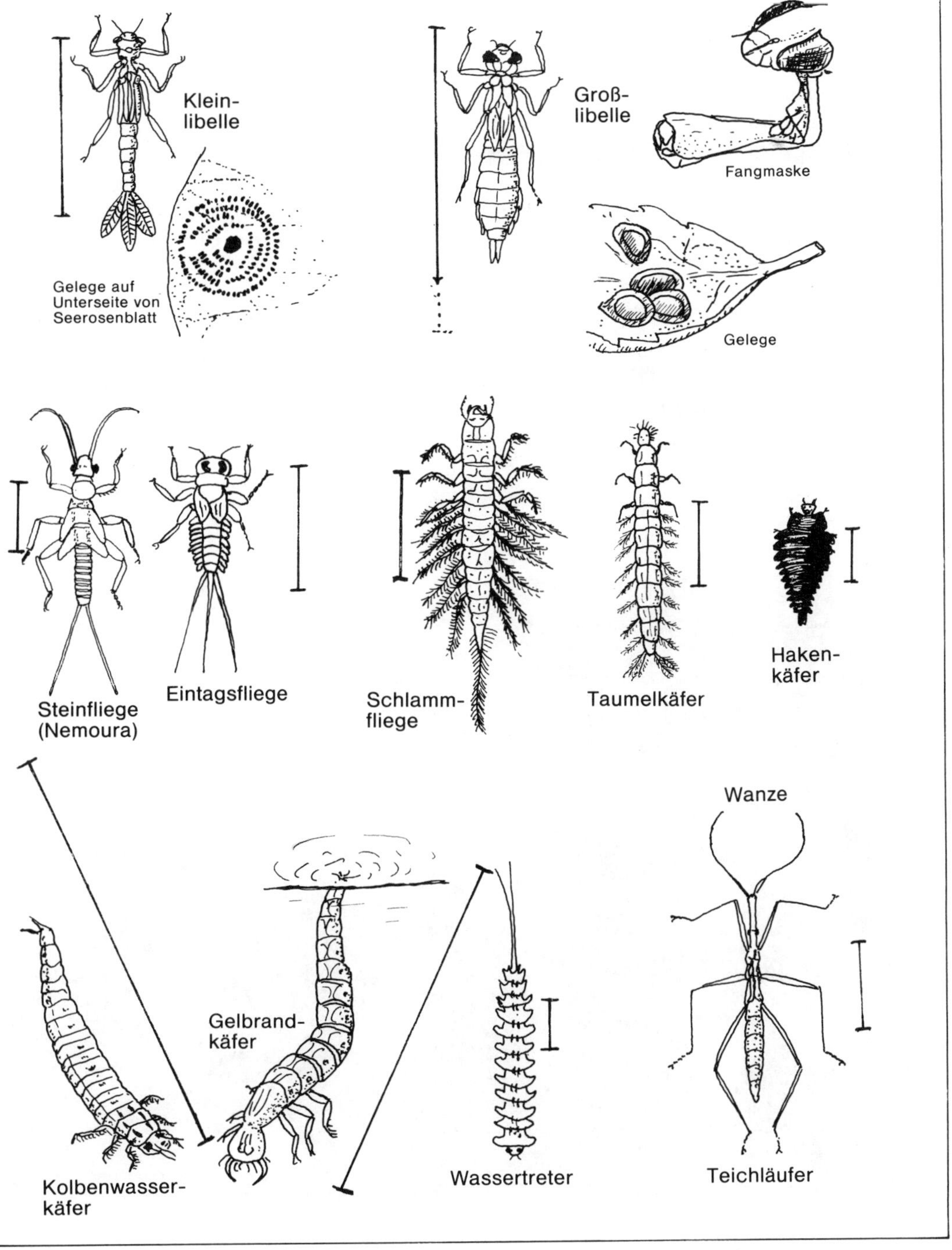

Atmung von Wassertieren

Viele Wassertiere »atmen Wasser ein« wie Landtiere Luft einatmen. Dies kann man mit Hilfe von Farbstofflösungen sichtbar machen.

Ort:	Jahreszeit:	Gruppengröße:	Alter:	Zeitbedarf:
Ufer von Gewässern	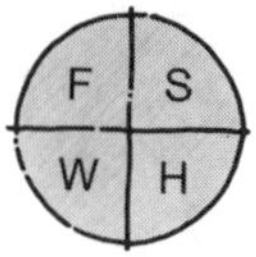	15 bis 20	ab 10 Jahren	45 bis 60 Minuten

Was man wissen sollte

Genauso wie die Luft enthält auch das Wasser - gelöst - Sauerstoff. Selbst mit Sauerstoff gesättigtes Wasser enthält allerdings nur 1/20 bis 1/30 der Sauerstoffmenge der Luft. Dabei nimmt der Sauerstoffgehalt mit steigender Temperatur ab. Gleichzeitig erhöht sich aber mit steigender Temperatur der Sauerstoffverbrauch der im Wasser lebenden Tiere. Die Sauerstoffversorgung wird damit vor allem im Sommer bei hohen Wassertemperaturen schwierig. Ein weiteres Problem für die Wasseratmer ist die geringe Diffusionsgeschwindigkeit der im Wasser gelösten Gase (etwa um den Wert 10000 geringer als in der Luft). Dies bedeutet, daß ein ständiger Austausch der Wasserhülle um das Atmungsorgan erforderlich ist.
Bei Luftatmern müssen die Atmungsorgane vor allem vor Austrocknung geschützt werden. In der Regel handelt es sich um Körpereinstülpungen wie Lungen und Tracheen. Für die Anfeuchtung der atmungsaktiven Oberflächen sorgen besondere Schleimhäute. Wassertiere brauchen ihre Körperoberfläche natürlich nicht feucht zu halten, und bei kleineren Wassertieren kann die Hautoberfläche selbst schon als Atmungsorgan ausreichend sein (viele Insektenlarven, Bachröhrenwürmer). Größere Tiere besitzen in der Regel besondere reich durchblutete Körperausstülpungen - Kiemen -, durch welche die atmende Oberfläche vergrößert wird. Zum Teil sind diese Kiemen dann als Schutz vor Verletzungen wieder in Körperhöhlen eingesenkt (z.B. ältere Kaulquappen, Fische). Bei schnell schwimmenden Tieren hat dies auch den Vorteil, daß der Wasserwiderstand durch äußere Kiemen entfällt. Bei Stillwassertieren ist es wichtig, daß das die Kiemen umgebende Wasser dauernd erneuert wird. Deshalb muß ein Atemwasserstrom erzeugt werden, der einen erheblichen Energieaufwand bedeuten kann (Fische verbrauchen in der Ruhe 20-40% des aufgenommenen Sauerstoffs allein für die Atembewegung, der Mensch nur 1-3%). Es ist deshalb nicht verwunderlich, daß bei vielen Stillwassertieren die Ventilationsbewegung gleich mit anderen Nutzungen gekoppelt ist. Zum Teil dient die Ortsveränderung zugleich dem Wasseraustausch, etwa bei der Molchlarve. Bei anderen Tieren sind die Kiemen zugleich Nahrungsfilter, das Atemwasser zugleich also der Nahrungsmittelstrom (Muscheln). Zum Teil ist das Atemwasser zum Rückstoßschwimmen nutzbar (Großlibellenlarven), oder die Atemorgane sind zugleich Ruderblättchen (Kleinlibellenlarven).
An den kleinen Tierarten eines Tümpels können die meisten verschiedenen Typen von Atmungsverfahren beobachtet werden: Fische (z.B. Stichlinge) und Kaulquappen erzeugen einen Atemstrom, indem sie durch das Maul Wasser aufnehmen und durch die Kiemenspalten wieder abgeben. Großlibellenlarven atmen, indem sie in den Enddarm Wasser aufnehmen und wieder ausstoßen. Eintagsfliegenlarven besitzen seitliche Kiemenblättchen, die in ständiger Bewegung sind und dadurch einen Wasserstrom erzeugen. Kleinlibellenlarven besitzen solche Kiemenblättchen als federartige Ruderfortsätze am Ende des Hinterleibes. Wasserflöhe erzeugen mit ihren Ruderbeinen einen Wasserstrom durch die beiden Klappen des Brustpanzers, der einmal der Atmung, zum anderen dem Heranspülen von kleinen Nahrungspartikeln dient. Bachröhrenwürmer führen mit dem oberen Teil ihres Körpers ständig schlängelnde Bewegungen aus, um ihrem Körper neues, sauerstoffreicheres Wasser zuführen zu können.
(Abbildungen von Wassertieren siehe die Aktivität »Fortbewegung von Wassertieren«).

Was man braucht

Für jeden Teilnehmer:

1 Bestimmungshilfe (s. S. 147ff)
1 kleines Tropffläschchen (z.B. von Nasen-

oder Ohrentropfen) mit Methylenblau-Lösung (1%ig)
1 helle Beobachtungsschale (z.B. gut ausgespülter Milchkarton, bei dem eine Flachseite abgeschnitten wurde)
evtl. Lupe oder Binokular

Für die ganze Gruppe:

1 großer Eimer mit frischem Wasser des Standorts
1 Sammlung häufiger Wassertiere
3–4 Fangnetze, Löffel und durchsichtige Plastikbecher, um Wassertiere zu fangen und von den verschiedenen Behältern umzusetzen.

Was man vorbereiten und bedenken muß

Die Aktivität kann in zwei Teile aufgeteilt werden. Im ersten Teil sollen die Teilnehmer möglichst viele verschiedene Wassertiere fangen, im zweiten sollen sie dann einzelne dieser Tiere beobachten, um festzustellen, wie sie das Atemproblem lösen. Der erste Teil kann jedoch auch entfallen, wenn Sie selbst vorher die Wassertiere fangen und für die Untersuchung bereitstellen. Stellen Sie vor Beginn eine 1%ige Methylenblau-Lösung her, und verdünnen Sie diese Lösung mit Wasser des Standortes 1:1, bevor Sie die Tropffläschchen abfüllen.
Bereiten Sie die Kopien der Bestimmungshilfen vor.

Es geht los!

1. Erzählen Sie den Teilnehmern, daß im Wasser von Teichen und anderen Gewässern Luft enthalten ist, die man aber nicht sieht (Vergleich mit verschlossener Sprudelflasche). Viele Wassertiere müssen Wasser aus- und einatmen oder müssen andere Arten von Wasserströmung erzeugen, um atmen zu können.
2. Zeigen Sie, wie man solche Strömungen, die von Wassertieren erzeugt werden, mit Hilfe von Farbstofflösungen sichtbar machen kann. Verwenden Sie dazu den Tropfer des Tropffläschchens und ein größeres Wassertier, bei dem man die Strömung gut erkennen kann. (Wenn Sie auf die Geländeübung im Klassenraum vorbereiten, so können Sie hierzu sehr gut den Tageslicht-Projektor einsetzen. In einer großen Petrischale wird eine Libellenlarve oder eine Kaulquappe auf die Projektionsfläche des Tageslichtprojektors gebracht. Nun kann die ganze Klasse sehr gut verfolgen, wie der Färbeversuch mit der Tropfpipette durchgeführt wird).
3. Weisen Sie besonders darauf hin, daß man die Öffnung der Tropfpipette möglichst dicht an die Stelle bringen muß, an der das Wasser vom Tier bewegt wird, bevor man das Gummihütchen drückt.
4. Lassen Sie jeden Teilnehmer ein Tier auswählen, das er gerne beobachten möchte. Geben Sie ihm das Tier in der Beobachtungsschale und eine Tropfpipette, eventuell zusätzlich eine Lupe oder ein Binokular.
5. Sagen Sie nun, daß jeder Teilnehmer zunächst sein Tier sorgfältig beobachten soll. Wenn er dann eine Vermutung hat, wie das Tier atmet oder welche Atemströme von dem Tier erzeugt werden, soll er versuchen, mit Hilfe der Farblösung diese Vermutung zu bestätigen.
6. Wenn die Beobachtungsschalen zu stark angefärbt sind, muß das Wasser ausgetauscht werden. Verwenden Sie hierzu ein kleines Netz oder ein Teesieb, um zu verhindern, daß beim Wegschütten des Wassers die Tiere mit weggeschüttet werden. Am einfachsten ist es, einige Beobachtungsbehälter mit frischem Wasser in Reserve zu halten und die Tiere mit einem Löffel oder einem Netz umzusetzen. Sie können dann die alten Gefäße ausschütten und mit neuem Wasser füllen, um so neue Reservebehälter zu haben.
7. Ermuntern Sie die Teilnehmer, mehr als

eine Tierart zu untersuchen. Eventuell können Teilnehmer, die frühzeitig mit ihren Beobachtungen fertig geworden sind, mit Netzen selbst auf Tierfang geschickt werden.

Gedankenaustausch über Wasseraustausch

Nach etwa 30 Minuten Beobachtungszeit versammeln Sie die Teilnehmer und versuchen Sie, die Ergebnisse zu besprechen. Folgende Fragen könnten angesprochen werden:
- Welche Tiere atmen Wasser ein?
- Gibt es Tiere, die dieses Atemwasser nicht durch den Mund aufnehmen, sondern durch andere Körperöffnungen?
- Wird das Wasser durch dieselbe Öffnung aufgenommen, durch die es auch wieder abgegeben wird?
- Welche Rolle können Körperbewegungen bei der Atmung spielen? (Bachröhrenwurm!)
- Gibt es auch Wassertiere, die Luft atmen? Wie machen sie das?
- Welche besonderen Einrichtungen müßten wir Menschen haben, um unter Wasser leben zu können?

Diese Übung eignet sich gut in Verbindung oder im Anschluß an »Fortbewegung von Wassertieren«.

Literatur

Schmidt, E.: Ökosystem See. Biologische Arbeitsbücher 12. Quelle & Meyer, 3. Aufl., 1979.

Engelhardt, W.: Was lebt in Tümpel, Bach und Weiher? Franckh, Stuttgart, 1983.

Wasservögel an Binnengewässern

Wir lernen Schwimmenten von Tauchenten und Bläßrallen von Haubentauchern und Möwen zu unterscheiden und achten auf ihre kennzeichnenden Verhaltensweisen.

Ort:

Teich,
See,
Stauwehr,
Altwasser
eines Flusses

Jahreszeit:

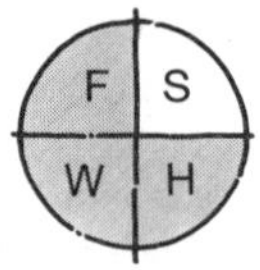

Gruppengröße:

bis 15

Alter:

ab 10 Jahren

Zeitbedarf:

60 bis
90 Minuten

Was man wissen sollte

Wasservögel schwimmen meist auf der freien Wasserfläche, so daß man sie leicht beobachten kann. Da sie ziemlich ortstreu sind, kann man davon ausgehen, daß man Vögel, die man in größerer Anzahl an einer bestimmten Stelle gesehen hat, ein paar Tage später dort wieder antrifft. Es ist ratsam, die Vorbegehung etwa zur selben Tageszeit zu machen, wie die geplante Freilandveranstaltung, da Enten zum Teil Futterflüge unternehmen und manchmal erst am Abend an einer bestimmten Stelle einfallen.
Viele Wasservögel kann man an ihrer Gestalt und Färbung ebenso wie an ihrem Verhalten erkennen. So unterscheidet sich z. B. die Gruppe der Tauchenten von der der Schwimmenten sowohl in ihrer Gestalt als auch in ihrem Verhalten. Meist ist es schwieriger, innerhalb der Gruppe der Tauchenten bzw. Schwimmenten die einzelnen Arten zu unterscheiden, besonders wenn es sich um die unscheinbar gefärbten Weibchen oder um Jungvögel handelt. Bläßralle, Haubentaucher und Möwen unterscheiden sich in jeder Hinsicht gut voneinander.

Schwimmenten - Tauchenten

Die Schwimmenten liegen verhältnismäßig flach auf dem Wasser. Der Schwanz wird hoch getragen und ist deutlich zu sehen. Alle Schwimmenten gründeln gerne im flachen Wasser und suchen dort nach Wasserinsekten und Wasserpflanzen. Sie tauchen nur selten. Besonders auffällig ist, daß sie ohne Anlauf sofort von der Wasserfläche auffliegen. Die häufigste Schwimmente ist die Stockente, die man das ganze Jahr über an stehenden und langsam fließenden Gewässern antreffen kann.
Die Tauchenten liegen tief im Wasser. Sie tragen den Schwanz tief, so daß er nicht so deutlich zu sehen ist wie bei den Schwimmenten. Sie gründeln nicht, sondern tauchen im tiefen Wasser und schwimmen unter Wasser. Sie holen sich Muscheln, Schnecken, Wasserinsekten und auch einige Wasserpflanzen aus Tiefen zwischen 2 und 15 Metern herauf. Vor dem Auffliegen laufen sie flügelschlagend über das Wasser und erheben sich erst dann in die Luft. – Im Winter sind im Binnenland vor allem Reiher- und Tafelenten zu beobachten.

Die Bläßralle

Bläßrallen liegen etwa so tief im Wasser wie die Tauchenten. Sie unterscheiden sich jedoch von allen Enten durch den kleinen Kopf, der ruckartig bewegt wird. Sie halten sich sowohl in Ufernähe als auch auf dem freien Wasser auf und tauchen gerne. Vor dem Auffliegen laufen die Bläßrallen laut klatschend über das Wasser. Aus der Nähe sind die Bläßrallen leicht zu erkennen. Sie sind schieferschwarz gefärbt und durch die weiße Stirn und den weißen Schnabel eindeutig gekennzeichnet.
Bläßrallen – auch Bläßhühner genannt – kommen bei uns das ganze Jahr über an bewachsenen Binnengewässern in Ufernähe vor. Der Name Bläßhuhn ist irreführend, denn die Bläßhühner sind nicht mit den Hühnern verwandt, sondern mit den Rallen.

Der Haubentaucher

Der Haubentaucher ist noch extremer an das Leben auf dem Wasser angepaßt als die Enten. Der Körper liegt tief im Wasser und erscheint »schwanzlos«. Dadurch unterscheidet er sich von allen Enten. Der Hals ist lang und schlank und wird senkrecht gehalten. Im Brutkleid ist die rotbraunschwarze Krause an den beiden Kopfseiten besonders auffallend. Haubentaucher tauchen sehr gewandt und fangen unter Wasser kleine Fische, aber auch Wasserinsekten, Molche und Frösche. Nur ungern fliegen Haubentaucher; bei Gefahr tauchen sie blitzartig weg und kommen an einer weit entfernten Stelle wieder zum Vorschein.
Haubentaucher kommen auf fast allen größeren Weihern und Seen das ganze Jahr über

vor. Sehr ausgeprägt ist ihr Balzverhalten, das sie im Frühjahr zeigen. In abgeschwächter Form kann man es bis in den Winter als sogenannte »Herbstbalz« beobachten.

Die Lachmöwe

Die Lachmöwe hält sich nicht so viel im Wasser auf wie die anderen hier beschriebenen Wasservögel. Sie fliegt häufig mit raschem Flügelschlag über die Wasseroberfläche und segelt an Klippen und Steilküsten sehr gut. Weitab von Gewässern ziehen Lachmöwen hinter dem Pflug her und suchen nach Würmern, nach Insekten und Schnecken. An Hafenanlagen sieht man sie oft auf Pollern, Kaimauern und Brückengeländern sitzen. Zuweilen lassen sie sich auch auf das Wasser nieder.
Schwimmende Möwen liegen flach auf dem Wasser. Im Vergleich zu den Enten ist der Kopf klein und der Hals kurz. Der Körper ist schlanker als der der Enten. Die spitzen Flügel ragen deutlich an beiden Seiten hervor. Möwen gründeln und tauchen nie.
Die Lachmöwen sind sehr unterschiedlich gefärbt, so daß man oft glaubt, verschiedene Arten vor sich zu haben. Im Brutkleid haben die Lachmöwen einen braun-schwarzen Kopf. Nach der Brutzeit erscheint das Ruhekleid: der Kopf ist weiß und hat nur einen kleinen dunklen Fleck in der Ohrgegend. Die Jungmöwen sind braun gefärbt. Erst im zweiten Jahr sind sie voll ausgefärbt.
Die Lachmöwe ist die häufigste Möwe unserer Binnengewässer. Im Winter kommt sie auch in die Städte.

Was man braucht

Für jeden Teilnehmer:

Aktionskarte 1, 2
Bleistift
(Fernglas, wenn möglich)

Für die Gruppe:

1 bis 3 Vogelbestimmungsbücher
stark vergrößerndes Fernrohr (25× bis 30×) auf Stativ, wenn möglich

Was man vorbereiten und bedenken muß

Das Beobachtungsgebiet

Wählen Sie eine Wasserfläche aus, die man möglichst von einem Weg, Steg, Damm oder einer Brücke aus gut übersehen kann. Ideal ist ein Beobachtungsturm, wie er an manchen Gewässern aufgebaut ist. Suchen Sie einen Beobachtungsplatz aus, von dem aus die Vögel möglichst wenig beunruhigt werden. Wählen Sie den Beobachtungsplatz so, daß Sie mit der Gruppe erhöht stehen und die Sonne im Rücken haben, so daß die Vögel gut beleuchtet sind. Im Gegenlicht kann man die Farben nur schwer erkennen.
Da Wasservögel meist ortstreu sind, können Sie sich bei einer Vorbegehung über die zu erwartenden Vögel orientieren. Denken Sie daran, die Vorbegehung etwa zur selben Tageszeit zu machen, zu der Sie die Aktivität planen, da z.B. die Enten im Verlaufe eines Tages zwischen Rast- und Futterplatz wechseln.

Vogelschutz

Bahnen Sie sich auf keinen Fall einen Weg durch das Röhricht bis zu einer Wasserfläche. Vogelbrutgebiete dürfen im Frühjahr und Sommer nicht betreten werden.

Jahreszeit

Im Sommer trifft man nur wenige Schwimmenten (vor allem Stockenten) und fast keine Tauchenten auf den Binnengewässern an. Jedoch sind viele Teiche, Seen und aufgestaute Flüsse Überwinterungsgebiete von Tausenden nordischer Enten und anderer

Aktionskarte Vögel an Binnengewässern

Name: .... Ort: .... Datum: ....

Wetter: ....

Schwimmenten

Tauchenten

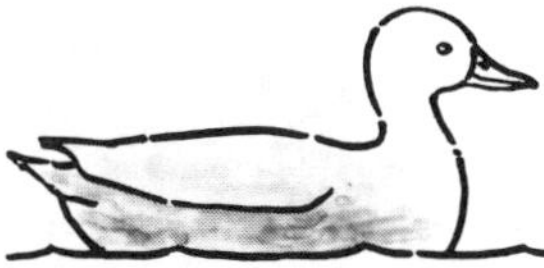

liegt hoch im Wasser

Schwanz hoch

liegt tief im Wasser

Schwanz tief

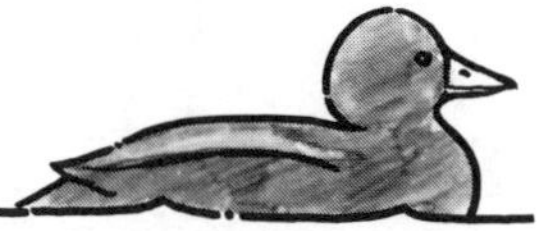

löst sich mit einem Schlag vom Wasser

läuft vor dem Start flügelschlagend über das Wasser

gründelt im flachen Wasser

taucht im tiefen Wasser

beobachtete Arten:

....

....

....

weitere Beobachtungen:

....

....

....

Aktionskarte Vögel an Binnengewässern

Name: .... Ort: .... Datum: ....

Wetter: ....

Haubentaucher

im Sommer mit Haube

Hals lang, geht senkrecht nach oben

liegt tief im Wasser „schwanzlos“

im Winter ohne Haube

Balzverhalten

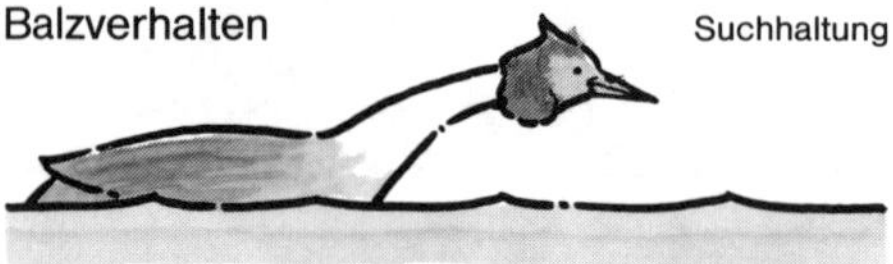

Suchhaltung

Kopfschüttel-bewegung

Gespensthaltung (steil auftauchen)

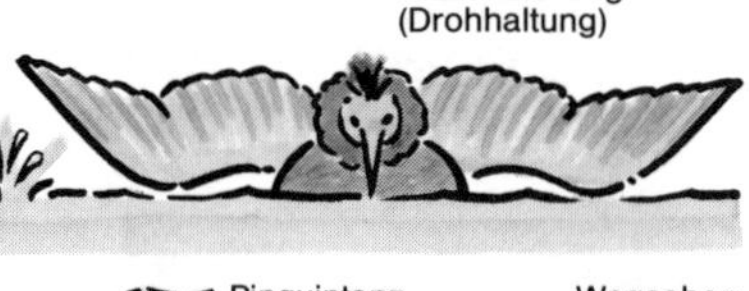

Katzenstellung (Drohhaltung)

Pinguintanz. Präsentieren von Wasser-pflanzen

Wegsehen

Bläßhuhn

weißer Schnabel
weiße Bläße
nickt mit dem Kopf
Kopf klein

liegt tief im Wasser

läuft beim Start klatschend übers Wasser

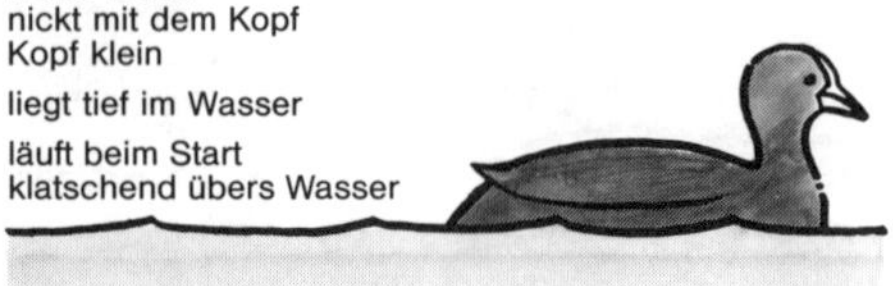

Lachmöve (im Brutkleid)

liegt sehr flach im Wasser

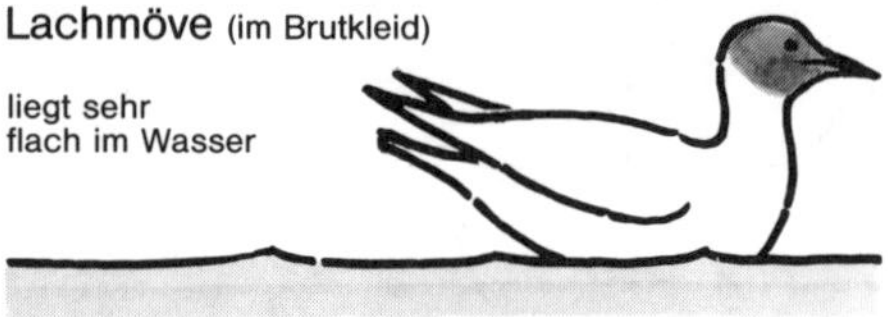

Drohhaltung

Schwebflug

eigene Beobachtungen:

....

....

....

....

....

....

Wasservögel, so daß sich die Beobachtung in der Zeit von September bis März besonders lohnen kann. Denken Sie daran, daß man bei Vogelbeobachtungen viel steht und sehr kalt werden kann, wenn man nicht warm angezogen ist und feste, wasserdichte Schuhe mit dicken Socken anhat. Einen Regenschutz sollte man nicht vergessen. Vervielfältigen Sie die Aktionskarten.

Es geht los!

1. Erklären Sie den Teilnehmern, daß wir heute wildlebende Tiere beobachten werden. Dies gelingt um so besser, je weniger wir von den Tieren bemerkt werden und sie beunruhigen.
2. Weisen Sie ausdrücklich auf gefährliche Stellen hin (z.B. Brücken, abschüssige betonierte Ufer bei Stauwehren und Kanälen). Machen Sie deutlich, daß wir uns auf keinen Fall einen Weg durch das Schilf bahnen.
3. Nähern Sie sich den Vögeln nur so weit, daß sie nicht beunruhigt werden. Die Fluchtdistanz ist sehr unterschiedlich. Wird in einem Gebiet nicht gejagt, dann kann man sich Enten auf 20 bis 30 Meter nähern. Ist die Jagd eröffnet, dann kann die Fluchtdistanz bei 50 bis 100 Metern liegen. Die Enten fliegen dann auf, wenn man stehenbleibt.
4. Zu einer Beobachtung gehört, daß man sich den Ort und das Datum notiert. Teilen Sie die Aktionskarten aus und lassen Sie Ort, Datum, Zeit und Wetter eintragen.
5. Sagen Sie den Teilnehmern, daß sie versuchen sollen, mit Hilfe der Aktionskarten einige Vögel anzusprechen. Sowohl das Aussehen als auch das Verhalten sind gute Kennzeichen für ein Tier. Geben Sie der Gruppe 5 bis 10 Minuten Zeit für ihre ersten Beobachtungen.
   (Verschaffen Sie sich in der Zwischenzeit einen Überblick über die Vögel, die im Augenblick zu beobachten sind. Sollten Sie ein stark vergrößerndes Fernglas besitzen, dann stellen Sie es ein, so daß Sie anschließend die Vögel vorführen können).
6. Lassen Sie die Teilnehmer von ihren ersten Beobachtungen berichten. Gehen Sie die Aktionskarte durch und zeigen Sie einige typische Schwimm- und Tauchenten im Vergleich zu den andern Wasservögeln. (Wenn möglich starkes Fernrohr!) Teilen Sie die Bestimmungsbücher aus und versuchen Sie, die Entenarten zu bestimmen. Tragen Sie die Namen der gesehenen Vögel in die Aktionskarten ein.
7. Haben Sie ein Auge und Ohr für alles, was um Sie herum vor sich geht. Sollte z.B. eine Ringelnatter durchs Wasser schwimmen oder gar einen Frosch hinunterwürgen, dann gehen Sie von Ihrem Programm ab und nutzen Sie die Gunst der Stunde.
8. Wechseln Sie den Standort und lassen Sie die Teilnehmer die Vögel, die sie jetzt sehen, ansprechen.

Offene Fragen

- Wie finden die Enten den Weg von ihren Brutplätzen in der Sowjetunion oder Schweden zu uns und wieder zurück?
- Warum frieren die Enten nicht an den Füßen?
- Was können wir für unsere Wasservögel tun? Schau Dir dazu das Gewässer an, an dem Du gerade bist. Bietet es Nistplätze und Futter für die Vögel?

Was man noch tun kann

Wie benutzt man ein Fernglas

Häufig erlebt man, daß Ferngläser nicht richtig eingestellt sind und bei der Vogelbeobachtung ungeschickt gehandhabt werden.

Deshalb kann eine kurze Anleitung nützlich sein.

1. Einstellen auf den Augenabstand:
   Der Mittelsteg des Fernglases ist beweglich. Er wird so weit abgeknickt, daß die beiden Okulare vor die Augen kommen und man bequem durch das Glas hindurchsehen kann. Es muß ein einziges rundes Bild entstehen und nicht zwei mehr oder weniger verschobene Bilder.
2. Einstellen auf die beiden Augen:
   Die beiden Okulare sind verschieden gebaut. Das linke ist fest, das rechte kann verstellt werden. Dadurch kann eine unterschiedliche Brechkraft der beiden Augen ausgeglichen werden. Fassen Sie mit dem Fernglas z. B. einen Pfosten im Abstand von 10 bis 15 Metern ins Auge. Schließen Sie dann das *rechte* Auge und stellen Sie den Pfosten für das *linke* Auge scharf ein, indem Sie am Mitteltrieb drehen. Ist dies geschehen, dann schließen Sie das linke Auge und stellen Sie für das *rechte* Auge den Pfosten scharf ein, indem Sie das rechte Okular verstellen. Ist Ihnen dies gelungen, dann öffnen Sie beide Augen. Sie sehen jetzt den Pfosten scharf abgebildet.
   Haben die beiden Augen die gleiche Brechkraft, dann steht die Markierung des rechten Okulars auf 0 (auch wenn Sie eine Brille tragen!). Unterscheiden sich beide Augen, dann steht die Markierung 1 bis 3 Striche links (+) oder rechts (–) von der Nullmarke. Wenn Sie sich den Betrag merken, dann brauchen Sie nicht jedesmal von neuem einzustellen. (Bei Ihrem eigenen Fernglas ist ein Verstellen sowieso nicht notwendig.)
3. Einstellen auf einen Vogel:
   Fassen Sie den Vogel fest ins Auge und nehmen Sie dann das Glas hoch. Sie brauchen jetzt nur noch am Mitteltrieb zu drehen und scharf zu stellen und haben dann den Vogel mitten im Gesichtsfeld. Setzt man umgekehrt zuerst das Fernglas an und sucht dann im Gelände nach dem Vogel herum, dann braucht man viel zuviel Zeit, bis man ihn gefunden hat, da das Fernglas nur ein enges Gesichtsfeld besitzt. Üben Sie ein paarmal, schnell einen Ast, einen Pfahl oder einen andern Gegenstand im Fernglas zu finden und scharf einzustellen.

Literatur

Heinzel, H., Fitter, R., Parslow, J.: Pareys Vogelbuch. Parey, Hamburg, 1983.

Bruun, B., Singer, A., König, C.: Der Kosmos-Vogelführer. Franckh, Stuttgart, 1982.

Peterson, R. T., Mountfort, G., Hollom, P. I. A.: Die Vögel Europas. Parey, Hamburg, 1984.

Haymann, P.: Vögel, Hallwag, Bern, 1980.

Kartieren eines Kleingewässers

Die genaue Beobachtung,
die für das Kartieren des Pflanzenbestandes eines Kleingewässers notwendig ist,
hilft, diesen Biotop besser kennenzulernen.

Ort:

Klein-
gewässer

Jahreszeit:

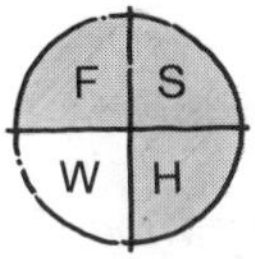

Gruppen-größe:

bis 25

Alter:

ab 12 Jahren

Zeitbedarf:

60 bis
90 Minuten

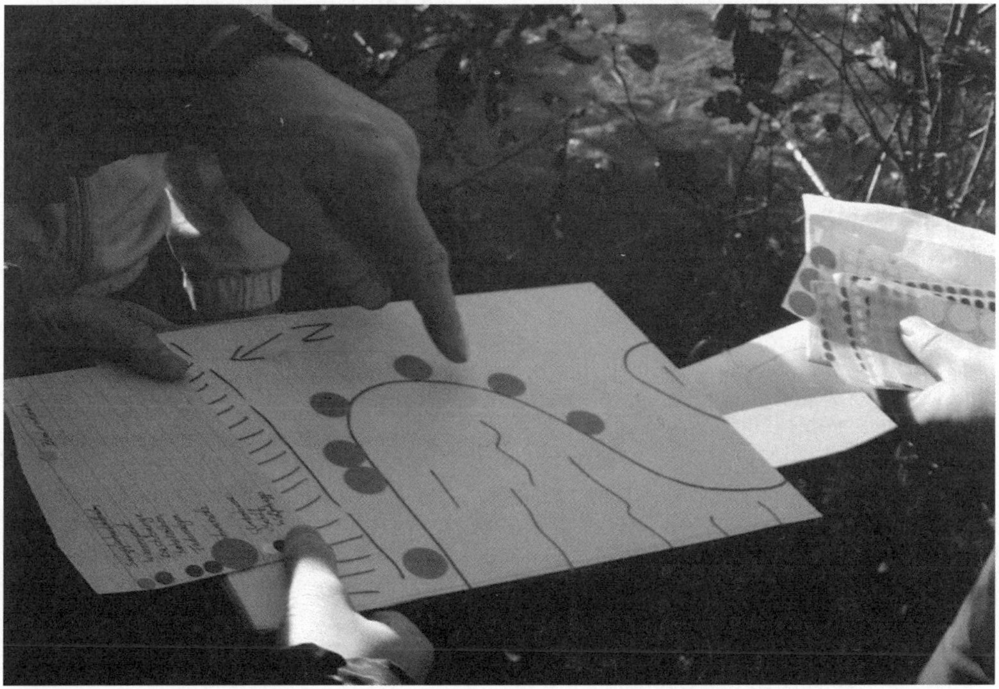

Was man wissen sollte

Stehende Gewässer sind in sich abgeschlossen und klar umgrenzt, weshalb sie zu den ersten gut untersuchten Ökosystemen gehörten. JUNGES »Dorfteich« war der erste Versuch, ökologische Inhalte in den Biologieunterricht der Schulen einzuführen. Heute sind vor allem die kleinen Gewässer in unserer Landschaft eine Seltenheit geworden. Der starke Artenrückgang – insbesondere der Amphibien, aber auch vieler Wasserinsekten – hängt damit zusammen, und indirekt betrifft dies wieder zahlreiche andere Wildtiere, wie etwa die Störche.
Ein erster Schritt zu einem besseren Schutz dieser Biotope ist jedoch ihre bessere Kenntnis. Viele Lehrpläne tragen dem Rechnung, wenn sie Binnengewässer in der siebten oder achten Klasse als Unterrichtsthema vorschreiben. Das Kartieren der Pflanzenbestände eines Kleingewässers ist eine gute Möglichkeit, um durch genaue Beobachtung ökologische Zusammenhänge zu erkennen, ein erstes Verständnis für das Beziehungsgefüge dieses Biotops zu gewinnen. Dabei ist es durchaus begrüßenswert, wenn das zu untersuchende Gewässer nicht optimal entwickelt ist, sondern deutlich verschiedene Störungen und nachteilige Umwelteinflüsse erkennen läßt (z.B. Zerstörung der Ufervegetation durch Vieh, befestigte Steilufer ohne Pflanzen, wie sie für viele Regenrückhaltebecken typisch sind, Einfluß von Abwässern oder Viehdung).
Die Pflanzenbestände eines Gewässers eignen sich gut für eine einfache Kartierübung, da sie in der Regel eine sehr charakteristische Abfolge von Pflanzenarten zeigen. Für biologische Geländearbeit ist der aktive und passive Umgang mit Kartenmaterial eine wichtige Voraussetzung. Aber auch Wanderern und Spaziergängern bringt es Vorteile, wenn sie eine Karte richtig lesen und verstehen können. Ein solches Verständnis soll bei den Teilnehmern dadurch erreicht werden, daß sie selbst versuchen, eine Karte herzustellen. Der Anspruch auf Genauigkeit und Maßstabstreue sollte sich dabei nach der Altersgruppe richten. Die kartierten Gegenstände müssen nicht unbedingt genau vermessen werden, ihre Lage kann geschätzt werden. Gut ist es in jedem Fall, wenn eine möglichst exakte Grundlagenkarte vorliegt, die den Umriß des Gewässers und eventuell einige weitere markante Punkte wie große Bäume, Wege, Zu- und Abflüsse usw. zeigt. In diese Grundlagenkarten sollen die Pflanzenarten bzw. Pflanzentypen eingetragen werden. Hierzu werden als Signatur farbige Klebepunkte verwendet. Dadurch kann gewährleistet werden, daß auch von Anfängern eine übersichtliche Karte angefertigt werden kann.

Was man braucht

Für jede Teilgruppe (3–4 Teilnehmer):

ca. 2 m selbstklebende Klarsichtfolie
1 auf Pappe oder Styropor aufgezogenes Teilstück der Übersichtskarte
1 Kopie der Gesamtkarte, in der das Teilstück eingetragen ist (DIN A4)
1 Schachtel mit Haftetiketten in verschiedenen Farben und Formen (die Zahl der notwendigen Farben und Formen richtet sich nach der Zahl der zu kartierenden Pflanzenarten oder Pflanzentypen. Für Bäume braucht man weniger Punkte als für Kräuter)
1 Filzschreiber
1 Maßstabsskala aus Pappe
2 Markierungsfähnchen (Holzstäbe und Karteikarten)

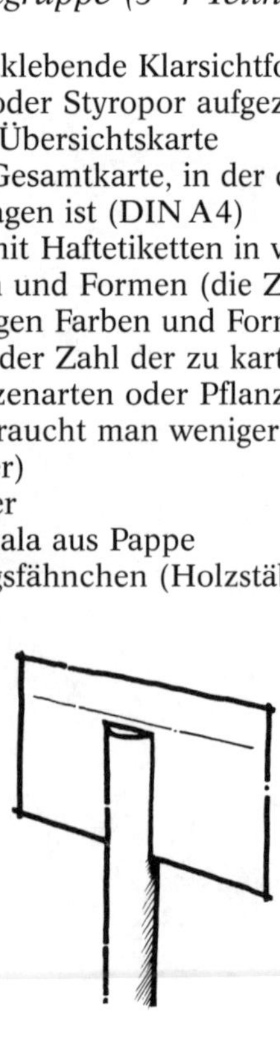

Für die ganze Gruppe:

1 Anschlagbrett (so groß, daß alle Teilkarten daraufpassen)
1 Schachtel mit verschiedenen Haftetiketten
1 Rolle Doppelklebeband
1 Filzschreiber
Tabletts

Was man vorbereiten und bedenken muß

Eventuell muß zunächst die Erlaubnis eingeholt werden, an dem Gewässer zu arbeiten. Dann sollte sich der Leiter vor Ort mit den Besonderheiten des Untersuchungsgebietes vertraut machen. Er muß eine Übersichtskarte anfertigen oder sich beschaffen, auf der wenigstens die Umrisse des Gewässers zu erkennen sind. Als Grundlage kann eine Katasterplankarte oder ein Bauplan dienen.
Die fertige Karte wird in so viele Teilstücke zerschnitten, wie nachher Teilgruppen kartieren sollen. Die Teilstücke werden dann auf Pappe oder Styropor aufgeklebt und mit einer selbstklebenden Klarsichtfolie überzogen. Außerdem sollte für jede Gruppe eine Übersichtskarte (DIN A4) vorbereitet werden, auf der das zu bearbeitende Teilstück eingetragen ist.
Steht mehr Zeit zur Verfügung (Projektwoche o.ä.), so kann die Übersichtskarte auch von der ganzen Gruppe gemeinsam erarbeitet werden. In diesem Falle sollte man von vornherein die Möglichkeit der mehrfachen Korrektur während der Erarbeitung einplanen (z.B. Zeichnen mit wasserfesten Folienschreibern auf Klarsichtfolie, Fehler können dann mit Spiritus korrigiert werden).
Für jede Teilgruppe sollte wenigstens ein Uferstreifen von 10 m zur Verfügung stehen. Doch richtet sich die Größe der Teilgebiete sowohl nach dem Biotop, der Komplexität der vorkommenden Zonierungen und Strukturen, als auch nach der zur Verfügung stehenden Zeit. Auf jede Teilkarte sollte mit Hilfe eines Kompasses oder einer Uhr ein Nordpfeil eingetragen werden. Außerdem wird für jede Gruppe eine Maßstabsskala aus Pappe angefertigt.

Es geht los!

1. Erklären Sie den Teilnehmern, daß sie herausfinden sollen, welche Pflanzen in dem Gewässer wachsen und wie sie sich um das Gewässer verteilen. Zunächst sollen die Teilnehmer die verschiedenen Pflanzenarten suchen und kennenlernen, in einem zweiten Schritt sollen diese Pflanzenarten dann kartiert werden.
2. Bilden Sie Arbeitsgruppen aus 3–4 Teilnehmern.
3. Geben Sie den Arbeitsgruppen den Auftrag, möglichst viele verschiedene Pflanzenarten zu sammeln und auf ausliegenden Tabletts artenweise zu sortieren. Wichtig ist dabei, daß dieselben Arten, die von den verschiedenen Gruppen gesammelt wurden, immer auf dasselbe Tablett gelegt werden. Geben Sie für diese Bestandsaufnahme etwa 10 Min. Zeit.
4. Je nach der zur Verfügung stehenden Zeit können die Namen der auf Tabletts geordneten Arten von den Teilnehmern selbst mit Hilfe von Bestimmungsbüchern oder -schlüsseln bestimmt oder vom Leiter genannt werden.
5. Nun wird gemeinsam eine Legende für die Karte erarbeitet. Für etwa 10 ausgewählte Pflanzenarten oder Artengruppen – z.B. Seggen, Binsen, Tauchblattpflanzen – wird eine bestimmte Signatur festgelegt. Die Teilgruppen erhalten hierzu eine Karteikarte (DIN A6) und Klebepunkte. Es können auch Zeichen für Müll, Plastiktüten o.ä. vereinbart werden.
6. Wenn jede Gruppe ihre Legende fertig hat, werden die Übersichtskarten und

die Teilkarten ausgeteilt. Achten Sie darauf, daß auf jeder Karte ein Nordpfeil eingetragen ist. Eine Maßstabsskala aus Pappe soll helfen, die Abstände im Gelände richtig einzuschätzen.

7. Jede Gruppe soll nun zunächst ihren Uferabschnitt bzw. Kartenausschnitt im Gelände finden und die Grenzen mit zwei Fähnchen markieren. Kontrollieren Sie, und verbessern Sie wo nötig.
8. Für die eigentliche Kartierarbeit (das Aufkleben der Signaturpunkte) sollte etwa 20 bis 30 Minuten Zeit gegeben werden. Gehen Sie von Gruppe zu Gruppe und achten Sie darauf, daß die Punkte einigermaßen gleichmäßig gesetzt werden. Regen Sie an, falsch gesetzte Punkte von der Folie wieder abzuziehen und neu zu setzen.
9. Rufen Sie die Teilnehmer zusammen, wenn die Teilflächen etwa gleichmäßig kartiert sind.
10. Lassen Sie nun die Teilkarten mit Doppelklebeband an der Anschlagtafel zu einer Gesamtkarte zusammenfügen.

Was man an der Karte erkennen kann

Bei der Schlußbesprechung sollten Sie vor allem auf folgende Punkte achten:

1. Sind die verschiedenen Pflanzenarten unregelmäßig verteilt oder kann man eine Zonierung feststellen?
2. An welchen Stellen sind Unregelmäßigkeiten in der Zonierung zu erkennen und was könnten ihre Ursachen sein?
3. Kann man Beziehungen zwischen bestimmten Zonen (bestimmten Pflanzenarten) und Tieren feststellen?
4. Welche menschlichen Einflüsse kann man beobachten (Müll, Einleitung von Abwässern, Uferbefestigungen, Vertritt usw.).
5. Was glaubt Ihr, wie sich der Teich, Tümpel usw. in den nächsten 10, 20, 50 Jahren entwickeln wird?
6. Welche Maßnahmen könnte man ergreifen, um den Biotop zu verbessern?

Was man noch tun kann

Eine sinnvolle Erweiterung dieser Arbeit wäre die Kartierung mehrerer verschiedener Kleingewässer, z. B. von den verschiedenen Kleingewässern in einer Gemeinde. Durch Vergleich lassen sich dann bestimmte Qualitätsmaßstäbe herausarbeiten und Verbesserungsmaßnahmen vorschlagen. Solche Arbeiten ließen sich eventuell im Rahmen von Biotopkartierungen oder Gemeindeumwelterhebungen durchführen.

Literatur

SCHMIDT, E.: Ökosystem See. Biologisches Arbeitsbuch 12. Quelle & Meyer Verlag, Heidelberg, 1978.

WILDERMUTH, H.: Natur als Aufgabe – Leitfaden für die Naturschutzpraxis in der Gemeinde. Basel, 1980.

ENGELHARDT, H.: Was lebt in Tümpel, Bach und Weiher? Franckh, Stuttgart, 1983.

Das große Bootsrennen

In einem Spiel werden die unterschiedlichen Strömungen und Wirbel eines Baches beobachtet. Strömungsgeschwindigkeiten werden gemessen. Aus verschiedenen Bereichen des Baches, z.B. mit starker oder schwacher Strömung, werden Tiere gefangen und miteinander verglichen.

Ort:

kleiner Bach

Jahreszeit:

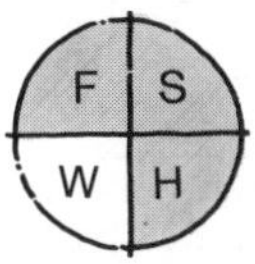

Gruppengröße:

10 bis 15

Alter:

ab 10 Jahren

Zeitbedarf:

1 bis 2 Stunden

Was man wissen sollte

Wasser fließt stets bergab und sucht sich dort seinen Weg, wo es am wenigsten Widerstand findet. Es führt Schlamm, Sand, Geröll oder gar Felsblöcke mit sich und gräbt sich mehr oder weniger tief in den Untergrund ein. So sind im Laufe langer Zeiten Klammen, Schluchten und Täler entstanden.
Steile Ufer und ein felsiges Bachbett finden wir z.B. bei einem Gebirgsbach mit einem großen Gefälle. Das Wasser tost und stürzt reißend zu Tale. Flache Ufer und ein sandiges oder schlammiges Bachbett kennzeichnen langsam fließende Bäche und Flüsse.

Was man braucht

Für das Bootsrennen:

für jeden Teilnehmer einen Flaschenkorken oder ein Styroporstück (ca. 5 × 5 cm)
Gummistiefel für alle Teilnehmer (abhängig von Gelände und Jahreszeit)
ein 2–3 Meter langes Netz (altes Volleyballnetz oder Fischernetz, Maschendraht)
3–4 angespitzte Dachlatten, ca. 1 m lang (als Pflöcke für das Netz)
einen schweren und einen leichten Hammer
farbige Filzschreiber, wasserfest, zum Markieren der Boote
Schnur

Zur Bestimmung der Strömungsgeschwindigkeit:

für jede Teilgruppe (2–4 Teilnehmer):
1 Stock, ca. 1 m lang
1 Stück dünne Schnur, ca. 1,2 m lang
1 Meterstab oder Maßband
1 Stoppuhr oder eine Uhr mit Sekundenzeiger
Notizblock und Schreibzeug

Zur Ergänzung:

Plastikbecher
3 Küchensiebe

Was man vorbereiten und bedenken muß

Viele Gewässer sind durch Abwässer so stark verschmutzt, daß man an ihren Ufern nicht mehr spielen kann. Für Sie als Spielleiter wird es oft schwierig sein, den richtigen Bach zu finden. Bevor Sie mit dem Spiel und der Strömungsmessung beginnen, müssen Sie sorgfältig ein Stück eines Bachlaufs ausgesucht haben, das ungefährlich ist. Der Bach sollte höchstens knietief und nicht mehr als 2 bis 3 Meter breit sein. Er darf keine abschüssigen oder gefährlichen Ufer haben. Bei einem Fischgewässer muß der Pächter um seine Einwilligung zu dem Spiel gefragt werden.
Die Strömung kann in jedem Bach gemessen werden. Besonders aufregend ist es, wenn Hindernisse wie Sandbänke, Felsblöcke oder Baumstämme den Weg des Wassers zum Teil verbauen, so daß Strudel, Kolke (Strudeltöpfe) und reißende Strömungen entstehen.
Einen einfachen Strömungsmesser kann man sich bauen, indem man eine Schnur genau abgemessener Länge, an deren einem Ende sich ein Schwimmer (Styroporstückchen) befindet, mit dem anderen Ende an einem Stock befestigt. Man stoppt nun, wielange es braucht, bis der Schwimmer sich soweit vom Stock entfernt hat, daß die Schnur gespannt ist (s. Abb. S. 172).

Es geht los!

Das Bootsrennen

Gehen Sie mit der ganzen Gruppe zu der Stelle des Baches, die Sie schon zuvor ausgesucht haben. Sagen Sie den Teilnehmern, daß heute ein großes Bootsrennen auf dem

Bach stattfinden wird. Alle werden an dem Rennen teilnehmen. Sieger wird sein, wessen Boot als erstes am Ziel ankommt.

Die Rennstrecke

Gehen Sie mit der Gruppe das Bachufer entlang und stecken Sie in Anpassung an das Gelände eine Rennstrecke von 10 bis 20 Metern ab.
Die *Startlinie* wird durch eine Schnur markiert, die quer über den Bach gespannt wird. Am *Ziel* wird das Fangnetz aufgespannt. Helfen Sie mit, die Pflöcke einzuschlagen und das Netz oder den Maschendraht zu befestigen.

Die Boote

Geben Sie jedem Teilnehmer einen Flaschenkorken oder ein Styroporstück als »Rennboot«. Jedes »Boot« wird deutlich mit dem Anfangsbuchstaben des Namens oder einem andern Zeichen markiert, so daß es auch noch zu erkennen ist, wenn es »kentert«.

Die Spielregeln

Sagen Sie den Teilnehmern vor Spielbeginn, daß die besten Ergebnisse zustande kommen, wenn die Regeln eingehalten werden. Die Spielregeln richten sich zum Teil nach den örtlichen Gegebenheiten und müssen entsprechend abgewandelt werden. Hier einige Vorschläge:

- Der Spielleiter sammelt alle »Boote« in eine Schachtel (z.B. Schuhkarton) oder einen Hut ein und wirft sie gleichzeitig an der Startlinie ins Wasser.
- Bleibt ein Boot an einem Hindernis hängen, dann ist es vom Rennen ausgeschieden. (Varianten: Der Besitzer darf es befreien und zwei Meter oberhalb des Hindernisses wieder einsetzen, oder er kann versuchen, das Hindernis wegzuräumen, oder er kann mit einem Stock, den er vom Rennleiter holen muß, vom Ufer aus versuchen, das Boot wieder flott zu bekommen.)
- Wer andere Boote behindert, scheidet aus.
- Das erste Boot, das am Netz ankommt, gewinnt.

Was hast Du beobachtet?

Rufen Sie die Gruppe zusammen, sobald alle Boote am Ziel angekommen sind. Wenn es die Jahreszeit und die Witterung erlauben, dann lassen Sie die Teilnehmer sich in einem Halbkreis auf den Boden setzen. Bitten Sie die Teilnehmer, über ihre Beobachtungen und Erfahrungen zu berichten, die sie beim Bootsrennen gemacht haben. Führen Sie dann das Gespräch so, daß folgende Punkte angesprochen werden:

- Wie viele Boote kamen ans Ziel, ohne daß sie hängenblieben?
- Wie viele Boote blieben hängen? Einmal? Mehrmals?
- Wo blieben die Boote hängen? Hindernisse, Strudel, Kehrwasser (bachaufwärts fließendes Wasser).
- Wo waren Stellen, an denen der Bach eine hohe (niedrige) Strömungsgeschwindigkeit hatte?
- Nenne die Ursachen für die unterschiedlichen Strömungsgeschwindigkeiten.
- Schätze ab, wie groß die Strömungsgeschwindigkeit an der schnellsten und langsamsten Stelle des Baches war.

Messung der Strömungsgeschwindigkeit

Es ist sehr schwierig, die Strömungsgeschwindigkeit abzuschätzen. Entsprechend unsicher werden die Schätzwerte ausgefallen sein. Nehmen Sie diese Unsicherheit zum Anlaß, die Gruppe zu bewegen, die Strömungsgeschwindigkeit zu messen.

1. Bilden Sie, je nach der Teilnehmerzahl, Zweier-, Dreier- oder Vierergruppen.
2. Zeigen Sie den Gruppen, wie man aus einem Stock, einer Schnur und einem Schwimmer (Kork- oder Styroporstück)

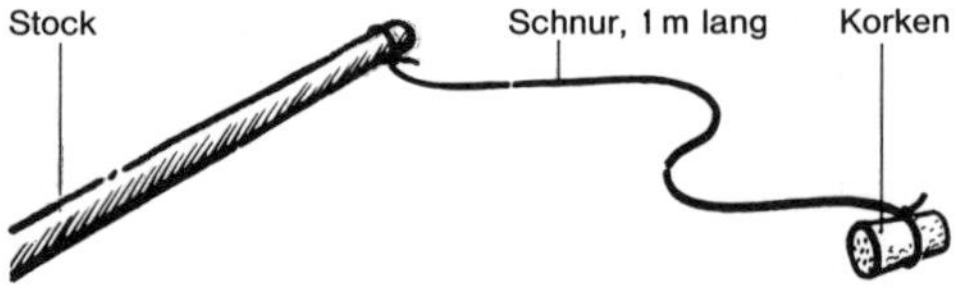

einen Strömungsmesser herstellen kann. Weisen Sie darauf hin, daß die Schnur genau 1 Meter lang sein muß.

3. Lassen Sie jede Gruppe einen Strömungsmesser herstellen.
4. Zeigen Sie, wie man die Strömungsgeschwindigkeit bestimmt: Ein Teilnehmer einer Gruppe bekommt den Strömungsmesser, der andere die Stoppuhr. Die Stockspitze des Strömungsmessers wird ruhig über derselben Stelle dicht an der Wasseroberfläche gehalten. Auf ein Kommando des Stoppers läßt man den Schwimmer genau am Stockende ins Wasser fallen. Die Zeit, die vergeht, bis sich die Schnur anspannt, wird gestoppt. (Bei hohen Strömungsgeschwindigkeiten müssen wir die Schnurlänge verdoppeln, um überhaupt noch messen zu können. Dem steht allerdings entgegen, daß Bachstrecken mit hoher Strömungsgeschwindigkeit häufig nur sehr kurz sind.)
5. Machen Sie die Teilnehmer darauf aufmerksam, daß wir hier als Geschwindigkeit Sekunden pro Meter und nicht wie gewohnt, Meter pro Sekunde bestimmen. Eine Umrechnung ist möglich (s. Tabelle).
6. Weisen Sie jeder Teilgruppe einen Bachabschnitt von 2–3 m zu, in dem sie die größte und kleinste Strömungsgeschwindigkeit ermitteln soll.
7. Die Werte der einzelnen Gruppen werden miteinander verglichen und die schnellste und langsamste Stelle des Baches gesucht.

Tabelle: Strömungsgeschwindigkeiten

Sekunden pro Meter	Geschwindigkeit m/sec	km/h
0,5	2	7,2
1,0	1	3,6
1,5	0,67	2,4
2,0	0,5	1,8
2,5	0,4	1,44
3,0	0,33	1,2
3,5	0,29	1,03
4,0	0,25	0,9
5,0	0,2	0,72
6,0	0,17	0,6
10,0	0,1	0,36

Ergänze Deine Beobachtungen

- Wie sieht der Untergrund des Bachbettes an der Stelle mit der größten, mit einer mittleren und der geringsten Strömungsgeschwindigkeit aus?
- Ist der Untergrund an den drei oben genannten Stellen bewachsen? Wenn ja, dann hole Wasserpflanzen von den drei Stellen und vergleiche sie.
- Drei Gruppen untersuchen die drei Stellen auf Tiere: Leben in den genannten Bereichen Fische oder andere große Tiere, die man vom Ufer aus sehen kann? Versuche mit der Hand oder einem Küchensieb kleine Wassertiere zu fangen. Setze sie in Plastikbecher oder halbierte ausgewaschene Milchkartons oder Margarinebecher.
- Überlege, wie sich die gefangenen Tiere in der Strömung halten können.
- Vergiß nicht, die Tiere wieder im Bach auszusetzen. Beobachte dabei, wie sie sich in der Strömung verhalten!

Wiesen und Äcker

Pflanzenjagd

Blätter, Zweige, Blüten oder Früchte von Pflanzen werden gesammelt und sortiert. Mit diesen Sammlungen läßt sich einiges anstellen!

Ort:	**Jahreszeit:**	**Gruppengröße:**	**Alter:**	**Zeitbedarf:**
Wegränder, Hecken, Waldränder	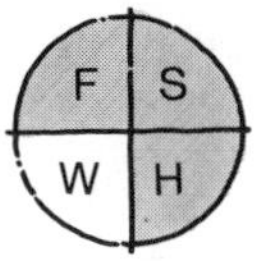	bis 30	besonders geeignet für 8–12jährige	30 bis 50 Minuten

Was man wissen sollte

Überall um uns herum wachsen Pflanzen. Schon beim oberflächlichen Hinsehen kann man erkennen, daß es ganz unterschiedliche Pflanzenformen gibt. Sie unterscheiden sich z.B. in Größe, Form, Farbe oder Aderung ihrer Blätter, in der Anordnung, Gestalt oder dem Duft ihrer Blüten, in der Verzweigung oder der Form des Stengels. Sortiert man Pflanzen oder Pflanzenteile eines Wiesenstückes nach solchen Merkmalen, so zeigt sich, daß dieselben Pflanzen immer wieder auftreten. Dasselbe würde auch für die Tiere gelten. Eine Gruppe von Lebewesen, die von allen anderen Lebewesen durch typische Merkmale unterschieden ist, nennt man eine *Art*. Der Gemeine Löwenzahn und der Wiesenkerbel sind häufige Krautarten auf Wiesen und Viehweiden. Die Stieleiche ist eine Baumart. Eine andere Baumart ist die Rotbuche.
Bei der »Pflanzenjagd« sollen die Teilnehmer das genaue Beobachten lernen. Sie sollen erkennen, daß es auch auf kleine Unterschiede und Ähnlichkeiten von Pflanzen ankommt, wenn man herausfinden will, welche zueinander und damit zu einer Art gehören. Schon Kindern macht es Spaß, Pflanzen zu sammeln und zu sortieren. Sie lernen verschiedene Formen zu vergleichen, Merkmale zu bewerten, und sie lernen einige Arten mit Namen kennen.

Was man braucht

Für jede Teilgruppe (2–4 Teilnehmer):

1 Plastikbeutel
1 Lupe (Stiellupe oder Einschlaglupe, 8 ×)

Für die ganze Gruppe (bis zu 30 Personen):

4 Markierungsfähnchen
2 Anschlagtafeln mit Zeichenkarton
1 Dämmplatte
1 Rolle transparentes Klebeband oder Reißzwecken
1 Filzschreiber
nicht unbedingt notwendig: Wachskreide und Papier für Ribbelbilder
Bestimmungshilfen (Bilderschlüssel, Tabellen, Vergleichsbilder) für die vorkommenden Pflanzenarten

Was man vorbereiten und bedenken muß

Günstig sind Gebiete mit leicht zugänglichen, gut unterscheidbaren und auffälligen Pflanzenarten, z.B. der Wegrand entlang einer Feldhecke, ein Waldrand, eine alte Kiesgrube oder ein verunkrautetes Gartengelände. Es ist vorteilhaft, wenn im Gebiet ein Tisch, eine Bank oder ein Holzstapel steht, wo man die gesammelten Pflanzen sortieren kann.
Das »Jagdgebiet« soll mit Markierungsfähnchen abgesteckt werden. Seine Größe richtet sich nach der Teilnehmerzahl und nach der Art des Geländes. Es sollte so beschaffen sein, daß der Gruppenleiter ständig den Überblick über das ganze Gebiet hat.

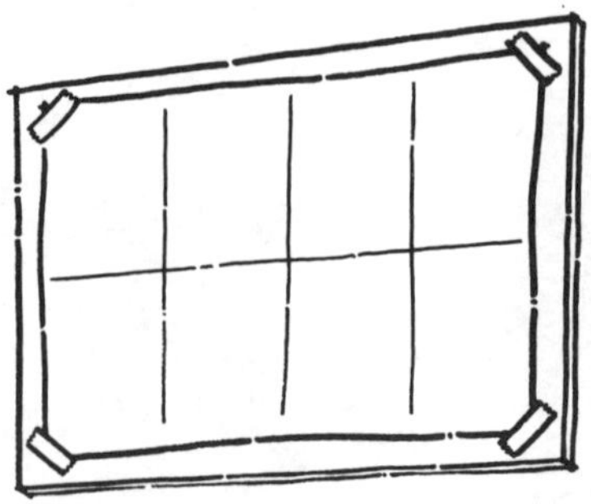

Bereiten Sie auf den beiden Anschlagtafeln je eine Tabelle mit 8 Blattquadraten vor; bei jüngeren Teilnehmern eventuell nur eine Tafel herrichten.

Es geht los!

1. Bilden Sie je nach der Teilnehmerzahl Zweier-, Dreier- oder Vierergruppen. Weisen Sie auf die Grenzen des »Jagdgebietes« hin, die mit Markierungsfähnchen festgelegt sind.
2. Stellen Sie die Aufgabe: »Sammle Blätter von möglichst vielen unterschiedlichen Pflanzen.« Weisen Sie besonders darauf hin, daß nicht mehr als ein Blatt oder ein kleiner Trieb von jeder Pflanzenart abgerissen werden soll. Die Pflanzen sollen, so gut es geht, geschont werden. An artenreichen Standorten kann die Aufgabe auf bestimmte Lebensformen (z.B. Bäume und Sträucher) begrenzt werden.
3. Teilen Sie nun jeder Gruppe einen Plastikbeutel aus, in den die Blätter eingesammelt werden sollen. Geben Sie das Startsignal für die Pflanzenjagd.
4. Gehen Sie von Gruppe zu Gruppe, und helfen Sie wo nötig. Sie können sich an der Jagd beteiligen!
5. Rufen Sie nach 10 oder 15 Minuten die Gruppe zu der Stelle zusammen, an der die Anschlagtafeln liegen.
6. Lassen Sie eine Gruppe ihren Beutel ausschütten. Jedes Blatt soll auf eine Fläche der Anschlagtafeln gelegt werden. Kontrollieren Sie, daß jedes Feld wirklich nur Beispiele von einer Pflanzenart enthält. Wenn es windig ist, müssen die Pflanzen mit Klebeband auf dem Papier oder mit einer Reißzwecke auf einer Dämmplatte befestigt werden.
7. Regen Sie die anderen Gruppen dazu an, sich die sortierten Blätter anzuschauen. Wenn eine Gruppe ein Blatt hat, das genauso aussieht wie das Blatt in einem der Felder, dann soll diese Gruppe dieses Blatt in dasselbe Feld legen. Wenn eine Gruppe ein Blatt in ihrem Beutel hat, das sich von den schon auf den Feldern liegenden Blättern unterscheidet, wird darauf besonders aufmerksam gemacht. Wenn alle Teilnehmer das Blatt gesehen haben, kommt es in ein neues Feld.
8. Regen Sie alle Teilnehmer dazu an, sich die sortierten Blätter in den Feldern genau anzuschauen und festzustellen, ob wirklich immer nur Blätter einer Art in einem Feld liegen. Regen Sie an, daß die Blätter nicht nur aufgrund ihrer Form, sondern auch aufgrund anderer Merkmale, z.B. nach dem Verlauf der Adern, dem Geruch oder der Farbe unterschieden werden. In Zweifelsfällen ist es möglich, die Pflanzen, von denen die Blätter stammen, im Gelände aufzusuchen.

Was man bei der Pflanzenjagd lernen kann

Nun sind alle Blätter richtig sortiert. Fragen Sie nach den Merkmalen, mit deren Hilfe die Blätter voneinander unterschieden werden können. Schreiben Sie diese Unterscheidungsmerkmale auf eine Anschlagtafel (z.B. Größe, Form, Muster der Aderung, Blattrand, die Farbe des Blattgrundes, Geruch, Dicke, Oberfläche, Behaarung). Erklären Sie, daß man diese Eigenschaften *Bestimmungsmerkmale* nennt. Erklären Sie, daß Lebewesen, die sich von allen anderen Lebewesen durch ganz bestimmte Bestimmungsmerkmale unterscheiden, *Art* genannt werden. Geben Sie verschiedene Beispiele für Arten. Fragen Sie die Gruppe, wie viele verschiedene Arten gesammelt wurden (möglicherweise wurden verschiedene Blattformen von einer Art gesammelt z.B. Feldahornblätter). Fragen Sie, durch welche Merkmale sich zwei Arten voneinander unterscheiden. Dabei zeigt sich, daß es ähnliche und weniger ähnliche Arten gibt. Man kann an dieser Stelle den Gattungsbegriff einführen.

Spiele mit Pflanzenarten – Das Blätterratespiel

Wenn die Teilnehmerzahl 16 überschreitet, müssen kleinere Teilgruppen gebildet werden. Jede Gruppe benötigt einen Bogen mit sortierten Blättern.

Spielregeln (sollen vorgelesen werden):

1. Durch Auslosen oder Würfeln wird ein Mitspieler bestimmt. Er darf als erster fragen. Der Spieler wählt sich insgeheim eine der Blattformen (oder Pflanzenarten) auf dem Bogen aus, die er jedoch den anderen Teilnehmern nicht durch Berühren oder andere Kennzeichen deutlich macht.
2. Der Frager nennt nun ein Bestimmungsmerkmal des von ihm ausgewählten Blattes, z. B. »Mein Blatt ist herzförmig«.
3. Die übrigen Teilnehmer dürfen zweimal raten.
4. Wenn beide Antworten falsch sind, muß der Frager ein weiteres Bestimmungsmerkmal nennen, z. B. »Mein Blatt ist herzförmig und hat einen gesägten Rand.« Die Gruppe erhält nun noch einmal zwei Chancen. Wer zuerst das richtige Blatt nennt, darf weiterfragen.

Um den Teilnehmern die Spielregeln vertraut zu machen, beginnen Sie selbst mit einer Fragerunde. Lassen Sie dann die Gruppe oder die Gruppen so lange spielen, wie sie Spaß an diesem Spiel haben. Macht das Raten große Schwierigkeiten, so hat vermutlich der Frager einen Fehler gemacht. Lassen Sie deshalb nach der dritten Runde den Frager seine Art nennen. Überlegen Sie gemeinsam, ob die Beschreibung, die der Fragende für sein Blatt gegeben hat, richtig war.

Arten-Lotto

Jeder Teilnehmer erhält eine Karte mit 10 bis 15 Pflanzennamen (s. Abb.).
Der Spielleiter zeigt hintereinander ganze Pflanzen oder Teile davon und gibt sie dem, der zuerst den richtigen Namen der Pflanzenart nennt. Der Spieler darf den Namen nur nennen, wenn er auf seiner Lottokarte steht. Er legt die Pflanze oder das Pflanzenteilstück in das richtige Namensfeld seiner Karte. Wer zuerst alle Felder ausgefüllt hat, hat gewonnen.

Stiel-Eiche	Rot-buche	Berg-Ahorn	Weiß-dorn	Schlehe
Berg-Ulme	Winter-Linde	Gemeine Esche	Hart-riegel	Faul-baum
Vogel-beere	Roß-Kastanie	Hasel-strauch	Rote Hecken-Kirsche	Wolliger Schnee-ball

Was man noch tun kann

1. Blättersammlung: Regen Sie die Teilnehmer an, die gesammelten Blätter dauerhaft aufzubewahren. Es gibt da sehr verschiedene Möglichkeiten, z. B.
   - Pressen der Blätter zwischen Zeitungspapier,
   - Ribbelbilder mit Wachskreidestiften,
   - Lichtdrucke (vgl. S. 127 ff).
2. Führen Sie dieselbe Untersuchung in einem anderen Gebiet durch, und vergleichen Sie die Ergebnisse. In diesem Falle müssen die Blätter gesammelt oder Ribbelbilder von einzelnen Blättern hergestellt werden.
3. Lassen Sie die Pflanzen bestimmen (mit einem Bestimmungsbuch oder mit selbst gefertigten Bestimmungsbildern, -tafeln oder -schlüsseln).
4. Teilnehmer ertasten mit geschlossenen Augen verschiedene Blattformen.

Literatur

KELLE, A., STURM, H.: Pflanzen leicht bestimmt. Dümmler, Bonn, 1978.
AICHELE, D.: Was blüht denn da? Franckh, Stuttgart, 1984. (Anordnung nach Blütenfarben)
FITTER, R., FITTER, A., BLAMEY, M.: Pareys Blumenbuch. Parey, Hamburg und Berlin, 1975. (Systematische Anordnung, für höhere Ansprüche sehr empfehlenswert).
POLUNIN, O.: Bäume und Sträucher Europas. BLV, München, 1977.

Gräser

Wenn man bei einer Pflanze wichtige von unwichtigen Merkmalen trennt, kann man ihren Artnamen herausfinden. Gräser eignen sich gut für das Einüben einer solchen unterscheidenden Beobachtung.

Ort:	**Jahreszeit:**	**Gruppengröße:**	**Alter:**	**Zeitbedarf:**
Wiese, Wegrand, Brachland	Ende Mai bis Anfang Juli	bis 25	ab 12 Jahren	60 bis 90 Minuten

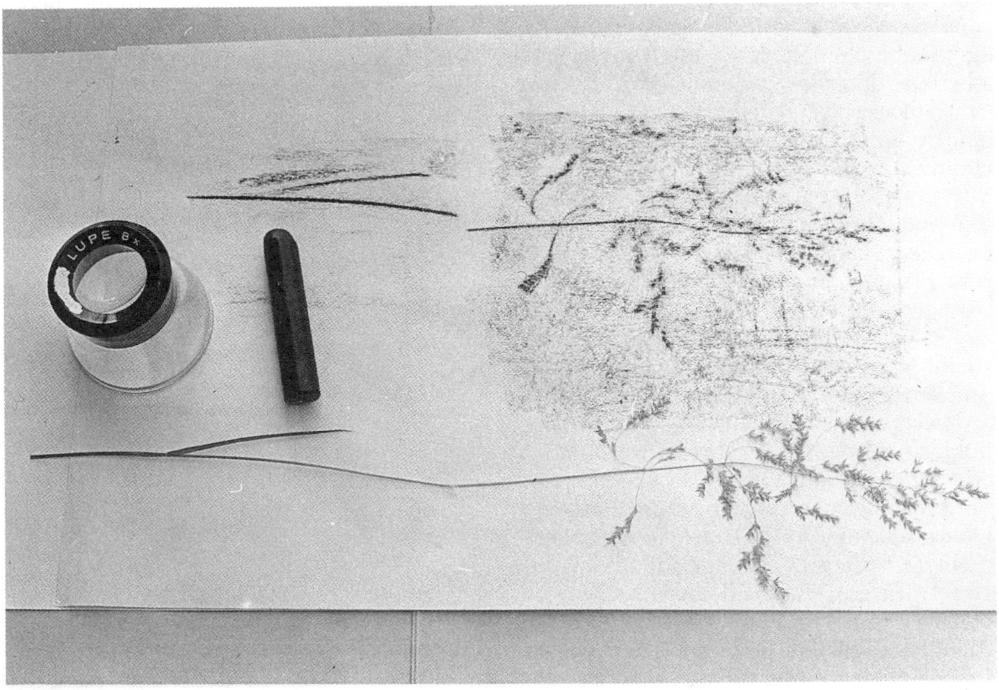

Was man wissen sollte

Gräser sind keine besonders auffälligen Pflanzen. Ihre Blüten werden vom Wind bestäubt, und es fehlen ihnen deshalb große bunte Blüten. Auf den ersten Blick kann man die verschiedenen Grasarten deshalb nur schwer unterscheiden. Bei genauem Hinsehen lassen sich jedoch meistens gute Bestimmungsmerkmale finden. Die Gräser sind daher besonders gut geeignet, um bei der Pflanzenbestimmung die Unterscheidung von wichtigen und unwichtigen Merkmalen zu üben.
In Europa sind ausgedehnte Grasfluren erst in der Folge menschlicher Besiedlung entstanden. Werden Wiesen und Weiden nicht mehr bewirtschaftet, so kommt es schnell zu einer Verbuschung, und schließlich stellt sich der natürliche Waldwuchs wieder ein. Natürliche Grasgebiete in Mitteleuropa liegen in den Verlandungszonen von Gewässern und in Überschwemmungs- und Deltagebieten von Flüssen. Die großen natürlichen Grasgebiete sind die Steppen Asiens, die Prärien Nordamerikas, die Pampas Südamerikas und die Savannen Afrikas. Dort lassen die geringen Niederschläge oder auch häufige Brände einen Wald nicht mehr aufkommen.
Man unterscheidet zwischen Binsengewächsen und Gräsern, bei letzeren wiederum zwischen Sauer- und Süßgräsern. Die Süßgräser sind eine eigene Pflanzenfamilie (Rispengrasgewächse, Poaceae). Sie besitzen lange, schmale, paralleladrige, ungestielte Blätter mit einer Blattscheide. Der Sproß trägt einen endständigen, oft rispenartig verzweigten Blütenstand. Die runden, hohlen Sproßachsen besitzen deutlich erkennbare Knoten und sind unverzweigt. Verzweigungen treten nur an der Basis der Halme auf, und je nach der Länge waagerechter Seitensprosse spricht man von Horst-Gräsern, Rasen-Gräsern oder Ausläufer-Gräsern.
Zieht man eine Graspflanze aus dem Boden, so erkennt man ein Büschel gleichartiger, etwa gleichlanger Wurzeln. Wird ein Grashalm durch den Wind zu Boden gedrückt, so kann er sich an den Knoten wieder aufrichten. Auch wenn den Gräsern bunte Blüten fehlen, so können sie doch sehr hübsch sein. Dies hängt mit den zarten, feingliedrigen Blütenständen zusammen. Viele Grasarten eignen sich gut für Trockensträuße. Besonders beliebt sind Zittergras und Hasenschwanzgras.

Was man braucht

Für jede Zweiergruppe:

3–4 Kennkarten
2–4 Bögen mit Erkennungsmarken
Schere
Klebestift
Plastikbeutel
einige Blätter Schreibmaschinenpapier
Wachskreidestift
Schreibunterlage (Sperrholzbrett mit Halteklammer)
Bleistift
Radiergummi
Lupe

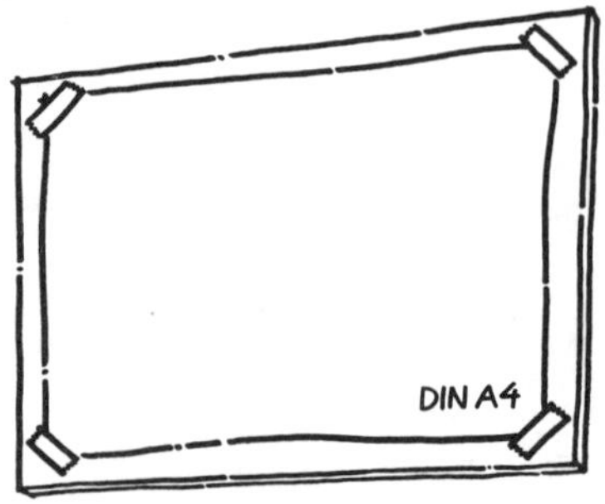

Für die ganze Gruppe:

Filzschreiber
1–2 Bestimmungsbücher für Gräser
eine größere Zahl Tabletts oder Pappdeckel (als Unterlage für eine Gräserausstellung)
eventuell: Entwicklungskammer für Fotogramme

Ammoniaklösung
Lichtpauspapier (vgl. »Fotos ohne Kamera«, S. 183ff)

Was man vorbereiten und bedenken muß

Das Bestimmen von Pflanzen sollte vorher an einer anderen Pflanzenfamilie geübt worden sein (z.B. Lippen-, Schmetterlingsblütler). Besonders geeignet sind Untersuchungsgebiete, die an der Grenze von mehreren Lebensräumen liegen, z.B. ein Waldrand mit einem Weg und einer Ackerfläche bzw. einer Wiese, das Ufer eines Sees und dahinterliegende Getreidefelder, Weiden oder Brachländereien, Baggerseen, Kiesgruben, nicht gemähte Parkflächen. In dem Gebiet sollten wenigstens fünf verschiedene Grasarten blühend anzutreffen sein. Vor Beginn der Aktivität sollten Sie sich mit Hilfe eines der unter »Literatur« genannten Bestimmungsbücher mit den im Gebiet vorkommenden blühenden Grasarten vertraut machen.
Kopieren Sie für jede Zweiergruppe 3 bis 4 Kennkarten und 2 bis 4 Bögen mit Erkennungsmarken. Eventuell müssen Sie diese Erkennungsmarken für Ihr spezielles Untersuchungsgebiet ergänzen bzw. neu zusammenstellen (kommt z.B. im Gebiet kein Gewässer vor, so können Sie die Gewässermarke weglassen).

Es geht los!

1. Erzählen Sie Ihrer Gruppe, daß sie einige Grasarten kennenlernen sollen. Weisen Sie darauf hin, daß es nicht einfach sein wird, die verschiedenen Grasarten voneinander zu unterscheiden und daß man dazu ganz genau beobachten muß.
2. Teilen Sie die Gruppe in Zweiergruppen auf.
3. Erklären Sie dann, daß jede Zweiergruppe für drei (fünf oder mehr) Grasarten *Kennkarten* herstellen soll. Teilen Sie die leeren Kennkarten, die Bögen mit den Erkennungsmarken und die Lupen aus. Zeigen Sie dann an einem Gras, wie man die verschiedenen Merkmale mit Hilfe der Lupe herausbekommen kann. Kleben Sie die richtigen Erkennungsmarken für das als Beispiel gewählte Gras auf eine Kennkarte.
4. Auf die Rückseite jeder Kennkarte soll ein Ribbelbild (oder ein Fotogramm) des Grases geklebt werden, bei dem die wichtigsten Merkmale, z.B. die Blattform und der Blütenstand, zu erkennen sind. Zeigen Sie, wie ein Ribbelbild (bzw. ein Fotogramm) hergestellt werden kann (vgl. S. 183ff).
5. Teilen Sie an jede Zweiergruppe einen Plastikbeutel mit den benötigten Materialien aus (Klebestift, Schere, einige Blatt Papier, Schreibunterlage mit Klammern, Wachskreidestift) und schicken Sie die Gruppen los, nachdem Sie die Grenzen des Untersuchungsgebietes festgelegt haben.
6. Geben Sie so viel Zeit, daß für die Herstellung einer Kennkarte etwa 10 Min. zur Verfügung stehen.
7. Rufen Sie dann die Zweiergruppen alle zusammen und sammeln Sie die Kennkarten ein. Tauschen Sie nun die Kennkarten zwischen den Gruppen aus und fordern Sie die Gruppen auf, nach den neuen, von einer anderen Gruppe hergestellten Kennkarten die zugehörigen Grasarten zu finden. Geben Sie hierfür 10–15 Min. Zeit.
8. Bereiten Sie – während die Gruppen die Gräser sammeln – eine Ausstellung vor. Die Ausstellung soll nach Blütenständen gegliedert werden. Zeichnen Sie diese Blütenstände (Traube, Ähre, Rispe, Scheinähre) schematisch auf jeweils einen DIN A 4-Bogen und legen Sie diese Bögen auf der Ausstellungsfläche aus (mit Steinen beschweren!).
9. Die zurückkehrenden Gruppen sollen

Kennkarte eines Grases

Name:	Blütenstand	Blattform
Besonderheit (z.B. sehr groß oder sehr klein, auffällig behaart oder gefärbt)	Blattgrund	Standort

Erkennungsmarken

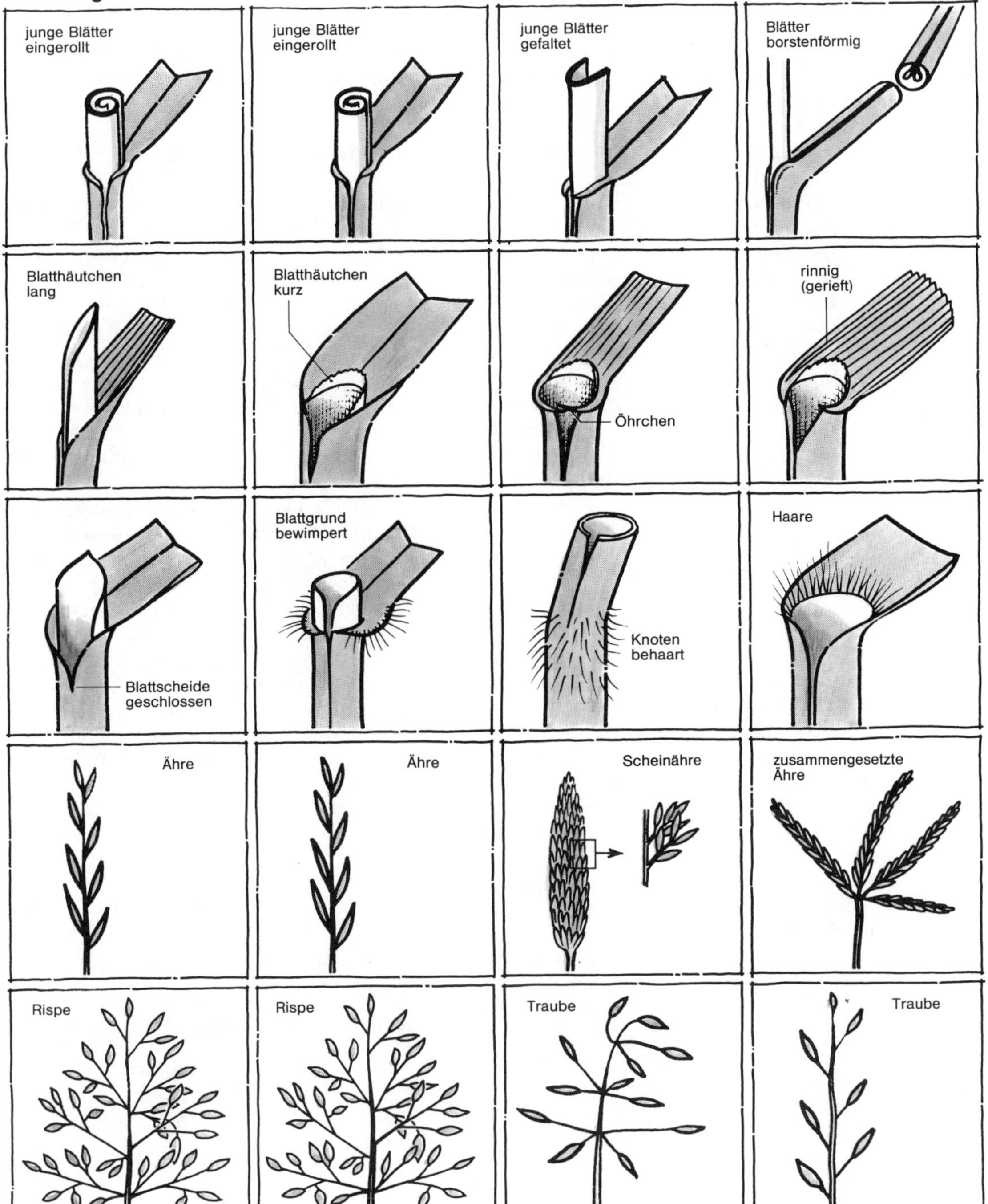

nun ihre Funde jeweils zuordnen: Das Gras wird mit der zugehörigen Kennkarte dem richtigen Blütenstand zugeordnet.

10. Besprechen Sie dann mit der gesamten Gruppe jeden einzelnen Fund und stellen Sie fest, wie gut oder schlecht die Bestimmung und die Wiedererkennung ausgefallen sind. Lassen Sie - wenn nötig - die Kennkarte verbessern.
11. Geben Sie - wenn möglich - die korrekten Namen der Grasarten an und lassen Sie diese von den Teilnehmern in ihre Kennkarten eintragen. Eventuell können auch die Teilnehmer selbst mit Bestimmungsschlüsseln oder Bilder-Bestimmungsbüchern versuchen, die richtigen Artnamen zu ermitteln.

Gespräch über Gräser

1. Welche Grasart ist im Gebiet die häufigste? Kommt sie im ganzen Untersuchungsgebiet häufig vor oder ist sie auf bestimmte Standorte konzentriert?
2. Wurden Grasarten gefunden, die nur an ganz bestimmten Standorten vorkommen?
3. Welche Getreideart(en) wurden gefunden? Wißt Ihr, was man aus dieser Getreideart herstellt? (Beispiele: Weizen: Mehl für Brot und Teigwaren; Gerste: Malz für Bierherstellung; Roggen: Mehl für Roggenbrot; Mais: Silage-Tierfutter).
4. Kann man bei einigen der gesammelten Gräser männliche bzw. weibliche Blütenteile (Staubblätter und Narben) erkennen? Beim Suchen wird man feststellen, daß bei einer Blüte immer Staubbeutel *oder* Narben zu sehen sind; Gräser sind vormännlich, d.h. männliche Blütenteile blühen vor den weiblichen.

Was man noch tun kann

1. Welche Wuchsformen von Gräsern kommen im Untersuchungsgebiet vor? Wie sind sie verteilt? Kann man etwas über den Zusammenhang zwischen Wuchsform und Lebensraum aussagen? (Beispiele: Horstgräser breiten sich nur langsam aus, die Horste sind jedoch sehr widerstandsfähig; Ausläufergräser können sich schnell über große Flächen ausbreiten, sie sind im Vorteil, wenn es um die rasche Besiedelung vegetationsfreier Flächen geht).
2. Die Übung kann nicht nur für Süßgräser (Familie Poaceae-Rispengrasgewächse) sondern auch für Sauergräser (Familie Cyperaceae-Zyperngrasgewächse) und Binsen (Familie Juncaceae-Binsengewächse) durchgeführt werden. Auch andere, verhältnismäßig einheitlich aussehende Pflanzenfamilien, wie Doldengewächse, können auf ähnliche Weise bearbeitet werden. Die entsprechenden Erkennungsmarken müssen dann selbst hergestellt werden.

Literatur

HALLER, B., PROBST, W.: Botanische Exkursionen. Band II. Exkursionen im Sommerhalbjahr. G. Fischer, Stuttgart, New York, 1981.

KLAPP, E.: Taschenbuch der Gräser. Parey, Berlin und Hamburg, 1983.

CHRISTIANSEN, M.S., HANCKE, V.: Gräser. BLV-Verlagsgesellschaft, München, Wien, Zürich, 1983.

AICHELE, D., SCHWEGLER, H.W.: Unsere Gräser. Kosmos-Naturführer. Franckh, Stuttgart, 1978.

HUBBARD, C.E.: Gräser. Ulmer, Stuttgart, 1985.

Fotos ohne Kamera

Mit Hilfe des Sonnenlichtes werden Lichtdrucke von Pflanzen und anderen Naturobjekten hergestellt.

Ort:
Wald,
Park, Wiese,
Garten, Ufer

Jahreszeit:

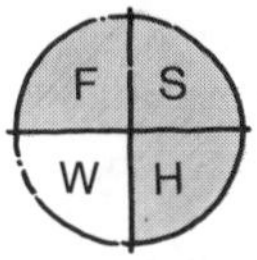

Gruppen-größe:
15 bis 20

Alter:
ab 8 Jahren

Zeitbedarf:
45 bis
60 Minuten

Was man wissen sollte

Lichtpausanstalten verwenden zum Kopieren von großformatigen Bauzeichnungen und Konstruktionsplänen ein Papier, das mit einem lichtempfindlichen Stoff beschichtet ist. Diese chemische Verbindung zerfällt bei Belichtung, in Gegenwart von Ammoniak bildet sich dagegen ein Farbstoff. Die dunklen Linien einer Konstruktionszeichnung können auf diese Weise durch Belichtung und anschließende Behandlung mit Ammoniakdämpfen auf das Lichtpauspapier übertragen werden. Je nach verwendeter Beschichtung entstehen dabei schwarze, blaue, rote oder braune Positiv-Kopien auf weißem bzw. leicht getöntem Grund.
Außer Zeichnungen lassen sich auf diese Weise auch die verschiedensten Naturgegenstände, z.B. Blätter, Früchte, Blütenrispen eines Grases oder Vogelfedern abbilden. Bedingung ist nur, daß die Objekte einigermaßen flach sind. Ein Vorteil des Verfahrens ist, daß es sich ohne apparativen Aufwand überall im Gelände durchführen läßt. Die Trockenkopien kann man sofort verwenden, Trocknen oder Fixieren ist nicht notwendig. Ein Nachteil ist, daß die Ammoniakdämpfe eine starke Geruchsbelästigung mit sich bringen. In der geschilderten Weise sollte das Verfahren deshalb nicht in geschlossenen Räumen durchgeführt werden, allenfalls unter einem Dampfabzug. Der Vorteil des Lichtpauspapiers gegenüber Fotopapier ist seine geringe Empfindlichkeit. Belichtungszeiten von 30 sec bis 5 min erlauben ein »Fotografieren ohne Kamera.«
(Vgl. hierzu die Aktivität »Lichtkartierung«, S. 127 ff).

Was man braucht

Für die ganze Gruppe:

1 großes Anschlagbrett oder ein anderer geeigneter Platz, um die Fotodrucke auszustellen (Bretterwand, Zaun, Picknickplatz usw.)
Klebeband oder Reißnägel zur Befestigung der Fotogramme
2–3 mittelgroße Plastikeimer mit dichtschließendem Deckel (z.B. kleinere Mülleimer, die Deckel sollten leicht abnehmbar sein)
2–3 kg Sand oder Kies
Fliegengitter (2–3 Stücke, die in die Eimer passen)
5 Aktendeckel
5 Glasscheiben oder Acrylglasscheiben im DIN A4-Format
1 Flasche Salmiakgeist (1/2 l) aus der Apotheke oder der Drogerie
1 Wäscheleine (ca. 20 m) mit Wäscheklammern

Für jeden Teilnehmer:

1–2 Blatt Lichtpauspapier (DIN A4-Format oder kleiner) in lichtdichtem Plastiksack oder Karton-Umschlag (Lichtpauspapier ist erhältlich bei Lichtpausereien oder bei der Firma Renker, Postfach 445, 5160 Düren).

Was man vorbereiten und bedenken muß

Werden mit der Gruppe zum ersten Mal Fotogramme angefertigt, so muß man sich für die Einübung der Technik Zeit nehmen. Die ersten Bilder gelingen meistens nicht besonders gut. Insbesondere jüngere Teilnehmer brauchen einige Zeit, um zu lernen, daß man die lichtempfindliche Seite des Papiers nicht zu lange nach oben wenden darf, ohne Überbelichtungen zu erhalten, und daß man die abzubildenden Gegenstände ruhig auf dem Papier halten muß, um scharfe Bilder zu bekommen. Man sollte deshalb den Schwerpunkt auf das Erlernen des Druckverfahrens legen. Mit älteren Teilnehmern oder mit Gruppen, die das Lichtdruckverfahren schon geübt haben, kann man sich mehr auf die abzubildenden Gegenstände und auf die Zusammensetzung und Komposition der Bilder konzentrieren.

Vorbereitung der »Kameras«

Um eine genaue Belichtungszeit einhalten zu können und um die Objekte windgesichert und möglichst flach auf das Lichtpauspapier bringen zu können, braucht man einen Aktendeckel und eine Glasplatte von der Größe dieses Aktendeckels.

Vorbereitung der Entwicklungskammern

Ein Plastikeimer mit dichtschließendem Deckel (z.B. ein kleiner Müll- oder Abfalleimer) wird mit einer etwa 3 cm hohen Sand- oder Kiesschicht gefüllt. Man nimmt diesen Eimer, etwas Fliegengitter und eine Flasche Salmiakgeist (Ammoniaklösung) mit ins Gelände. Erst an Ort und Stelle tränkt man die Sandschicht mit Salmiakgeist. Dann legt man das Fliegengitter so über die Sandschicht, daß das Lichtpauspapier, das man in den Eimer legt, den ammoniakgetränkten Sand nicht berühren kann.

Vorbereiten der Taschen mit dem Lichtpauspapier

Für jeden Teilnehmer wird eine lichtdichte, schwarze Plastiktüte (z.B. Originalverpakkungstüten des Lichtpauspapiers) oder eine lichtdichte Kartontasche (z.B. von Fotopapier) vorbereitet. In die Tasche werden ein bis zwei Blatt Lichtpauspapier gesteckt. Wollen die Teilnehmer mehr Lichtpausen anfertigen, so gibt man trotzdem zuerst nur so viel Papier mit, da die Gefahr besteht, daß bei unsachgemäßer Handhabung das Papier vorzeitig belichtet wird. Man sollte noch etwas Papier zurückbehalten, um die Taschen bei Bedarf nachfüllen zu können.

Wo soll man lichtdrucken?

Fast überall finden sich Objekte, die man fotogrammieren kann. Besonders gut geeignet sind Farne, blühende Gräser, feingliedrige (gefiederte) Blätter von Bäumen und Kräutern oder auch unterschiedliche Zersetzungsstadien von Laubblättern in der Laubstreu, Vogelfedern oder auch verschiedene Früchte und Samen.

Es geht los!

1. Erklären Sie der Gruppe, daß man zum Herstellen einer Fotografie normalerweise einen Fotoapparat braucht. Halten Sie den Aktendeckel mit der Glasscheibe hoch und sagen Sie, daß Sie nun eine Methode des Fotografierens vorführen werden, bei der diese beiden Gegenstände als Fotoapparat ausreichen.
2. Führen Sie die Lichtdrucktechnik an einem oder zwei Beispielen vor (vgl. Arbeitsanleitung S. 186).
3. Teilen Sie jedem Teilnehmer einen Beutel mit Lichtpauspapier aus.
4. Teilen Sie drei bis vier Teilnehmern einen »Fotoapparat« (Aktendeckel mit Glasscheibe) aus.
5. Installieren Sie die Plätze für die Entwicklung der Fotogramme (Plastikeimer mit Ammoniak). Weisen Sie darauf hin, daß die Entwicklungskammern immer wieder sofort verschlossen werden müssen, da der Ammoniak sonst zu schnell verdampft. Wenn nötig, benennen Sie einen Teilnehmer, der für die Entwicklung verantwortlich ist.
6. Bevor die Teilnehmer mit dem Lichtdruck beginnen, sollen einige Vorschläge für mögliche Objekte gemacht werden. Eventuell können Sie jetzt auch schon spezifi-

sche Aufgaben stellen (dies empfiehlt sich vor allem bei älteren Teilnehmern):

- »Macht einen Lichtdruck von dem Lebensraum Wiese«.
- »Macht einen Lichtdruck von dem Lebensraum Teich«.
- »Macht einen Lichtdruck von dem Lebensraum Buchenwald«.

Oder (am besten arbeitsteilig):

- »Macht einen Lichtdruck von einer bestimmten Pflanzenart, durch den die verschiedenen typischen Merkmale der Pflanzenart besonders deutlich herauskommen.« (Gut geeignet sind verschiedene Gräser wie Knaulgras, Wiesen-Schwingel, Taube Trespe usw.).

Der ästhetische Reiz eines Lichtdruckes kommt besonders dadurch zustande, daß nicht alle Teile des Objekts gleich scharf abgebildet werden. Je dicker das Objekt, bzw. je weiter es von dem Lichtpauspapier entfernt ist, desto unschärfer wird sein Schatten und desto unschärfer ist nachher die abgebildete Kontur. Dadurch lassen sich fast aquarellartige Effekte erzeugen.

Fotos ohne Kamera: Arbeitsablauf

1. Bereiten Sie die Entwicklungskammer vor (s. »Lichtkartierung«, S. 129).
2. Wählen Sie die Objekte aus, die Sie fotogrammieren wollen.
3. Nehmen Sie nun den lichtundurchlässigen Umschlag mit dem Lichtpauspapier und dem Aktendeckel mit der Glasscheibe sowie Ihre Objekte mit an eine schattige Stelle. Öffnen Sie den Aktendeckel. Ordnen Sie nun ihr Objekt in der gewünschten Lage auf der Glasplatte an.
4. Entnehmen Sie der lichtundurchlässigen Tasche ein Stück Lichtpauspapier und legen Sie es mit der lichtempfindlichen Seite nach unten auf das Objekt. Die lichtempfindliche Seite erkennt man in unbelichtetem Zustand an der gelblichen Farbe.
   Vorsicht: Die Objekte sollten nicht naß sein, da die lichtempfindliche Schicht auf dem Lichtpauspapier durch Wasser zerstört wird. Bei feuchten Objekten sollte man zwischen Lichtpauspapier und Objekt eine Folie legen!
5. Schließen Sie den Aktendeckel und tragen Sie das ganze an eine helle (sonnige) Stelle. Öffnen Sie den Aktendeckel so, daß das lichtempfindliche Papier unten, die beschwerende Glasscheibe oben liegt. Setzen Sie das Papier 30–60 sec dem Sonnenlicht aus. Die richtige Belichtungszeit kann man daran erkennen, daß die gelbliche Farbe verschwunden ist.
6. Schließen Sie nun den Aktendeckel und tragen Sie das ganze zu der Entwicklungskammer.
7. Drehen Sie den Aktendeckel so, daß das Lichtpauspapier oben liegt. Öffnen Sie den Deckel, entnehmen Sie das Papier und halten Sie es weiter mit der lichtempfindlichen Seite nach unten. Bringen Sie das Papier in die Entwicklungskammer und schließen Sie den Deckel der Entwicklungskammer sofort wieder. Achten Sie darauf, daß der Deckel dieses Eimers immer wieder dicht geschlossen wird, da die Ammoniakdämpfe sonst sehr rasch entweichen.
8. Kontrollieren Sie nach 1–2 Min., ob sich das Bild entwickelt hat (ist der Entwicklungsvorgang noch nicht abgeschlossen, so zeigen sich an den unbelichteten Stellen noch Reste der gelben Farbe). Dauert der Entwicklungsvorgang länger als 5 Min., so ist zu wenig Ammoniakdampf im Eimer. Gießen Sie Ammoniaklösung nach.

Was man mit Fotogrammen machen kann

Mit Fotogrammen können charakteristische Pflanzenarten möglichst naturgetreu dargestellt werden (vgl. »Gräser«). Dabei soll es darum gehen, schöne und gleichzeitig typische, die speziellen Merkmale der Arten darstellende Bilder zu machen. Man kann ruhig

viel Zeit darauf verwenden, möglichst gute Bilder von ein oder zwei Arten zu erhalten. Dabei sollte man mit den Teilnehmern auch über die typischen Merkmale, den besonderen Reiz und die besondere Schönheit der jeweiligen Art reden.
Das Verfahren eignet sich auch gut, um die charakteristischen Arten eines Lebensraumes auf einem Blatt darzustellen. Auch bestimmte Lebensformen eignen sich ausgezeichnet, um als Fotogramme festgehalten zu werden (vgl. hierzu »Pflanzen, die sich wehren«, s. S. 32ff).
Charakteristische Fotogramme von Pflanzenarten anzufertigen ist weniger schwierig als Fotogramme herzustellen, die das Typische eines Lebensraumes oder einer Lebensgemeinschaft hervorheben. Unter Umständen ist es günstig, dies in zwei Durchgängen zu machen. Nach dem ersten Durchgang kann man aus verschiedenen Fotogrammen die charakteristischen Eigenschaften zusammensammeln und dann gezielt an die gemeinsame Anfertigung eines besonders typischen Lebensraum-Fotogramms gehen, wobei auch eine Collage aus mehreren einzelnen Fotogrammen möglich ist. Mit den fertigen Fotogrammen können Rate- und Zuordnungsspiele durchgeführt werden: Ein Teilnehmer stellt sein Fotogramm (einer Pflanzenart oder eines Lebensraums) vor, und die anderen Teilnehmer müssen die Pflanzenart bzw. den Lebensraum erraten. Es muß nicht unbedingt ein Name für die entsprechende Pflanzenart genannt werden, es reicht, wenn man die richtige Pflanze im Gelände zeigen kann.

Bemerkungen

- Lichtpausen lassen sich mit Kopierern vervielfältigen (z.B. können die schönsten Fotogramme für alle Teilnehmer abgezogen werden).
- Neben verschiedenen Lichtpauspapieren werden auch lichtempfindliche Folien angeboten. Die gewonnenen Lichtpausen können mit dem Tageslichtprojektor projiziert werden.
- Früher verwendete man für Lichtkopien Blaupauspapier, bei dem Negative der Kopiervorlage (weiße Abbildungen auf dunkelblauem Grund) hergestellt wurden. Die Lichtpausereien arbeiten heute nicht mehr mit Blaupausen. In manchen Ländern (z.B. in den USA und auch in der Schweiz) wird Blaupauspapier jedoch für Hobbyzwecke angeboten. Zur Entwicklung benötigt man bei diesem Papier lediglich ein Wasserbad.

Der beste Boden

Mit einem einfachen Test
wird die Zusammensetzung verschiedener Böden geprüft und verglichen.

Ort:

Sportplatz,
Schulhof,
Schuttplatz,
Schulgarten

Jahreszeit:

Gruppengröße:

15 bis 20

Alter:

ab 10 Jahren

Zeitbedarf:

30 bis
60 Minuten

Was man wissen sollte

Boden ist ein Gemisch aus Wasser, Luft, anorganischen und organischen Stoffen und lebenden Organismen. Die richtige Mischung und Zusammensetzung dieser Bestandteile machen die Qualität eines Bodens aus.
Die organischen Bestandteile des Bodens sind vor allem in der obersten Bodenschicht zu finden. Sie bestehen in erster Linie aus abgestorbenen Pflanzenresten, aber auch aus Tierleichen und Tierexkrementen. Die kleinen Bodenlebewesen, Insekten, Asseln, Regenwürmer und einzellige Pflanzen und Tiere, Pilze und Bakterien sorgen dafür, daß diese organischen Bestandteile allmählich abgebaut werden. Dabei entstehen zunächst Humusstoffe, die sich mit den Tonbestandteilen des Bodens zu einer krümeligen Struktur verbinden, in der Mineralstoffe und Wasser besonders gut gespeichert werden können. Schließlich werden bei dieser Zersetzung wichtige anorganische Mineralstoffe freigesetzt. Der organische Bestandteil eines Bodens ist also für seine Qualität, d.h. für das Wachsen der Pflanzen, sehr wichtig. Landwirte erhöhen den organischen Bodenanteil durch Düngung mit festem Mist, flüssigem Mist (Gülle, Jauche) oder sie pflanzen Zwischenfrüchte wie Klee oder Senf, die dann grün untergepflügt werden. Hobbygärtner arbeiten vor allem mit Kompost, den sie aus Pflanzen und Küchenabfällen gewinnen und dem Gartenboden zusetzen. Häufig wird auch Torf, der fast ausschließlich aus organischem Material besteht, dem Boden zugesetzt. Dies gilt insbesondere für die sogenannte »Einheitserde«, die vor allem für die Topfpflanzenkultur und in Gärtnereien verwendet wird.
Mit Hilfe eines einfachen »Alauntests« läßt sich Boden in seine organischen und anorganischen Bestandteile zerlegen: Schwämmt man eine Bodenprobe in einer Alaunlösung (Kalium-Aluminiumsulfat: $K \cdot Al\ (SO_4)_2 \cdot 12\ H_2O$) auf, so schwimmen die organischen Bestandteile an der Oberfläche, während sich die anorganischen Bestandteile absetzen. Auf diese Weise können die Teilnehmer selbst unterschiedliche Bodenproben prüfen und mit einer besonders guten Mischung (z.B. einer Einheitserde aus dem Blumengeschäft oder einem Kompostboden) vergleichen.

Was man braucht

Für die ganze Gruppe:

1 kleinen Beutel Einheitserde des Handels oder gute Komposterde
2 kg organisches Material (z.B. Torf, reinen Kompost, Humus aus der oberen Schicht der Laubstreu oder Baumrindenkompost)
100–200 g Alaun (erhältlich in Apotheken oder Drogerien)
1 Rolle Papierhandtücher
falls in dem Gebiet kein Wasser zur Verfügung steht, sollte ein Kanister mit 10 l mitgenommen werden.

Für jede Zweiergruppe:

1 Löffel oder 1 kleine Schaufel
1 kleines Marmeladenglas (es sollte mindestens zweimal so hoch wie breit sein; gut geeignet sind Gläser von Kindernahrung)

Was man vorbereiten und bedenken muß

Suchen Sie Gebiete mit Böden aus, die wenig organisches Material enthalten. Gut geeignet sind Schuttflächen, frisch aufgeschüttetes Gelände, aber auch Sportplätze, Schulhöfe u.ä. Führen Sie an mehreren Stellen des Untersuchungsgebietes den Alauntest durch.
Markieren Sie das untere Viertel der Gläser für die Alaunprobe mit einem wasserfesten Filzschreiber.

Es geht los!

Sammeln der Bodenproben

1. Zeigen Sie den Teilnehmern den »Superboden«, den Sie mitgebracht haben (Einheitserde oder Komposterde). Erklären Sie, daß in diesem Boden Pflanzen sehr gut wachsen können.
2. Bilden Sie nun Zweiergruppen und geben Sie jeder Zweiergruppe einen Löffel oder eine kleine Schaufel und ein Papierhandtuch.
3. Stellen Sie dann die Aufgabe: Die Gruppen sollen versuchen, in der Umgebung einen Boden zu finden, der dem vorgezeigten möglichst ähnlich ist. Sie sollen davon eine Handvoll auf das Papiertuch geben und zum Sammelplatz zurückbringen.
4. Wenn alle Gruppen zurück sind, sollen sie ihre verschiedenen Bodenproben vergleichen und feststellen, ob sie sich von dem vorgestellten guten Boden unterscheiden. Geben Sie Hinweise, wie die Bodenqualität geprüft werden kann: Vergleich der Farbe, Vergleich der Struktur (zwischen den Fingerbeeren zerreiben), Geruch, Veränderung bei Befeuchtung.

Der Alauntest

1. Führen Sie vor, wie man die Qualität eines Bodens mit Hilfe einer Alaunlösung prüfen kann. Verwenden Sie dazu wieder Ihren »Superboden«: Füllen Sie ein Glas bis zu dem markierten unteren Viertel mit Boden. Geben Sie einen großen Löffel Alaun auf den Boden und füllen Sie das Glas mit Wasser auf. Verschließen Sie dann das Glas mit dem Schraubverschluß oder mit Ihrer Handfläche und schütteln Sie kräftig. Dann stellen Sie das Glas ab und lassen Sie die Bodenbestandteile sich etwa eine Minute lang absetzen, ohne an das Glas zu rühren. Bei der Einheitserde, die meistens zu einem erheblichen Teil aus Torf besteht, hat sich etwa die Hälfte des Bodens oben am Glas gesammelt, während die andere Hälfte auf dem Grund liegt.
2. Verteilen Sie die markierten Gläser an die Gruppen. Jede Gruppe soll nun ihre Bodenprobe auf die gleiche Weise testen.
3. Lassen Sie die Teilnehmer ihre Proben untereinander und mit der vorgeführten Probe vergleichen. In der Regel zeigt sich, daß bei der vorgeführten Einheitserde ein viel größerer Prozentsatz an der Oberfläche schwimmt. Erklären Sie nun, daß es sich bei dem schwimmenden Bodenanteil um organische Stoffe handelt und erläutern Sie die Bedeutung dieser organischen Stoffe für die Qualität des Bodens.
4. Nachdem die Teilnehmer nun wissen, daß es bei der Bodenqualität entscheidend auf die Anteile an organischem Material ankommt, dürfen sie noch einmal eine Bodenprobe suchen, die möglichst »gut« sein sollte. Auch die neuen Proben werden wieder mit dem Alauntest geprüft.
5. Zeigen Sie nun, wie man Boden mit Hilfe von organischen Stoffen verbessern kann. Packen Sie dazu Ihren Beutel mit Torf, Kompost oder zersetzter Laubstreu aus, und regen Sie die Gruppen dazu an, ihre Böden auf einem Papierhandtuch mit diesem Bodenverbesserungsmaterial zu mischen. Erklären Sie, daß Gärtner und Landwirte genau auf die gleiche Weise vorgehen. Regen Sie an, daß das Mischungsverhältnis von organischem Bodenverbesserer und Bodenprobe genau festgehalten wird (dazu können die markierten Gläser verwendet werden). Jede Gruppe soll sich ihr Rezept für die Herstellung eines guten Bodens merken.

Wir gehen dem Boden auf den Grund

Nachdem nun alle Gruppen eine Weile mit Bodenproben und Bodenmischungen experimentiert haben, versammeln Sie die Teilnehmer zur Schlußbesprechung:

- Unterscheiden sich die Böden von verschiedenen Stellen des Untersuchungsgebietes? Könnte man dafür eine Erklärung geben?
- Wieviel organisches »Verbesserungsmaterial« mußte den Bodenproben zugefügt werden, um ein Testergebnis zu erhalten, das der »Einheitserde« oder Komposterde entsprach?
- Welche Möglichkeiten gibt es, Boden, der arm an organischen Stoffen ist, zu verbessern? Woher kann man das Material zur Verbesserung beziehen?
- Weisen Sie darauf hin, daß Torf aus Gründen des Naturschutzes nicht zur Bodenverbesserung verwendet werden sollte, da beim Torfabbau schützenswerte Lebensräume – die Hochmoore – zerstört werden.

Was man noch tun kann

Alle Teilnehmer können nun die Ausrüstung für den Alauntest mit nach Hause nehmen und den Boden in ihrem Garten oder aus einem Balkonkasten testen.
Eine weitere Möglichkeit: Teilnehmer erhalten den Auftrag, sich einen guten Boden zu mischen und darin Pflanzen auszusäen oder auszusetzen. Man benötigt dazu Blumentöpfe oder andere Gefäße wie Joghurt- oder Margarinebecher oder halbierte Milchtüten. In diesen Fällen ist es günstig, am Boden der Gefäße ein oder zwei Löcher anzubringen, damit es keinen Wasserstau gibt. Als Pflanzensamen eignen sich gut Bohnen, Erbsen, Kresse, Mais, Sonnenblumen, als Setzlinge z. B. Kopfsalat oder kleine Tomatenpflanzen.

Literatur

Weitere Informationen über Maßnahmen zur Bodenverbesserung und über Zusammensetzung von Böden für verschiedene Pflanzenarten sind in Büchern für Hobbygärtner enthalten, z. B. in:

HÖHNE, J., WILHELM, P. G.: Zwölf Monate im Garten. Parey, Berlin und Hamburg, 1982.

Verbreitung von Samen und Früchten

Es werden für Pflanzen Samenverbreitungseinrichtungen konstruiert. Dies ist eine Voraussetzung, um Bau und Funktion natürlicher Verbreitungseinrichtungen zu verstehen und zu bewerten.

Ort:	**Jahreszeit:**	**Gruppengröße:**	**Alter:**	**Zeitbedarf:**
Klassenraum, Schulhof, Park	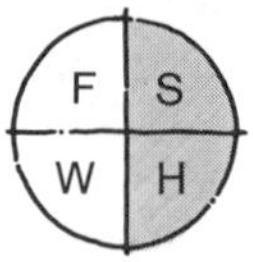	bis 25	ab 10 Jahren	60 Minuten

Was man wissen sollte

Die meisten Pflanzen produzieren Samen, aus denen wieder neue Pflanzen heranwachsen können. Ein Same, der genau unter die Mutterpflanze fällt, hat es schwer, zu keimen und zu wachsen, weil ihm die Mutterpflanze Licht und Mineralstoffe entzieht. Meistens ist es auch nicht günstig, wenn viele Samen an der gleichen Stelle keimen, da in diesem Falle die Konkurrenz zwischen den Keimlingen zu einem verminderten Wachstum führt. Einrichtungen, die dafür sorgen, daß Samen ein Stück von der Mutterpflanze entfernt zu Boden fallen, erleichtern das Überleben. Diese Einrichtungen stellen eine »Anpassung« der Pflanzenart an ihre Umwelt dar.
Durch spezielle Einrichtungen nützen die Samen und Früchte der Pflanzen die unterschiedlichen Naturkräfte für ihre Verbreitung. Viele besitzen Flugeinrichtungen, welche ihre Verbreitung durch den Wind erleichtern (z.B. Löwenzahn). Andere besitzen Schwimmkörper, die eine Verbreitung durch das Wasser fördern (z.B. Seerose). Manche Pflanzen, z.B. auch das Springkraut, schleudern ihre Samen aus. Wieder andere machen sich die Beweglichkeit der Tiere zunutze. Sie besitzen besondere Hafteinrichtungen, mit denen sie sich am Fell von vorbeistreifenden Tieren festkrallen und so von diesen dann in andere Gegenden transportiert werden können (z.B. Klette). Schließlich besitzen viele Pflanzen Früchte, die für Tiere und Menschen schmackhaft sind. Das Eichhörnchen z.B. legt sich oft einen Vorrat an Nüssen an. Viele dieser Nüsse findet es nicht wieder oder verliert sie schon unterwegs. Damit wird der Pflanze bei der Verbreitung geholfen. Andere Früchte, wie Kirschen, Himbeeren und Erdbeeren, werden zwar von den Tieren und Menschen gegessen, sie werden jedoch nicht vollständig verdaut. Die Samen, mit einer Schutzhülle umgeben, werden ausgeschieden und haben dadurch sogar einen besonders gut gedüngten Platz zum Keimen.

Was man braucht

Trockene Bohnen- oder Erbsensamen
Papier
Tesafilm
Klebstoff
Zahnstocher
Stecknadeln
Federn
Bindfaden
Plastikfolie
Balsaholz oder Pappe
Styropor
Korkstücke
Watte
Blumendraht
Plastilin in bunten Farben (evtl. Malfarben)
Gummibänder und andere Materialien nach eigener Wahl
Scheren
scharfe Messer
Bleistifte

Was man vorbereiten und bedenken muß

Bevor man als Spielleiter Samenverbreitungseinrichtungen konstruieren läßt, sollte man selbst mit unterschiedlichen Materialien ausprobieren, verschiedene Verbreitungseinrichtungen herzustellen, insbesondere um beurteilen zu können, welche der zur Verfügung stehenden Materialien geeignet sind.
Besonders ergiebig ist die Konstruktion von Flugeinrichtungen. Hier läßt sich der Erfolg auch sehr gut feststellen. Bei windstillem Wetter kann man testen, wie lange die Flugeinrichtung den Samen in der Luft hält, bei windigem Wetter kann man ausprobieren, wie weit die Samen verdriftet werden. Samen, die Gleitflugeinrichtungen besitzen, werden auch bei Windstille eine Flugstrecke zurücklegen.

Es geht los!

1. Diskutieren Sie mit den Teilnehmern, warum Samenverbreitung notwendig ist. Besprechen Sie die verschiedenen Möglichkeiten der Verbreitung: Windverbreitung, Verbreitung durch das Wasser, Verbreitung durch Tiere oder Menschen, Verbreitung durch besondere Schleudervorrichtungen der Pflanzen.
2. Geben Sie jedem Teilnehmer einige Bohnensamen und eine Aktionskarte. Beispiele für Aktionskarten:
   - Verändere den Samen so, daß er mindestens 5 Minuten auf dem Wasser schwimmt.
   - Verändere den Samen so, daß er mindestens 3 m weit fliegt. (Hinweis: Fallschirmartige Einrichtungen oder Einrichtungen zum Gleitflug sind möglich.)
   - Verändere den Samen so, daß Vögel oder andere Tiere angelockt werden. (Hinweis: Die Samen müssen durch Farbe oder durch Duft auffallen und schmackhafte Bestandteile enthalten.)
   - Verändere den Samen so, daß er wenigstens 5 Min. am Fell eines Tieres (an der Kleidung eines Menschen) hängenbleibt.
   - Versieh den Samen mit einer Vorrichtung, die dafür sorgt, daß er mindestens 50 cm von der elterlichen Pflanze weggeschleudert wird.
3. Versorgen Sie die Gruppe mit Materialien, damit die verschiedenen Verbreitungseinrichtungen konstruiert werden können. Geben Sie an, wieviel Zeit für die Konstruktion zur Verfügung steht (30 bis 40 Min.).
4. Gehen Sie von Teilnehmer zu Teilnehmer und helfen Sie, wenn nötig. Weisen Sie auf besondere Materialien hin.
5. Wenn alle fertig sind, sollen die verschiedenen Konstruktionen vorgeführt werden. Falls kein Gewässer in der Nähe ist, muß für die Demonstration der Wasserverbreitung eine mit Wasser gefüllte Wanne bereitstehen. Für die Demonstration der »Flugeinrichtungen« ist eine Trittleiter günstig, damit die Samen möglichst weit vom Boden entfernt gestartet werden können.

Was man noch tun kann

Natürliche Verbreitungseinrichtungen von Samen und Früchten untersuchen: Lassen Sie nun die Teilnehmer nach richtigen Samen und Früchten suchen, die Verbreitungseinrichtungen besitzen, die den konstruierten Einrichtungen entsprechen.

Zuordnungsspiel

Verteilen Sie die kopierten Zuordnungskarten und Klebstoff bzw. Klebestreifen. Wer die Karte mit gesuchten Samen gefüllt hat, meldet sich und wartet. Nach Spielende rufen Sie alle Teilnehmer zusammen. Die Karten werden vorgeführt und begründet. Wer als erster seine Karte richtig gefüllt hatte, wird Sieger. Alle Teilnehmer dürfen Fragen stellen (Zuordnungskarten S. 196).

Literatur

Haller, B., Probst, W.: Botanische Exkursionen, Bd. II, Exkursionen im Sommerhalbjahr. G. Fischer, Stuttgart, 1981.

Kronfeldner, M.: Verbreitung von Samen und Früchten. Karpobiologie. Aulis, Köln, 1982.

Aktionskarte
Verbreitung von Samen und Früchten

Verändere die Bohne so, daß sie mindestens einen Meter weit fliegt.

Aktionskarte
Verbreitung von Samen und Früchten

Verändere die Bohne so, daß sie mindestens 5 Minuten auf dem Wasser schwimmt.

Hinweis: Luftblase, Floß

Aktionskarte
Verbreitung von Samen und Früchten

Versieh die Bohne mit einer Vorrichtung, welche den Samen ca. 60 cm von der elterlichen Pflanze wegschleudert.

Hinweis: Springkapsel

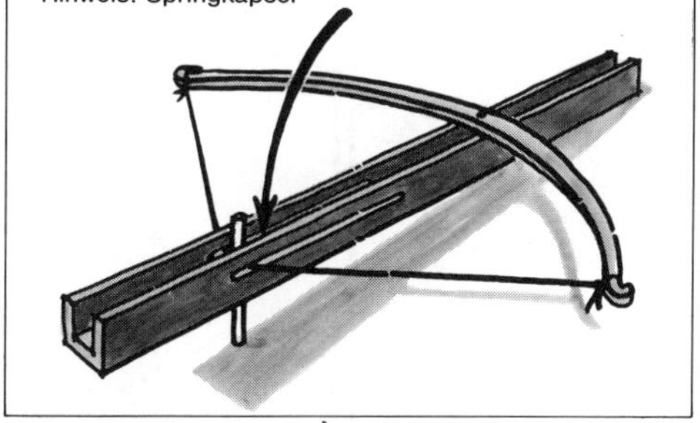

Aktionskarte
Verbreitung von Samen und Früchten

Verändere die Bohne so, daß sie Vögel oder andere Tiere anlockt.

Hinweis: Ins Auge fallende, schmackhafte Früchte, die den Samen enthalten

Aktionskarte
Verbreitung von Samen und Früchten

Verändere die Bohne so, daß sie für ca. 6 Minuten an einem Tier oder Menschen hängenbleibt.

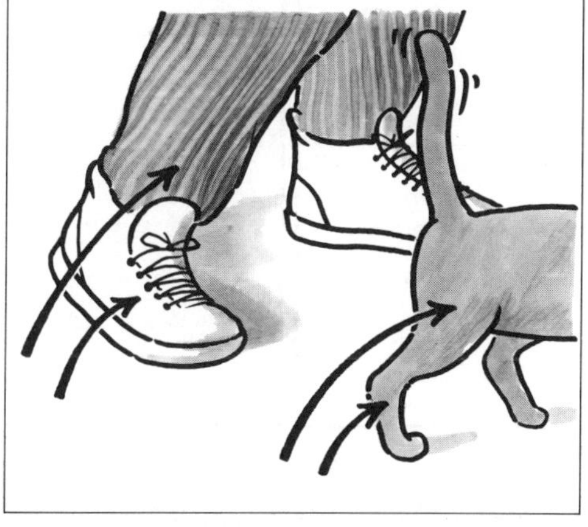

Zuordnungskarte Verbreitung von Samen und Früchten

Sieh Dir die Pflanzen in Deiner Umgebung genau an! Wie werden die Samen verbreitet?
Klebe einen Samen oder eine Frucht in das entsprechende Kästchen.

Suche 5 verschiedene Samen oder Früchte, die Einrichtungen zur Windverbreitung besitzen (mindestens 3 verschiedene Verfahren!).	Suche 3 verschiedene Klettfrüchte oder Samen.	Suche 4 verschiedene Früchte, die Tiere durch schmackhafte oder eßbare Teile anlocken.	Suche ein Beispiel für eine Frucht, die Samen selbst ausschleudert.

Sieger ist, wer zuerst alle Kästchen richtig gefüllt hat.

Wir machen einen Bestimmungsschlüssel

Für häufige Pflanzenarten an Wegrändern, Straßenböschungen,
Kiesgruben und ähnlichen Standorten
soll ein Bestimmungsschlüssel aufgeschrieben werden,
der sich vor allem auf Anordnung und Form der Blätter stützt.

Ort:

Hecken, Wegränder, Wald, Ruderalstandorte

Jahreszeit:

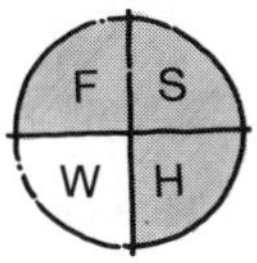

Gruppengröße:

15 bis 20

Alter:

ab 12 Jahren

Zeitbedarf:

90 Minuten

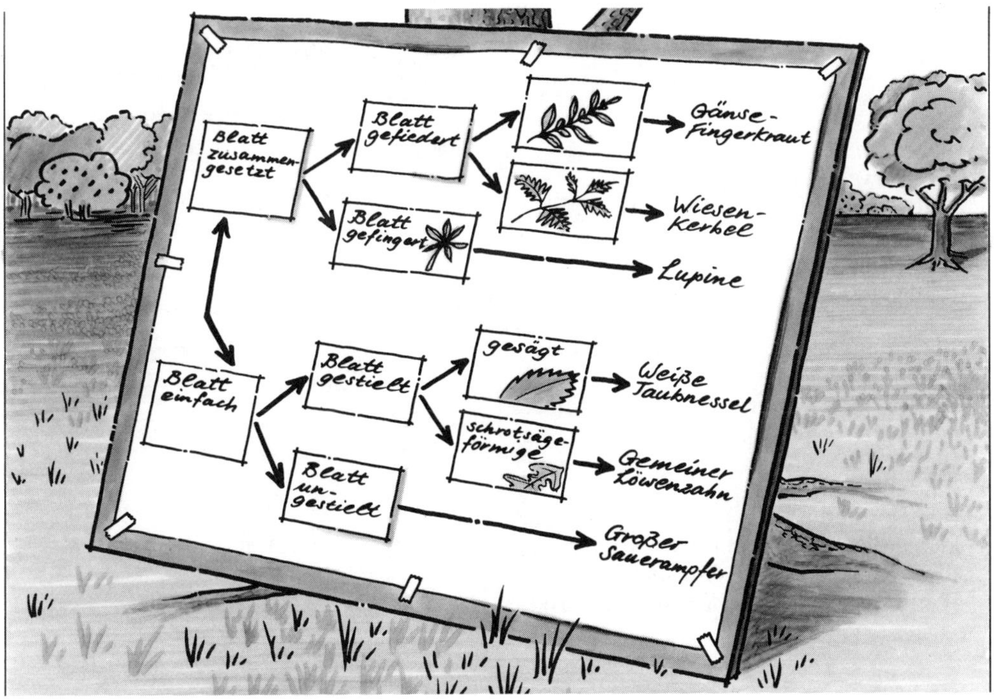

Was man wissen sollte

Es gibt unterschiedliche Möglichkeiten, um den richtigen Namen einer Pflanzen- oder Tierart herauszubekommen. Der Laie wird im allgemeinen versuchen, die zu bestimmende Art mit einer Abbildung zu vergleichen und so den Namen zu ermitteln. (»Bilderbuch-Methode«). Eine solche Strategie berücksichtigt vor allem die Gestalt. Eventuell kann durch Hervorhebung besonderer, für die Bestimmung wichtiger Merkmale auch bei dieser Methode das genaue Beobachten und Differenzieren gefördert werden. Eine andere Möglichkeit, die auch die richtige Unterscheidung sehr ähnlicher Pflanzen- und Tierarten ermöglicht, ist der Bestimmungsschlüssel. Hier wird die Information, die zum Erkennen einer Art führt, in einzelne Schritte unterteilt.
Beim zweigabeligen Schlüssel muß man bei jedem Bestimmungsschritt zwischen zwei möglichen Merkmalsausprägungen unterscheiden. Mehrere richtige Entscheidungen führen dann schließlich zum gewünschten Namen.

Beispiel:

1 Blätter wechselständig → 2
1′ Blätter gegenständig oder quirlständig xx
2 Blätter gefingert oder gefiedert → 3
2′ Blätter nicht gefingert oder gefiedert xx
3 Blätter einfach gefingert oder gefiedert →4
3′ Blätter zwei- oder mehrfach gefingert oder gefiedert xx
4 Blätter gefiedert → 5
4′ Blätter gefingert xx
5 Blätter unterbrochen gefiedert (große und kleine Fiedern stehen im Wechsel an der Rippe) → *Gänse-Fingerkraut*
5′ Blätter mit etwa gleichgroßen Fiedern xx

In diesem Beispiel haben fünf Alternativentscheidungen zum richtigen Artnamen geführt. Um einen Bestimmungsschlüssel für eine größere Zahl von Pflanzen- oder Tierarten aufzustellen, bedarf es sehr sorgfältiger Merkmalsanalysen und außerdem eines recht umständlichen Arbeitsverfahrens. Beschränkt man sich jedoch auf eine Gruppe von vier bis acht Arten, so ist es nicht schwierig, einen geeigneten Bestimmungsschlüssel herzustellen.
Man wird z. B. nach folgender Strategie vorgehen: Die Pflanzen werden betrachtet und man stellt dabei ihre Blattmerkmale fest (gesägt, gezähnt, gekerbt usw.).

Aktionskarte
Wir machen einen Bestimmungsschlüssel

Die Merkmale meines Blattes: (Streiche bei jedem der drei Merkmale das nicht stimmende aus!)	
Blatt einfach 	Blatt zusammengesetzt 
Blatt gestielt 	Blatt ungestielt 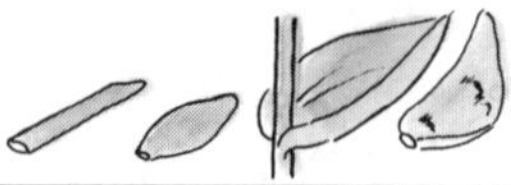
Blattrand glatt 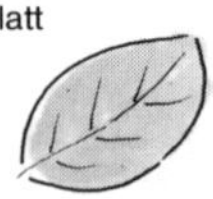	Blattrand eingeschnitten 

1. Auflisten der Arten und Zusammenstellung der Merkmale

Art	Merkmale			
	Blattstellung	Blattform		Dornen? Brennhaare?
		zusammengesetzt?	Blattrand	
Acker-Kratzdistel	wechsel-ständig	einfach	tief gebuchtet, gezähnt 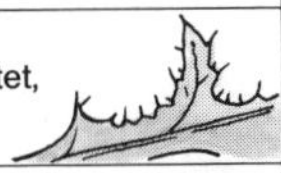	dornig
Weiße Taubnessel	gegen-ständig	einfach	gesägt 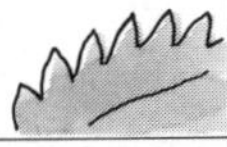	—
Stumpfblättriger Ampfer	wechsel-ständig	einfach	glatt oder schwach gekerbt 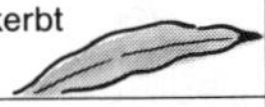	—
Giersch	einzeln aus dem Boden kommend oder wechselst.	zusammen-gesetzt (gefiedert)	gesägt 	—
Gemeiner Löwenzahn	in grund-ständiger Rosette	einfach	schrotsäge-förmig (gebuchtet) 	—
Große Brennessel	gegen-ständig	einfach	gesägt 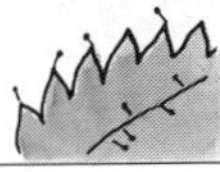	mit Brenn-haaren

Nun sucht man nach dem gemeinsamen Merkmal der meisten Arten.

2. Gruppieren der Arten nach verwandten Merkmalen.

Stumpfblättriger Ampfer	wechsel-ständig	einfach	glatt oder schwach gekerbt	—
Acker-Kratzdistel			gebuchtet bzw. schrotsäge-förmig 	dornig
Gemeiner Löwenzahn	in grundständiger Rosette			—
Weiße Taubnessel	gegen-ständig		gesägt	
Große Brennessel				mit Brennhaaren
Giersch	einzeln aus dem Boden kommend bzw. wechselständig	zusammen-gesetzt (gefiedert)		—
	2	1	3	4

3. Anordnen zum Tabellenschlüssel: (Dabei werden die Merkmalsspalten in der Reihenfolge der daruntergeschriebenen Ziffern verwendet)

1	2	3	4	
Blätter einfach	Blätter wechselständig	tief gebuchtet, dornig 		Acker-Kratzdistel
		glatter oder schwach gekerbter Blattrand, vorne abgerundet 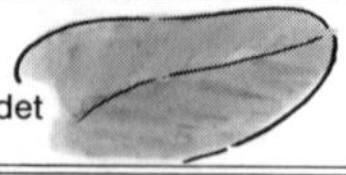		Stumpfblättriger Ampfer
	Blätter nicht wechselständig	Blätter gegenständig, gesägt	ohne Brennhaare (und ohne Nebenblätter)	Weiße Taubnessel
			mit Brennhaaren (und Nebenblättern) 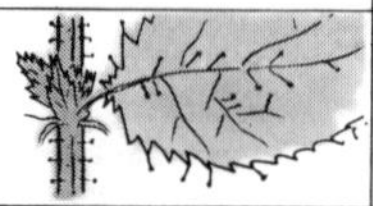	Große Brennessel
		Blätter in grundständiger Rosette, schrotsägeförmig 		Gemeiner Löwenzahn
Blätter zusammengesetzt (1 od. mehrfach 3-zählig) 				Giersch

4. Umschreibung in einen Bestimmungsschlüssel

1 Blätter zusammengesetzt (ein- oder mehrfach dreizählig) → Giersch
1′ Blätter einfach → 2
2 Blätter wechselständig → 3
2′ Blätter nicht wechselständig → 4
3 Blätter stark gebuchtet, dornig → Acker-Kratzdistel
3′ Blätter mit glattem oder schwach gekerbtem Rand, vorne abgerundet → Stumpfblättriger Ampfer
4 Blätter mit grundständiger Rosette, schrotsägeförmig → Gemeiner Löwenzahn
4′ Blätter gegenständig, gesägt → 5
5 Blätter ohne Brennhaare und Nebenblätter → Weiße Taubnessel
5′ Blätter mit Brennhaaren und Nebenblättern → Große Brennessel

Schon Kerschensteiner hat darauf hingewiesen, daß es für den Biologieunterricht wesentlich günstiger ist, die Schüler selbst einen Bestimmungsschlüssel zusammenbauen zu lassen, als mit einem fertigen Bestimmungsschlüssel das Bestimmen von Pflanzen- oder Tierarten zu üben. Das selbständige Aufstellen von Bestimmungsschlüsseln erfordert exakte Beobachtung, richtige und eindeutige Beschreibung von Merkmalen und ein logisches Zusammenfügen der einzelnen Bestimmungsschritte. Es ähnelt stark dem Aufstellen eines Computer-Programms.

Was man braucht

Für die ganze Gruppe:

große Anschlagtafel mit mehreren Kartons oder Tapetenbahnen
Reißnägel oder Heftklammern
Filzschreiber

Für jeden Teilnehmer:

eine Aktionskarte
durchsichtiges Klebeband
Schreibunterlage
Bleistift

Was man vorbereiten und bedenken muß

Gut geeignet für die Untersuchung sind Ruderalstandorte[1] aller Art, also Wegränder, ungepflegte Parks, Hecken, frisch aufgeschüttetes Gelände. Prüfen Sie, bevor Sie mit der Gruppe in das Gebiet gehen, ob sich die vorkommenden Pflanzenarten für das Aufstellen eines Bestimmungsschlüssels nach Blattmerkmalen eignen. Es sollten Pflanzenarten mit verschiedenen Blattumrissen und mit möglichst auffälligen Blättern vorkommen (z.B. Breitblättriger Ampfer, Pastinak, Brennessel, Disteln usw.). Probieren Sie, ob sich nach der vorgeschlagenen Methode (s.u.) ein Bestimmungsschlüssel mit den vorkommenden Arten aufstellen läßt. Ändern Sie – falls notwendig – die ersten Schlüsselschritte etwas ab.
Achten Sie darauf, daß das Gelände keine Gefahren für die Gruppe enthält (verkehrsreiche Straßen, Müll und Abfall, Wassergräben). Gegebenenfalls müssen Sie die Gruppe zu Beginn auf solche Gefahren hinweisen.

[1] Das Wort »ruderal« kommt vom lateinischen »rudus« = Ruine, Schutt, Mörtelmassen. In der Geobotanik versteht man darunter nährstoffreiche, vom Menschen mehr oder weniger offengehaltene Standorte wie frisch aufgeschüttetes Gelände, Müllplätze, Wegränder, Kiesgruben usw. Eng verwandt mit Ruderalpflanzengesellschaften sind die »segetalen Pflanzengesellschaften« (Unkräuter).

Es geht los!

1. Erklären Sie der Gruppe, daß man viele häufig im Gebiet vorkommende Pflanzen aufgrund ihrer Blattform unterscheiden kann.
2. Teilen Sie jedem Teilnehmer eine Aktionskarte aus.
3. Geben Sie die Anweisung: »Sammle ein Blatt und klebe es auf Deine Aktionskarte. Streiche jeweils die Merkmalskästchen aus, die für Dein Blatt nicht zutreffen. Du erhältst dann eine Kombination von drei Merkmalen, z.B.: 1. Blatt einfach, 2. Blatt ungestielt, 3. Blattrand glatt.«
4. Bereiten Sie acht Sammelstellen vor. An jeder Sammelstelle liegt ein Karton, auf dem eine der 8 Merkmalskombinationen – in derselben Anordnung wie auf den Aktionskarten – aufgeschrieben ist (vgl. Abb.). Jeder soll sich nun zu dem Feld stellen, dessen Merkmalskombination für sein Blatt zutrifft. Es werden sich so unterschiedlich große Gruppen bilden. Normalerweise kommen nicht alle möglichen Merkmalskombinationen vor. Die nicht besetzten Kombinationen werden wieder eingesammelt.
5. Sagen Sie den Teilnehmern, daß jede Gruppe Blätter gesammelt hat, die sich in drei Merkmalen gleichen.
6. Stellen Sie nun die Aufgabe: Die Teilnehmer sollen zunächst in jeder Teilgruppe feststellen, ob Blätter der gleichen Art mehrfach gesammelt wurden. Dann sollen sie innerhalb ihrer Gruppe nach Blättern suchen, die sich hinsichtlich eines weiteren Merkmals gleichen. Dieses Merkmal sollen sie jeweils aufschreiben. Beispiel: Blattrand gezähnt, Blattrand nicht gezähnt. Dies sollen Sie weiter treiben, bis sie für jedes Blatt einer Art

wenigstens ein Merkmal gefunden haben, in dem es sich von allen anderen Blättern unterscheidet. Geben Sie hierfür etwa 15 Minuten Zeit.

7. Bereiten Sie einige Pappscheiben vor, auf die mit Filzschreiber Merkmale geschrieben werden können. Danach versammeln Sie die Gruppe vor der großen Anschlagtafel. Kombinieren Sie nun die verschiedenen Merkmale zu einem »Tabellenschlüssel«, einem zweigabeligen Entscheidungsbaum (vgl. S. 197 u. 200).
8. Der Bestimmungsschlüssel ist fertig. An das Ende des Schlüssels können nun die Artnamen geschrieben werden. Mischen Sie die gesammelten Blätter (Karten mit aufgeklebten Blättern) und teilen Sie die Blätter an die Teilnehmer aus. Jeder Teilnehmer soll nun ein Blatt (möglichst ein anderes, als er vorher gesammelt hat) nach dem Bestimmungsschlüssel bestimmen. Eventuell müssen Sie die Bestimmungsmethode an einem Beispiel vorführen.

Was man noch tun kann

Lassen Sie nun für eine andere Pflanzengruppe – z.B. für Bäume und Sträucher – selbständig einen ähnlichen Bestimmungsschlüssel anfertigen. Dabei ist eine Zusammenarbeit von zwei bis vier Teilnehmern günstig. Wenn genügend Zeit zur Verfügung steht, können Sie auch eine andere Methode erläutern: Es werden zunächst alle Merkmale und alle Arten in einer Tabelle zusammengestellt (Merkmalstabelle), dann wird diese Tabelle zu einem Schlüssel umformuliert (s.o.!).

Literatur

Haller, B., Probst, W.: Eine neuartige synoptische Tabelle für Bestimmungsübungen, vorgestellt am Beispiel »Coniferen«. Der Biologieunterricht 13, 50–68, 1977.

Haller, B., Probst, W.: Botanische Exkursionen, Band 2. Exkursionen im Sommerhalbjahr. G. Fischer, Stuttgart, New York, 1981.

Sturm, H.: Bestimmungsübungen im Biologieunterricht. Der Biologieunterricht 11, 53–78, 1975.

In Städten und Siedlungen

Umwelt im Umschlag

Eine gezielte Suche nach unterschiedlich geformten Blättern, nach verschiedenen Schneckenhäusern, nach Steinen unterschiedlicher Form und Farbe schult die Beobachtungsfähigkeit und führt oft zu überraschenden Entdeckungen.

Ort:	**Jahreszeit:**	**Gruppengröße:**	**Alter:**	**Zeitbedarf:**
Schulgelände, Park, Gärten, Waldränder	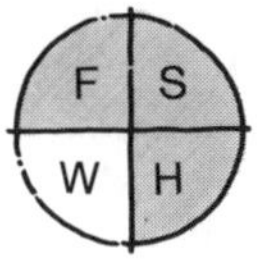	bis 24	alle Altersgruppen	30 bis 45 Minuten

Was man wissen sollte

Viele Menschen genießen Spaziergänge in Wald und Flur. Wenn man die Natur ein wenig kennt, kann man sich mehr an ihr freuen. Die Farbe von Blättern, der Duft von Blüten, das Verzweigungsmuster eines Baumes oder eines Farnwedels sind nur einige Beispiele aus der Formenvielfalt natürlicher Objekte, die unseren ästhetischen Sinn ansprechen. Außerdem kann man beim genauen Hinsehen viele Spuren entdecken, die auf die Aktivitäten von Tieren hindeuten, z. B. zerbrochene Schneckenschalen am »Schneckenstein« einer Singdrossel, vom Kreuzschnabel bearbeitete Fichtenzapfen, das Gewölle einer Eule.
Um im Freien und in der Natur interessante Entdeckungen machen zu können, muß man jedoch Beobachten und Suchen üben. Eine Möglichkeit ist z. B., einen erfahrenen Naturbeobachter bei seinen Streifzügen zu begleiten. Eine andere Möglichkeit besteht darin, sich zunächst nur kleine, gut abgegrenzte Beobachtungsaufgaben vorzunehmen. Zu dieser zweiten Möglichkeit soll das vorgeschlagene Sammelspiel anregen. Der Sinn der Sammelaufgaben liegt darin, die Vielfalt von Farben, Formen, Düften und Strukturen von lebenden und toten Naturobjekten ein wenig besser wahrzunehmen.

Was man braucht

Für jede Zweiergruppe:

1 Tablett oder 1 Pappkarton
1 Pappumschlag oder ein Plastikbeutel, auf dem eine Aufgabe steht (die Aufgaben können auf Klebeetiketten geschrieben werden, die dann auf die Umschläge oder die Plastikbeutel aufgeklebt werden.)
Mögliche Aufgabenstellungen:

- Sammle 10 Blätter mit besonders auffälligen oder ungewöhnlichen Formen.
- Sammle mindestens 5 verschiedene Rindenstückchen.
- Sammle mindestens 5 verschieden riechende Pflanzen.
- Sammle mindestens 5 verschiedene Samen oder Früchte.
- Suche mindestens 5 verschiedene Anzeichen dafür, daß Tiere in der Gegend sind, und sammle die Beweisstücke (z. B. ein zerfressenes Blatt).
- Suche mindestens 5 verschiedene Anzeichen dafür, daß Menschen in der Nähe waren, und sammle die Beweisstücke (z. B. einen Kronenkorken).
- Sammle mindestens 5 verschieden geformte Steine.
- Sammle mindestens 5 Steine unterschiedlicher Farbe.
- Sammle mindestens 5 Pflanzenteile unterschiedlicher Grünfärbung.
- Sammle mindestens 5 Objekte in verschiedenen Brauntönen.
- Sammle mindestens 5 Objekte, die zusammen die Farben des Regenbogens ergeben.
- Sammle mindestens 5 verschiedene Gräser.

Für Untersuchungsgebiete an der Küste:

- Sammle mindestens 5 verschiedene Muschelschalen.
- Sammle möglichst viele verschiedene Schneckenhäuschen.
- Sammle mindestens 5 verschiedene Algenarten aus dem Spülsaum.

Für die ganze Gruppe:

Einige Umschläge mit Klebeetiketten, auf die zusätzliche Aufgaben geschrieben werden können.
4 Fähnchen zur Abgrenzung des Sammelgebietes.

Was man vorbereiten und bedenken muß

Wählen Sie ein Gebiet, in dem es kein Problem ist, Blätter, Steine, Zweige oder Schneckenhäuschen zu sammeln. Holen Sie sich –

falls nötig – die Erlaubnis, das Gebiet zu betreten. Schauen Sie sich das Untersuchungsgebiet genau an und überlegen Sie, welche Aufgaben für das Gebiet geeignet sind. Bereiten Sie die Aufgaben-Umschläge oder -Plastikbeutel vor.
Falls Bestimmungen oder die Verhältnisse des Untersuchungsgebietes es nicht zulassen, Sammelobjekte einzustecken, können die Entdeckungen auch anders gekennzeichnet werden, z.B. durch Beflaggen (jede Gruppe bekommt Klebeband in einer anderen Farbe), Anfertigen von Fotogrammen (vgl. S. 183ff), Ribbelzeichnung (sie eignen sich besonders gut für flache Objekte wie Blätter), Fotografieren (besonders günstig sind Sofortbild-Kameras).

Es geht los!

1. Wählen Sie in dem Untersuchungsgebiet einen Platz aus, der für die Besprechung der Ergebnisse geeignet ist. Weisen Sie die Teilnehmer auf die Grenzen des Untersuchungsgebietes hin. Eventuell müssen diese Grenzen mit Kleidungsstücken oder Fähnchen besonders markiert werden. Es ist auch möglich, die Aufgaben während eines Spazierganges durchzuführen, doch müssen Sie dann alle Teilnehmer darauf hinweisen, daß sie sich nicht aus der Sichtweite der Gruppe entfernen sollen.
2. Lesen Sie die Aufgabe von einem Umschlag vor und ermuntern Sie die Teilnehmer, sich nun gemeinsam zu überlegen, wie diese Aufgabe gelöst werden könnte.
3. Teilen Sie nun die ganze Gruppe in Zweiergruppen auf. Lassen Sie jede Zweiergruppe einen Beutel oder einen Umschlag mit einer Aufgabe ziehen. Jede Gruppe hat nun etwa eine Viertelstunde Zeit, kleine Proben zu sammeln. Es dürfen nur Objekte gesammelt werden, die in den Umschlag passen.
4. Gehen Sie nun von Gruppe zu Gruppe, lassen Sie sich besondere Entdeckungen vorführen und helfen Sie, wenn nötig, bei der Suche mit.
5. Nach 15 Minuten werden alle Gruppen zusammengerufen. Jede Gruppe darf ihre Entdeckungen auf vorbereiteten Tabletts oder Pappkartons auslegen.
6. Damit es für die ganze Gruppe nicht zu langweilig wird, sollten nur 1–2 Sammlungen, die besonders interessant erscheinen, für die weitere Besprechung ausgewählt werden.

Was man aus den »Umweltsammlungen« lernen kann

Ein oder zwei Gruppen sollen über ihre Sammlungen berichten. Gut eignet sich z.B. eine Sammlung von »Beweisstücken« für die Aktivität von Tieren im Untersuchungsgebiet. Einige gezielte Fragen könnten die Diskussion anregen, z.B.:
1. Welche Objekte tauchen in mehr als einer Sammlung auf?
2. In welchem Verhältnis steht das Auffinden menschlicher Spuren zum Auffinden tierischer Spuren? Welche Art von Spuren hinterlassen Tiere? Welche Art von Spuren hinterlassen Menschen?
3. Bei welchen Sammlungen war es besonders schwierig, die vorgeschriebene Zahl der Objekte zu finden? Warum? Bei welchen Sammlungen war es leicht, viel mehr als die vorgeschriebene Zahl der Objekte zu finden? Warum?
4. Was würdet Ihr am liebsten sammeln, wenn Ihr das Spiel noch einmal spielen könntet? Warum?

Die Besprechung sollte ganz frei verlaufen. Wie die Teilnehmer Naturobjekte wahrgenommen haben, wird ausgetauscht. Es muß nicht unbedingt über biologische Inhalte geredet werden, man kann z.B. auch besprechen, was man mit Naturobjekten basteln kann, oder aus welchen Wildkräutern man Salat oder Gemüse machen kann.

Was man noch tun kann

1. Wiederholen Sie das Spiel in einem anderen Gebiet und zu einer anderen Jahreszeit, oder tauschen Sie die Arbeitsgruppen.
2. Fragen Sie interessierte Teilnehmer, ob sie selbst Lust haben, sich Sammelaufgaben auszudenken.
3. Regen Sie die Teilnehmer an, aus den gesammelten Objekten eine Ausstellung oder eine Collage zusammenzustellen (Beispiel: Die Beweisstücke für Aktivitäten von Tieren werden auf Zeichenkarton geklebt, daneben wird eine Abbildung des dazugehörenden Tieres gezeichnet oder geklebt, am besten in einer Situation, die zeigt, wie die Spur zustande gekommen ist).

Literatur

KELLE, A., STURM, H.: Tiere leicht bestimmt. Dümmler, Bonn, 1984.

KELLE, A., STURM, H.: Pflanzen leicht bestimmt. Dümmler, Bonn, 1978.

BANG, P., DAHLSTRÖM, P.: Tierspuren. Bestimmungsbuch. BLV, München, 1981.

CHINERY, M.: Kosmos Familienbuch der Natur. Franckh, Stuttgart, 1981.

BÖRNER, R.: Welcher Stein ist das? Franckh, Stuttgart, 1980.

Grün am Bau

Auch die Ziergehölze, Blumen und Wildpflanzen in den angelegten Beeten und Rabatten um ein Gebäude sind von Umweltfaktoren abhängig. Entdeckungen lassen sich z.B. schon um das Schulhaus herum machen.

Ort:	**Jahreszeit:**	**Gruppengröße:**	**Alter:**	**Zeitbedarf:**
an Gebäuden, Gärten	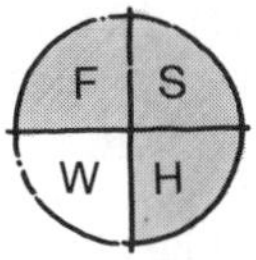	bis 30	ab 8 Jahren	40 bis 60 Minuten

Was man wissen sollte

Pflanzen werden durch ihre Umwelt beeinflußt. Unter »Umwelt« versteht man alles in der Umgebung eines Lebewesens: Klimabedingungen wie Wärme, Feuchtigkeit, Licht und Wind; besondere Eigenschaften des Bodens, große Felsen, Gebäude, Müll und die Gegenwart von anderen Pflanzen und Tieren, z.B. einem schattenspendenden Baum oder vielen zarte Blätter fressenden Schnecken.

Alle diese Bedingungen in der Umgebung eines Lebewesens haben einen starken Einfluß auf sein Wachstum und sein Gedeihen. Sie werden *Umweltfaktoren* genannt. Die Pflanzen, die um ein Gebäude wachsen, sind dort oft vom Menschen angepflanzt. Solche Anpflanzungen dienen in erster Linie der Schönheit. Außerdem können sie Schatten spenden, Sichtschutz gewähren oder vor Abschwemmung des Bodens schützen. Für das Wachstum der Pflanzen kann es entscheidend sein, an welcher Stelle rund um das Gebäude sie gepflanzt wurden. Pflanzen, die in der Nähe eines Regenwasserablaufs stehen, haben immer genügend Wasser. Das Gebäude kann Pflanzen auch vor Wind schützen. Gleichzeitig gibt es aber auch Stellen, an die besonders wenig Regen hinkommt und wo es deshalb sehr trocken ist. Durch Hauswände und Mauern kann Licht abgehalten werden. Wenn Fußwege dicht bei den Pflanzen vorbeiführen, kann dies das Abbrechen von Zweigen und starke Verdichtung des Bodens verursachen. Das sind nur einige Umweltfaktoren, die das Pflanzenleben um ein Gebäude herum beeinflussen.

Was man braucht

Für jede Teilgruppe (3–4 Teilnehmer):

1 Kartenskizze des Gebäudes und des Gebietes um das Gebäude
1 Satz Aktionskarten
1 Bleistift und 1 roter und 1 grüner Buntstift

Für die ganze Gruppe:

2–3 Sätze Wachskreiden
1 große Kartenskizze des Gebäudes mit Umgebung (möglichst auf einer Anschlagtafel)

Was man vorbereiten und bedenken muß

Diese Aktivität kann mit großen Teilnehmerzahlen durchgeführt werden, z.B. mit einer Schulklasse bis zu 30 Schülern. Man kommt mit einer Unterrichtsstunde (45 Min.) aus. Deshalb eignet sich diese Untersuchung besonders gut für Freilandarbeit direkt neben dem Schulgebäude.

Bereiten Sie eine Karte etwa im DIN A4-Format vor, auf der das Gebäude und auch die Umgebung eingezeichnet sind (Wege, Bänke, Laternen, Straßen). Stellen Sie von dieser Karte für jede Teilgruppe eine Kopie her. Zeichnen Sie die gleiche Karte auf einen großen Karton (mindestens DIN A2). Auf diese Karte sollen die Ergebnisse der einzelnen Teilgruppen eingetragen und dann mit der ganzen Gruppe besprochen werden.

Bereiten Sie einen Satz Aktionskarten für jede Teilgruppe vor. Sie können die vorgedruckten Karten verwenden oder speziell für Ihr Gebiet geeignete Aufgaben stellen.

Es geht los!

1. Erklären Sie den Teilnehmern, daß sie erforschen sollen, wie die Umweltbedingungen um ein Gebäude (um das Schulhaus herum) das Wachstum der Pflanzen dort beeinflussen.
2. Teilen Sie die Gruppe in Teilgruppen von drei oder vier Teilnehmern auf. Geben Sie jeder Teilgruppe eine der kleinen Karten. Besprechen Sie gemeinsam diese Karten

Aktionskarte Grün am Bau

Welches ist die häufigste Zierpflanze (angepflanzt)?

Stecke einen kleinen Zweig oder ein Blatt der Pflanze ein.

Gefällt sie Dir? Würdest Du sie auch in Deinem Garten anpflanzen?

Markiere die Stelle auf der Karte mit „**Z**".

Aktionskarte Grün am Bau

Welche Pflanze ist die häufigste Wildpflanze in dem Gebiet? Welche Standorte bevorzugt sie?

Stecke eine Pflanze ein.

Markiere die Stellen auf der Karte mit „**W**".

Aktionskarte Grün am Bau

Suche Pflanzen, die vom Menschen beschädigt worden sind, z.B. abgerissene Zweige oder umgetretene Setzlinge.

Markiere diese Stellen mit einem **roten Kreuz**.

An welchen Stellen wurden besondere Hilfen für die Pflanzen konstruiert (z.B. Stöcke zum Festhalten von Bäumen oder Gitter für rankende Pflanzen)?

Markiere diese Stellen auf der Karte mit einem **grünen Kreuz**.

Aktionskarte Grün am Bau

An welchen Stellen scheinen die Pflanzen besonders schlecht zu wachsen?

Kennzeichne diese Stellen mit **Minuszeichen**.

Überlege, warum dies so ist.

An welchen Stellen wachsen die Pflanzen besonders gut (Wo machen sie einen besonders kräftigen Eindruck?)?

Markiere diese Stellen mit **Pluszeichen**.

Überlege, warum die Pflanzen dort so gut wachsen.

Aktionskarte Grün am Bau

Wo stehen die größten Bäume oder Sträucher?

Markiere die Stelle auf Deiner Karte mit einem „**G**".

Aktionskarte Grün am Bau

An welcher Stelle ist der Pflanzenwuchs besonders dicht?

Markiere diese Stellen mit kleinen „**d**"s.

Überlege, warum die Pflanzen an diesen Stellen so dicht gewachsen sein könnten.

Aktionskarte Grün am Bau

An welchen Stellen ist besonders viel „Unkraut" in den Beeten?

Markiere diese Stellen mit „**U**"
und überlege, warum da so viel Kräuter wachsen können.

An welchen Stellen wächst besonders viel Moos?

Markiere diese Stelle mit „**M**"
und überlege, warum das Moos dort so gut gedeiht.

Aktionskarte Grün am Bau

Wo stehen die kleinsten Gehölze (Zwergsträucher)?

Markiere die Stelle auf Deiner Karte mit einem „**K**".

und helfen Sie jeder Gruppe, sich nach der Karte zu orientieren (Lage des Gebäudes, der Wege usw.).
3. Teilen Sie die Aktionskarten aus und sagen Sie, daß für die verschiedenen Aufgaben immer so viel Beispiele wie möglich gefunden werden sollen. Wenn nötig, sollen Fundorte mit Bleistift in die Karten eingetragen werden.
4. Geben Sie eine Zeit an, nach der die Gruppen sich zur Besprechung wieder am Ausgangspunkt treffen sollen. Schikken Sie die Gruppen los und helfen Sie, wo nötig.
5. Nach 15 oder 20 Minuten versammeln sich die Gruppen vor der großen Karte (Anschlagtafel) und tragen ihre Ergebnisse in diese große Karte mit Wachskreide ein.

Grüne Gedanken

Versuchen Sie, bei der Besprechung der Ergebnisse einige der Umweltfaktoren in ihrer Wirkung herauszustellen. Wie ist es z. B. mit dem Lichtgenuß? An welcher Seite des Gebäudes scheint die Sonne am längsten, wo ist es am schattigsten? Läßt sich dies mit den dort wachsenden Pflanzen in Beziehung setzen? Wo sind die feuchtesten Stellen, gibt es eine Stelle, wo besonders viel Regenwasser vom Gebäude abläuft? Ist eine Stelle viel windiger als eine andere Stelle und kann man das am Pflanzenwachstum sehen? Wo gehen die meisten Leute vorbei? Beeinflussen sie die Pflanzendecke?

Was man noch tun kann

Umweltfaktoren

Nachdem die Teilnehmer eine erste Vorstellung von der Wirksamkeit verschiedener Umweltfaktoren bekommen haben, können nun einzelne dieser Faktoren genauer untersucht und kartiert werden. Auf einem weiteren Rundgang um das Gebäude kann nun z. B. auf folgende Umweltfaktoren besonders geachtet werden (arbeitsteilige Aufgabenstellung):

- Bodenzusammensetzung. Wie fest ist der Boden? Das kann ermittelt werden, indem man einen Stock in den Boden steckt und mißt, wie weit er sich einstekken läßt. Genauer ist die Methode mit einem Fallot. Wie tief dringt das Lot, wenn man es von 2 m Höhe auf den Boden fallen läßt, in die Erde ein?
- Bodenfeuchtigkeit. Bei trockenem Wetter können Löcher gegraben werden und man kann feststellen, bis zu welcher Tiefe die Bodenkrume ausgetrocknet ist.
- Wo ist es am windigsten? Die Windgeschwindigkeit kann mit einem einfachen Windrad gemessen oder nur geschätzt werden.

Unterschiedliche Expositionen

Lassen Sie die Teilnehmer nach Unterschieden zwischen den verschiedenen Himmelsrichtungen suchen. Kann auf Ost-, West-, Süd- und Nordseite unterschiedliches Pflanzenwachstum beobachtet werden? Läßt sich dies mit bestimmten Umweltbedingungen in Verbindung bringen? Wie würde das aussehen, wenn das Gebäude anders orientiert wäre?
Nach Rückkehr sollen dann die Gruppen ihre Ergebnisse in die Karte eintragen, und gemeinsam überlegt man sich, inwieweit die vorkommenden Pflanzen und ihr Wachstum von diesen Bedingungen abhängen.

Eigene Planung

Schlagen Sie vor, daß die Gruppe gemeinsam nun einen Bepflanzungsplan für die Umgebung des Gebäudes herstellt, der den Umweltfaktoren Rechnung trägt. Wie könnte man die jetzige Bepflanzung verbessern? Was könnte man schöner machen?
Die Aktionskarte, die nach der häufigsten Zierpflanze fragt, soll auf Überlegungen zur

eigenen Gartenplanung und Gestaltung vorbereiten. Um öffentliche Gebäude wird man häufig niederliegende Cotoneaster-Arten (Zwergmispeln), oder Heckenrosen-Arten (Schottische Rose) antreffen. Warum werden solche Bodendecker (Cotoneaster) oder dicht buschigen Pflanzen (Rosa rugosa) so gerne angepflanzt? Warum darf in den Beeten kein »Unkraut« wachsen? Was sind »Unkräuter« für Pflanzen? Sind sie besonders häßlich? usw.

Literatur

WINKEL, G.: Das Schulgarten-Handbuch. Friedrich, Velber, 1985.

KLOEHN, E., ZACHARIAS, F. (Hrg.): Einrichtung von Biotopen auf dem Schulgelände. Schmidt u. Klaunig, Kiel, 1984 (IPN/IPTS).

Viele Gartenbücher enthalten Zusammenstellungen über häufige Zierstauden und Ziergehölze:

CUISANCE, P., SEABROOK, P.: Ziersträucher, Schmuck der Gärten. Fehling, Hannover, 1970.

BLOOM, A.: Stauden, Pracht der Gärten. Fehling, Hannover. 1971.

DESARZENS, A. F., MARTHALER, M.: Ziersträucher. Hallwag Taschenbücher Bd. 86, Bern, 1969.

Soll die Arbeit in Richtung Gartenplanung vertieft werden, so empfiehlt sich die Lektüre eines Buches zum »alternativen Gartenbau«, z. B.:

BUND Naturschutz in Bayern e.V.: Ökologischer Garten. fischer-alternativ, Frankfurt, 1981.

Regenwürmer verbessern den Boden

Regenwurmhäufchen geben Auskunft über die Aktivität von Regenwürmern in verschiedenen Böden (z. B. Acker, Wiese, Wald) und lassen Rückschlüsse auf die Bodenqualität zu.

Ort:	**Jahreszeit:**	**Gruppengröße:**	**Alter:**	**Zeitbedarf:**
Waldrand mit angrenzenden Wiesen und Äckern, Park	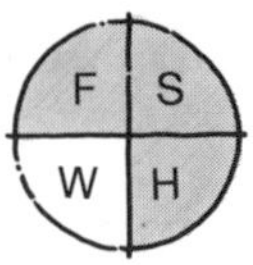	15 bis 20	ab 10 Jahren	45 bis 60 Minuten

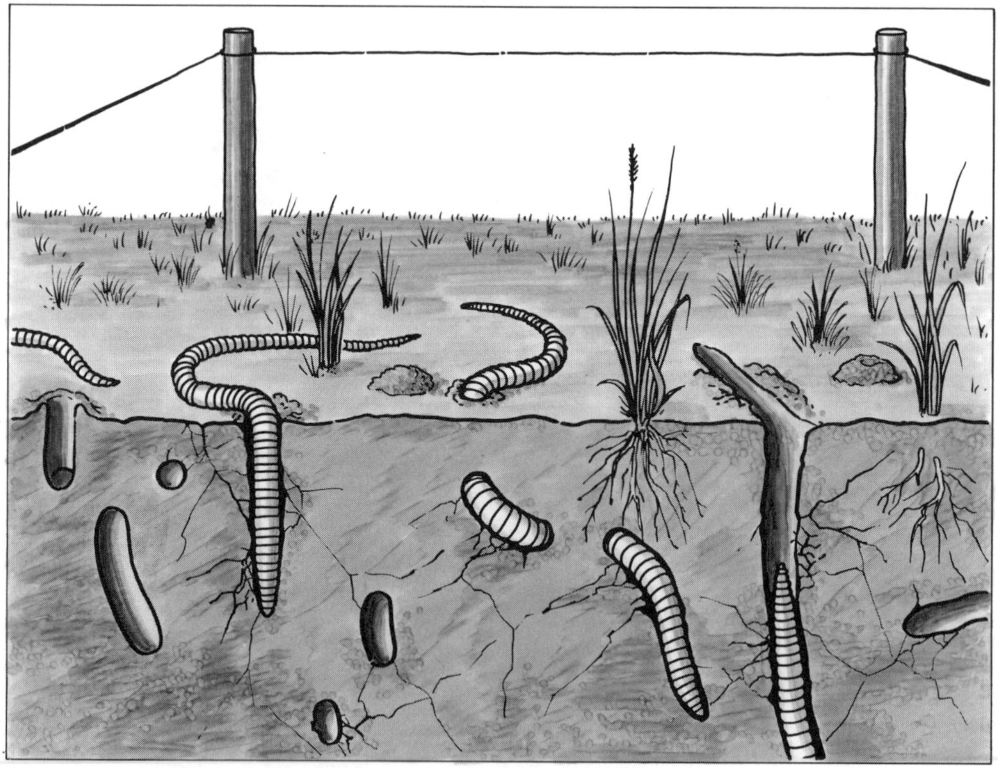

Was man wissen sollte

Regenwürmer sind für die Biologie der Böden sehr wichtig, wie schon Darwin in seiner berühmten Arbeit von 1883 festgestellt hat (»The formation of vegetable mould through the action of worms with observations on their habits«).
Regenwürmer durchziehen den Boden mit ihren Gängen, die zum Teil über 1 Meter tief sind. Je dichter das Gangsystem ist, um so leichter können Luft und Wasser in den Boden eindringen. In gut belebten Böden wurden in den obersten 30 cm über 400 senkrechte Regenwurmröhren pro Quadratmeter gezählt.
Die Wurmgänge sind mit Regenwurmkot austapeziert und erhalten dadurch ihre Festigkeit. Wie man an Bodenanschnitten sehen kann, folgen die sauerstoffbedürftigen Wurzeln den Wurmgängen in die Tiefe und umspinnen sie mit einem feinen Geflecht.
Würmer fressen sich gleichsam durch den Boden. Sie setzen den erdigen Kot an der Oberfläche als Häufchen ab. Tiefe Bodenschichten werden so nach oben befördert. Umgekehrt ziehen die Würmer abgestorbene Pflanzenteile in den Boden, die dort vermodern und später aufgefressen werden. Die Arbeit, die die Würmer beim Umschichten und Vermengen des Bodens leisten, ist enorm. Leben doch auf einem Quadratmeter Wiese, je nach Bodenart, zwischen 100 und 500 Würmer. Sie schaffen jährlich eine Bodenschicht von 2 bis 5 mm Dicke von unten nach oben. Da Würmer auch Steine und Wegplatten untergraben, sinken diese im Laufe der Zeit ein und werden mit Erde bedeckt.
Boden und zersetzte Pflanzenteile werden

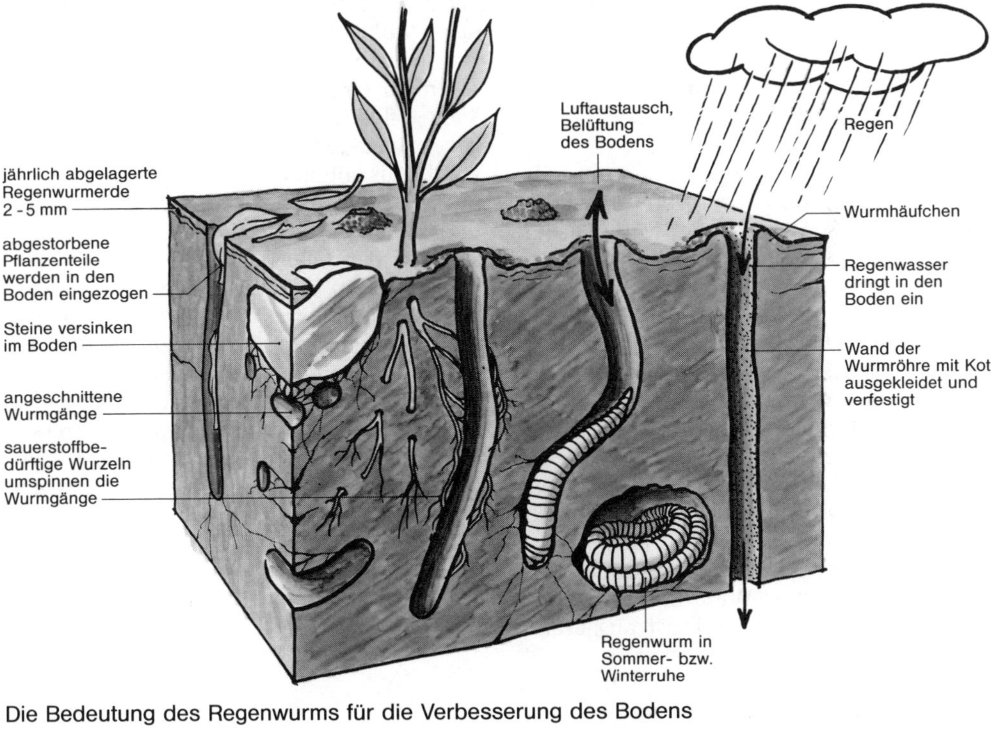

Die Bedeutung des Regenwurms für die Verbesserung des Bodens

im Darm der Regenwürmer innig miteinander vermengt und mit bodenbelebenden Bakterien versetzt. Die Regenwurmhäufchen (Regenwurmerde) bilden eine sehr gute Erde, die das Wasser leicht aufnimmt und gut festhält. Regenwurmerde ist feinkrümelig und 2 bis 3 mal so fruchtbar wie der Boden, dem sie entstammt.
Um die Bedeutung des Regenwurmkots als Dünger richtig abschätzen zu können, sammelte man über ein ganzes Jahr hinweg den Regenwurmkot von genau abgesteckten Probeflächen verschiedener Wiesen. Es ergab sich, daß pro Quadratmeter zwischen 4 bis 8 kg Regenwurmerde abgelagert wurden. Das sind 40 bis 80 Tonnen Regenwurmerde pro Hektar und Jahr mit einem Stickstoffgehalt von 100 kg, was einer einfachen bis doppelten Stallmistgabe entspricht.
Auf einer Weide leben 1 bis 5 Millionen Würmer pro Hektar (100 bis 500 pro m^2) mit einem Gesamtgewicht von ca. 2000 kg. Das entspricht dem Gewicht von etwa 3 Rindern, die zu ihrer Ernährung auch etwa 1 Hektar Weide benötigen. D.h. also, daß die Biomasse der Regenwürmer so groß ist wie die der Rinder, die auf einem Hektar Weide grasen.
Die Ansicht, daß Regenwürmer ein sehr hohes Regenerationsvermögen haben, ist falsch. Wird ein Wurm in der Mitte auseinandergeschnitten, dann stirbt er. Es können höchstens die Hinterenden neu gebildet werden. Doch auch dies gilt nicht für alle Regenwurmarten. Der bekannteste von allen Regenwurmarten, *Lumbricus terrestris*, der bis 20 cm lang wird, hat kein Regenerationsvermögen. Deshalb ertragen Regenwürmer intensive Bodenbearbeitung schlecht. Sie werden vor allem beim Fräsen des Bodens zerschnitten. Die höchsten Wurmpopulationen findet man in ruhenden Böden.
Bleibt der Boden nach der Ernte unbedeckt, so ist er im Sommer Wind und Sonne, im Herbst und Winter dem Frost ausgesetzt. Beides ertragen Regenwürmer schlecht. Wird die Oberfläche mit abgestorbenen Pflanzenresten wie Laub oder zerkleinerten Pflanzenstengeln abgedeckt, dann finden die Würmer günstige Lebensbedingungen und ein reiches Futterangebot. Diese Methode des »Mulchens«, die früher weitverbreitet war, wird heute in der Landwirtschaft wieder mehr eingeführt.
Viele Pflanzenbehandlungsmittel, die man gegen Insektenfraß und Pilzbefall einsetzt, wirken als Gift auf die Regenwürmer. Gehen die Regenwürmer zugrunde, dann verliert der Boden rasch an Fruchtbarkeit. Es bildet sich an der Oberfläche eine Schicht mit unzersetzten Pflanzenresten. Der Boden wird fest und nimmt weniger Wasser auf. Die Pflanzenwurzeln sind nur lose mit den einzelnen Bodenteilen verbunden.
Regenwürmer dienen zahlreichen Tieren als Nahrung. Kröten und Frösche fressen Regenwürmer ebenso gerne wie viele Vögel. Spitzmäuse und Maulwürfe sind auf Regenwürmer angewiesen.

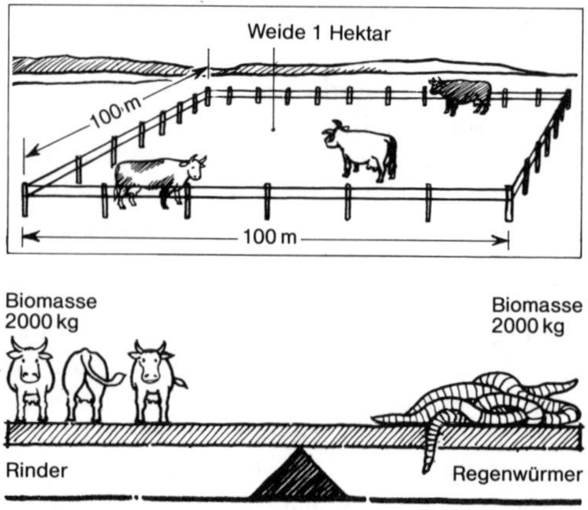

Vergleich der Biomasse von Rindern und Regenwürmern pro Hektar Weidefläche

Was man braucht

Für die ganze Gruppe:

Schreibpapier
Filzschreiber
5–6 Plastiktüten
(Federwaage bis 1 kg)
(1 Spaten)

Für jede Teilgruppe:

1 Schnur, Länge 4,20 m
1 Plastikbecher (Joghurtbecher)
1 Plastiklöffel
4 Nägel, ca. 10 cm lang, (oder Zeltheringe oder Holzpflöcke) zum Ausspannen der Schnur.

Was man vorbereiten und bedenken muß

Am besten eignet sich eine Stelle, bei der verschiedene Biotope mit unterschiedlichen Böden dicht beieinander liegen. Sehr gut geeignet ist z. B. ein Waldrand mit angrenzenden Wiesen und Äckern, oder ein Park mit Rasenflächen, Büschen und vielleicht einer Baumgruppe als Waldersatz.
Die Untersuchung kann man vom Frühjahr bis in den Spätherbst hinein durchführen. Ist der Sommer heiß und trocken, halten die Regenwürmer eine Sommerruhe.

Es geht los!

1. Sagen Sie der Gruppe, daß wir heute Untersuchungen über das Vorkommen der Regenwürmer auf verschiedenen Böden durchführen werden. Lassen Sie die Teilnehmer berichten, was sie von der Lebensweise und der Nützlichkeit der Regenwürmer wissen.
2. Fordern Sie die Teilnehmer dazu auf, Spuren zu suchen, die erkennen lassen, daß Regenwürmer im Boden leben. Geben Sie 1 bis 2 Minuten Zeit. Suchen Sie selbst nach einem Regenwurmhäufchen auf dem Boden. Rufen Sie die Teilnehmer wieder zu sich heran.
3. Lassen Sie berichten. Zeigen Sie ein Regenwurmhäufchen vor. (Notfalls das, das Sie selbst gefunden haben). Sagen Sie, daß die Regenwürmer den Kot als Häufchen an der Erdoberfläche absetzen. Die Regenwurmhäufchen bestehen aus Erde, die sehr fruchtbar ist, und die man ohne Bedenken mit den Fingern anfassen kann.
4. Es sollen verschiedene Böden auf die Tätigkeit von Regenwürmern untersucht werden. Lassen Sie die Teilnehmer selbst Vorschläge machen, welche Böden sinnvollerweise untersucht werden könnten (Wiese oder Rasen, Acker oder Garten, Boden unter Hecken und Bäumen, von Laub- und Nadelwald).
5. Vergleiche sind nur sinnvoll, wenn die Wurmhäufchen von genau gleich großen

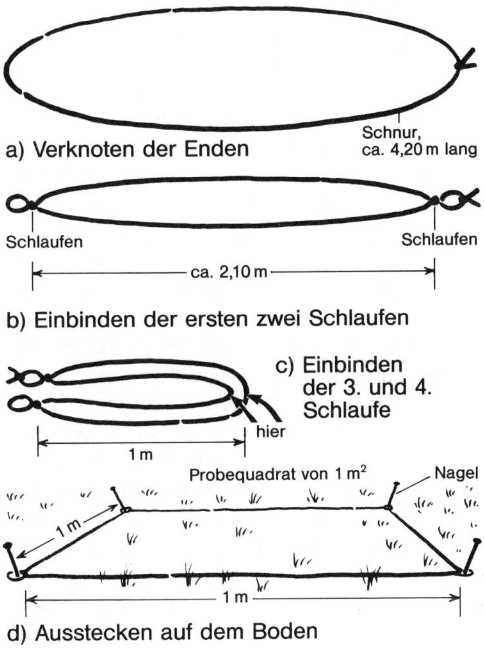

Flächen abgelesen werden. Zeigen Sie, wie man ein Probequadrat von 1 m^2 absteckt (s. Abb. S. 215):
- Die beiden Enden der 4,20 m langen Schnur werden verknotet. (a)
- Wir spannen die verknotete Schnur aus, so daß sie doppelt liegt. In die beiden sich genau gegenüberliegenden Enden knüpfen wir je eine kleine Schlaufe. (b)
- Die Schnur wird auf die Hälfte gelegt. An den beiden freien Enden wird wieder eine Schlaufe eingebunden, so daß wir im Abstand von je 1 m eine Schlaufe in der Schnur haben. (Die 20 cm, die wir zu den 4 m dazu gegeben haben, gingen in den Knoten und Schlaufen auf). (c)
- Die Schnur wird auf dem Boden ausgelegt und an den vier Schlaufen zu einem Quadrat ausgezogen. Die Eckpunkte werden mit einem Nagel (Zelthering, Holzpflock) festgesteckt. (d)

6. Teilen Sie die Gruppe in 4 bis 6 Untergruppen mit je 2–4 Teilnehmern auf.
7. Geben Sie jeder Teilgruppe
   1 Schnur von einer Länge von 4,20 m
   1 Plastikbecher
   1 Plastiklöffel für jeden Teilnehmer.
8. Beginnen Sie am besten auf einer Wiese oder einem Rasen mit der Aktivität, da man dort die Wurmhäufchen am leichtesten findet. Sagen Sie, daß die Regenwurmerde nur aus den Probequadraten abgesammelt werden darf. Sind die Wurmhäufchen etwas angetrocknet, kann man sie am besten mit den Fingern wegnehmen. Um ein Probequadrat auszustecken und abzusammeln, braucht man etwa 5 Minuten.
9. Sind die Teilnehmer mit dem Absammeln fertig, dann kommen sie zum Leiter zurück. Es wird verglichen, wieviel die einzelnen Gruppen eingesammelt haben. Die Regenwurmerde wird in einer Plastiktüte gesammelt, auf der mit Filzschreiber die Herkunft, z.B. »Wiese«, vermerkt wird.
10. Auf die gleiche Art und Weise werden von 2 bis 3 anderen Böden Regenwurmhäufchen abgesammelt.
11. Versammeln Sie alle Teilnehmer um sich. Lassen Sie die gesammelte Regenwurmerde der verschiedenen Böden jeweils auf einem Blatt Schreibmaschinenpapier auslegen. Auf welchem der Böden waren am meisten Regenwurmhäufchen? Wie unterscheidet sich die Regenwurmerde der verschiedenen Böden in Form, Farbe, Festigkeit und Struktur?
12. Ist die Regenwurmerde feucht, dann läßt sie sich zusammenkneten. Lassen Sie aus den verschiedenen Bodenproben gleich dicke Säulen bilden, die nebeneinander aufgestellt werden. Mit einem Blick kann man bei einem solchen »Säulendiagramm« ablesen, daß z.B. auf der Wiese doppelt so viel Regenwurmerde gefunden wurde als im Fichtenwald.

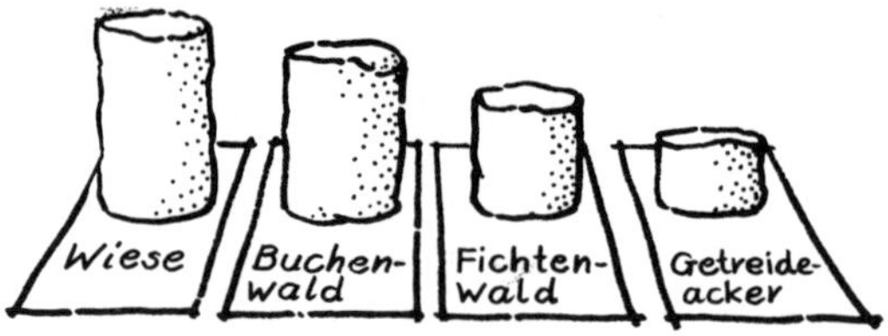

Säulen aus Regenwurmerde verschiedener Böden

Steht eine Federwaage zur Verfügung, dann können die Bodenproben ausgewogen werden. Die Werte werden notiert und miteinander verglichen.

Aufwühlende Fragen

1. Warum leben auf der Wiese und im Laubwald mehr Regenwürmer als im Acker und im Nadelwald?
2. Die Regenwurmerde ist dunkler und feinkörniger als der Mutterboden. Warum?

3. Stell Dir vor, auf einem Acker seien durch Spritzmittel alle Regenwürmer umgekommen. Der Acker nebenan wurde nicht gespritzt, so daß im Boden noch viele Würmer leben.
   - Welcher Boden nimmt bei einem heftigen Regen das Wasser schneller auf? Warum?
   - Welcher Boden ist lockerer? Warum?
   - Welcher Boden ist feinkörniger? Warum?
   - Auf welchem Boden wachsen vermutlich die Pflanzen besser?
4. Überlege, welche Tiere Regenwürmer als Futter zu sich nehmen.

Was man noch tun kann

Stechen Sie mit dem Spaten eine etwa 20 cm dicke Scholle aus dem Boden aus (Wiese, Wald, Acker). Suchen Sie nach Wurmgängen und Regenwürmern. Zeigen Sie, wie Luft und Wasser entlang der Wurmröhren eindringen können. Läßt sich erkennen, daß die Wurzeln vor allem die Wurmröhren umspinnen? (An der Oberfläche ist dies oft nicht deutlich zu sehen. Besonders auffallend lassen sich die Wurzeln an Wurmröhren verfolgen, die 1 bis 2 m tief in den Boden führen, wie man es dann und wann an frisch aufgerissenen Baustellen beobachten kann).

Braune Blüten am Apfelbaum

Apfelblütenstecher und andere Insekten werden von Apfelbäumen geklopft und gezählt. Wir sprechen über die Pflanzenbehandlung.

Ort:

Obstgarten, Obstwiese

Jahreszeit:

Gruppengröße:

10 bis 20

Alter:

ab 12 Jahren

Zeitbedarf:

40 bis 60 Minuten

Was man wissen sollte

Alle unsere Nutzpflanzen bieten auch Nahrung für Insekten. Insekten, die Nutzpflanzen schädigen oder gar vernichten, nennen wir Schadinsekten oder kurz Schädlinge. Insekten, die Schädlinge fressen, nennen wir Nutzinsekten oder Nützlinge.

Da die Nützlinge, zu denen nicht nur die Nutzinsekten, sondern z.B. auch die Vögel gehören, in den groß angelegten Monokulturen mit den Schädlingen oft nicht mehr fertig werden, greift der Mensch häufig mit Pflanzenbehandlungsmitteln in die Schädlingsbekämpfung ein. Wir wollen uns hier auf die Schädlingsbekämpfung von Obstbäumen beschränken.

Die *biologische Schädlingsbekämpfung* ist absolut umweltfreundlich. Sie sollte soweit wie möglich gefördert und eingesetzt werden. Als Hilfsmaßnahme kann man z.B. Nistkästen für Meisen und andere Singvögel aufhängen, welche die Insekten von Blättern und Blüten ablesen und auffressen.

In neuerer Zeit werden immer mehr Möglichkeiten erprobt, gezielt Schädlinge zu vernichten: Die Nutzinsekten werden z.B. künstlich in Massenzuchten vermehrt und gegen die Schädlinge freigelassen. Ein Beispiel sei genannt: Die San José-Schildlaus wurde nach 1946 zum ersten Mal in Deutschland nachgewiesen. Sie wurde aus den USA eingeschleppt. In Obstgärten richtet sie riesige Schäden an. Seit 1954 hat man eine winzige Schlupfwespe (Größe 0,8 mm) ebenfalls aus USA eingeführt und vermehrt. Es wurden über 27 Millionen Schlupfwespen ausgesetzt. Innerhalb von 15 Jahren ging daraufhin der Befall mit der San José-Schildlaus in Baden-Württemberg um nahezu 95% zurück (Befallszahl 1959: 100%; 1974: 5,2%).

Eine weitere Möglichkeit biologischer Schädlingsbekämpfung kann zuweilen mit Erfolg angewendet werden: Die Schadinsekten werden vermehrt und die Männchen mit Röntgenstrahlen so stark behandelt, daß sie unfruchtbar werden. Man läßt die Männchen frei. Jedes Weibchen, das sich mit einem sterilen Männchen paart, legt unfruchtbare Eier. Führt man dies mit sehr vielen sterilen Männchen über mehrere Generationen durch, dann kann die Anzahl der Schädlinge sehr stark verringert werden.

Manche Schädlinge kann man mit Leimgürteln, die um Bäume gelegt werden, abfangen. Insekten wie Apfelblütenstecher und Frostspanner, die unter Rinde und am Boden überwintern, krabbeln am Stamm der Obstbäume hoch und werden durch die Leimgürtel abgefangen.

Gifte sollten nur bei starkem Schädlingsbefall eingesetzt werden. Sie haben meist den Nachteil, daß sie unspezifisch wirken, d.h. Schädling und Nützling gleichermaßen vernichten. Eine Meisenbrut, die mit vergifteten Blattläusen gefüttert wird, stirbt daran. Marienkäfer und deren Larven, die von Blattläusen leben, werden durch Spritzmittel getötet. Da nun die natürlichen Feinde fehlen, können sich die überlebenden oder neu zugewanderten Schädlinge ungestört vermehren, so daß immer mehr Spritzungen notwendig werden. Dies ist gefährlich, denn einerseits wird das Gift im Boden oft nur sehr langsam abgebaut, andererseits bleibt es an den Früchten hängen und wird auch von uns mit der Nahrung aufgenommen.

Bevor ein Landwirt oder ein Kleingärtner sich zur Schädlingsbekämpfung mit Gift entschließt, sollte er prüfen, wie stark der Schädlingsbefall ist, und ob er noch geduldet werden kann. Dazu werden die Insekten, die z.B. auf einem Apfelbaum leben, in einer Stichprobe abgesammelt, sortiert und ausgezählt. In der Beratungspraxis geht man dabei so vor, daß man in einen Fangtrichter mit einer Öffnung von 1/4 m^2 die Insekten von 100 Ästen abklopft. Findet man bei Apfelbäumen kurz vor der Blüte in einer solchen Probe mehr als 30–40 Apfelblütenstecher, dann ist die »wirtschaftliche Schadensschwelle« überschritten, und es wird gespritzt.

Ein geringer Befall mit dem Apfelblütenstecher ist bei einem guten Blütenansatz sogar vorteilhaft, da ein Baum noch eine Vollernte ergibt, wenn sich 10 % der Blüten zur Frucht entwickeln. Der Apfelblütenstecher besorgt hier eine natürliche Verdünnung und fördert damit das Wachstum der Einzelfrüchte.

Zur Lebensweise des Apfelblütenstechers

Der Apfelblütenstecher ist ein 3,5–4,5 mm großer, graubrauner Rüsselkäfer, der in Rindenritzen und an geschützten Stellen am Boden überwintert. Im Frühjahr frißt er an den Knospen von Apfel- und Birnbäumen. Nach der Begattung beißt das Weibchen ein seitliches Loch in eine Blütenknospe, legt ein Ei und schiebt es mit seinem langen Rüssel in die Blüte. Dort schlüpft die Larve aus, die von innen her die Staubblätter, den Stempel, den Fruchtknoten und einen Teil der Blütenblätter auffrißt. Die Blütenblätter bräunen sich und sehen wie »verbrannt« aus. Die Puppe ruht in der Knospe, die nicht abfällt, und der Käfer schlüpft 4 bis 6 Wochen nach der Eiablage aus. Die Käfer fressen im Sommer von den Blättern und überwintern schließlich.

Was man braucht

Für jede Gruppe (2–4):

1 Plastikschüssel oder Plastikwanne (Durchmesser ca. 40 cm)
1 Gummihammer, der mit einem Stück Wollstoff gepolstert ist (notfalls ein Stock)
10 Marmeladengläser mit Deckel in einer Plastiktüte
1 Schere
1 Rolle Tesafilm
1 großer Aquarellpinsel
2 Aktionskarten, vervielfältigt
Schreibzeug
wenn möglich:
1 Lupe
1 Pinzette

Was man vorbereiten und bedenken muß

Für die Untersuchung wählen wir einen Obstgarten oder eine Obstbaumwiese mit Apfel- und Birnbäumen aus. Bei Niederstämmen können wir die Äste vom Boden aus abklopfen. Bitten Sie ein oder zwei Wochen vorher den Besitzer darum, die Aktivität auf seinem Grundstück durchführen zu dürfen. Erklären Sie ihm genau, was Sie vorhaben. Laden Sie ihn zu dem abschließenden Gespräch ein.
Der Apfelblütenstecher tritt ab Mitte März auf. Kurz bevor die Apfelblüten aufbrechen, erkennt man einen Befall an braunen, runden Fraßstellen der Knospen. Während der Zeit der Apfelblüte werden die braunen, »verbrannten« Blütenknospen besonders deutlich sichtbar. Sie fallen nicht mehr ab.
Unter den Ast eines blühenden Apfelbaums hält man ein Auffanggefäß und schlägt mit dem gepolsterten Gummihammer gegen den Ast, so daß die Insekten abfallen und in dem Gefäß aufgefangen werden. Der Ast darf nur vorsichtig abgeklopft werden, da er leicht verletzt werden kann. Bei zu harten Schlägen löst sich später die Rinde ab (s. S. 221)!

Auswertung

Standardisierte Zahlen sind auf die Anzahl von Insekten bezogen, die beim Abklopfen von 100 Ästen in einen Fangtrichter mit einer Öffnungsweite von 1/4 m^2 fallen. Da wir keinen solchen Fangtrichter haben, müssen wir entsprechend mehr Äste abklopfen oder einen weiteren Umrechnungsfaktor einbringen. Wollte jede Gruppe 100 oder mehr Äste abklopfen, dann würden wir sehr viel Zeit brauchen und müßten einen großen Obstgarten zur Verfügung haben. In der Regel werden wir uns damit begnügen, daß jede Gruppe 20 Äste abklopft. Der Umrechnungsfaktor wird dann wie folgt berechnet:
Standardwert:
100 Äste mit je 0,25 m^2 Fangfläche ≙ 100 · 0,25 m^2 = 25,0 m^2 Gesamtfläche

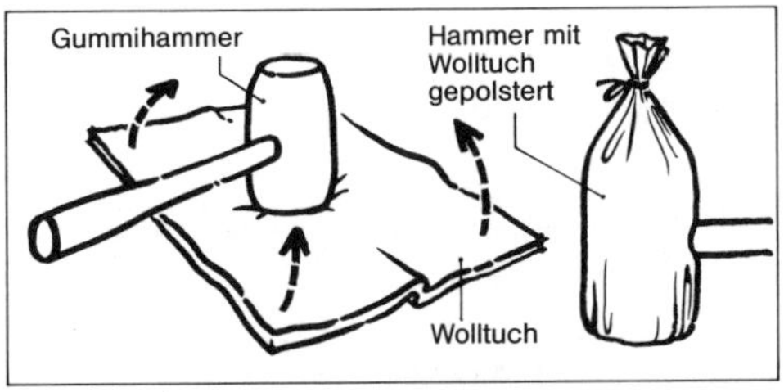

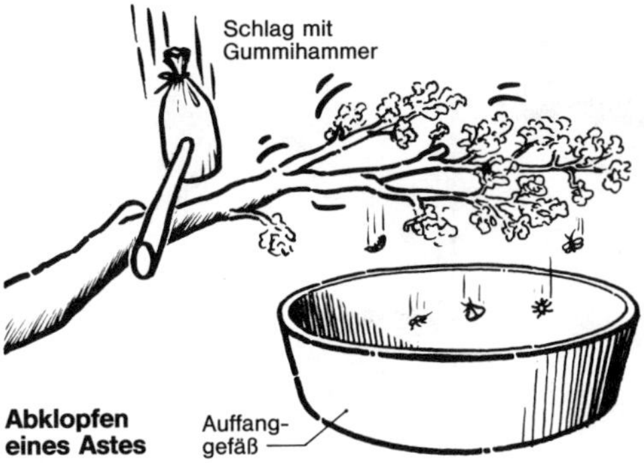

Abklopfen eines Astes

Durchmesser der verwendeten Plastikschüssel: 0,4 m
Öffnungsfläche F: $r \cdot r \cdot \pi$
$F = 0{,}2 \cdot 0{,}2 \cdot 3{,}14\ m^2 = 0{,}125\ m^2$

Gefundener Wert:
20 Äste mit je $0{,}125\ m^2$ Fangfläche ≙ $20 \cdot 0{,}125\ m^2 = 2{,}5\ m^2$ Gesamtfläche
Die Ergebnisse müssen also mit dem Faktor 10 multipliziert werden, um Standardwerte zu bekommen. Wenn Sie beabsichtigen, mit älteren Schülern auf die »wirtschaftliche Schadenschwelle« einzugehen, dann schreiben Sie vor Beginn der Aktivität die Umrechnungsfaktoren auf die Plastikwannen.

Es geht los!

1. Versammeln Sie die Teilnehmer in einem Obstgarten oder einer Obstbaumwiese und zeigen Sie den Blütenansatz von Apfel- und Birnbäumen. Stellen Sie die Frage, ob es gut wäre, wenn sich aus jeder Blüte ein Apfel entwickeln würde. (Vollertrag eines Baumes mit gutem Blütenansatz, wenn aus jeder 10. Blüte eine Frucht wird. Entwickeln sich mehr Äpfel oder Birnen, dann bleiben die Früchte klein.) Fragen Sie nach Ursachen, die dazu führen können, daß sich eine Blüte nicht zur Frucht entwickelt.
2. Lassen Sie die Teilnehmer von den Schädlingen und Nützlingen im Obstgarten berichten. Geben Sie der Gruppe etwa 5 Minuten Zeit, um an den Obstbäumen nach den Spuren von Schädlingen zu suchen und anschließend darüber zu berichten. Weisen Sie besonders auf braune, »verbrannte« Blüten hin. Wer war der Täter?
3. Da es oft schwierig ist, Insekten an einem Ast zu finden, hat man ein besonderes Verfahren, das Abklopfen, entwickelt. Zeigen Sie, wie man vorsichtig in ein Auffanggefäß abklopft. Geben Sie jeder Gruppe das notwendige Arbeitsgerät und die Aktionskarte »Abklopfen eines Astes«.
4. Rufen Sie nach etwa 20 Minuten die Gruppen zurück. Die Fänge werden gezeigt und miteinander verglichen. Sagen Sie, daß es uns nicht möglich ist, alle Insekten, die an einem Baum leben, zu kennen und auf die Art anzusprechen. Es ist ausreichend, wenn man einige wichtige Schädlinge und Nützlinge erkennt. Teilen Sie die Ordnungskärtchen aus, und fordern Sie die Gruppen auf, aus ihren vorsortierten Proben Schad- und Nutzinsekten herauszulesen. Sie werden in besonders etikettierte Gläser gebracht (Schreibzeug, Schere, Tesafilm).
5. Erklären Sie, daß die Nützlinge helfen, den Obstbestand gesund zu erhalten (biologische Schädlingsbekämpfung). Schauen Sie sich mit den Teilnehmern um, ob Nistkästen für Vögel aufgehängt sind. Sagen Sie, daß nur gespritzt werden muß, wenn die Schädlinge überhandnehmen. Einige wenige Schädlinge können geduldet werden. (Bei älteren und inter-

Aktionskarte Abklopfen eines Astes

Trage in die Ordnungskärtchen Deinen Namen ein, schneide sie aus und klebe sie als Etiketten mit Tesafilm auf die Marmeladengläser.

Klopfe 20 Äste eines Apfel- oder Birnbaums ab. (Bei kleinen Bäumen klopfen wir die Äste von 3 oder 4 Bäumchen ab). Die in den Gefäßen aufgefangenen Insekten werden in die etikettierten Marmeladengläser einsortiert. (Sind sehr viele Insekten vorhanden, beginnen wir mit dem Einsortieren, nachdem 10 oder 5 Bäume abgeklopft wurden.) – Pinsel und Pinzette können von Nutzen sein.

Käfer

gesammelt von:

....

Schmetterlinge
(Raupen)

gesammelt von:

....

Ameisen

gesammelt von:

....

Blattläuse

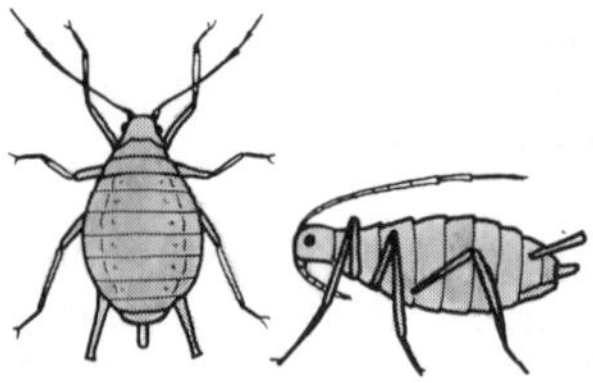

gesammelt von:

....

Spinnentiere
(kein Insekt!)

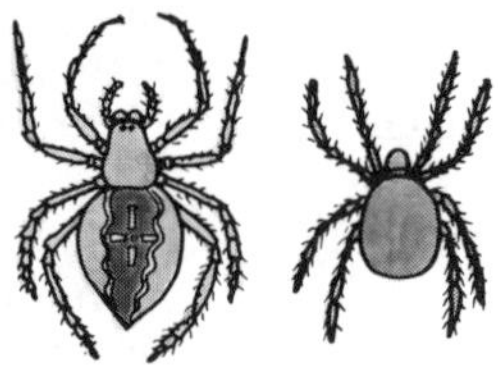

gesammelt von:

....

Andere

gesammelt von:

....

essierten Teilnehmern können Sie den Begriff der »wirtschaftlichen Schadenschwelle« einführen und nachprüfen lassen, ob z.B. für den Apfelblütenstecher eine Spritzung angebracht wäre).

8. Wenn sich die Möglichkeit bietet, dann schließen Sie die Aktivität im Gespräch mit dem Gartenbesitzer bzw. Bauern ab. Sprechen Sie über die Art der Pflanzenbehandlung, die er in seinem Garten durchführt und über die anderen Möglichkeiten der Schädlingsbekämpfung.

Was man noch tun kann

Es bietet sich an, die Aktivität auch auf einem »alternativ« oder »biologisch-dynamisch« geführten Hof durchzuführen und die Ergebnisse zu vergleichen.

Ordnungskärtchen

Trage in die Kärtchen Deinen Namen ein, schneide sie aus und klebe sie als Etikett mit Tesafilm auf die Marmeladengläser:

in Massen schädlich:
Apfelblütenstecher

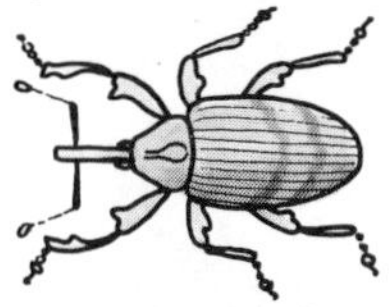

Rüsselkäfer mit hellgrauer Querbinde, Größe 4 mm. Weibchen legt Eier in Blütenknospe. Die Larve zerstört die Blüte von innen. Knospe wird braun und fällt ab. Braune Blüten am Apfelbaum.

gesammelt von:

....

in Massen schädlich:
Grüne Apfellaus

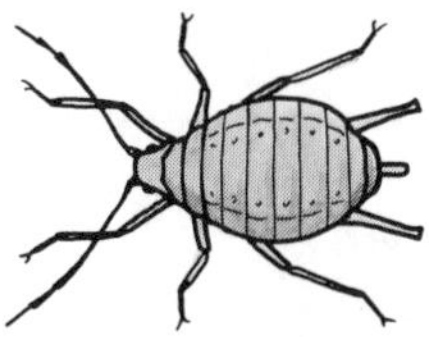

Überwintert am Stamm. Weibchen legt Eier gleich nach dem Entfalten der Knospen. Rasche Vermehrung. Läuse saugen Blätter aus. Blattkräuselung.

gesammelt von:

....

in Massen schädlich:
Apfelwickler

Schmetterling, Größe 2 cm. Fliegt nachts von Mai bis Juli. Weibchen legt Eier an junge Äpfel. Die Raupen bohren sich in den Apfel ein, er wird „wurmig“.

gesammelt von:

....

in Massen schädlich:
Frostspanner

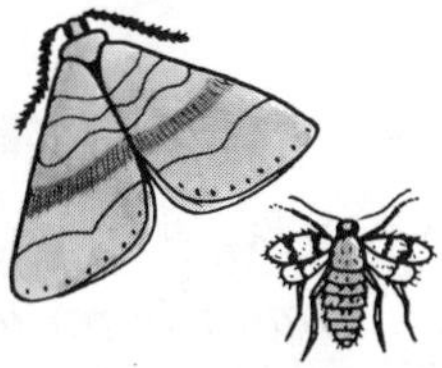

Schmetterling. Nur Männchen flugfähig, Weibchen mit Flügelstummel. Körperlänge 5-8 mm. Z.T. an Leimringen im Frühjahr. Raupen fressen Blüten und Blätter.

gesammelt von:

....

nützlich:
Marienkäfer

Käfer, Größe 5-8 mm, rundlich, rot mit schwarzen Punkten. Käfer und Larven fressen Blattläuse.

gesammelt von:

....

nützlich:
Florfliege

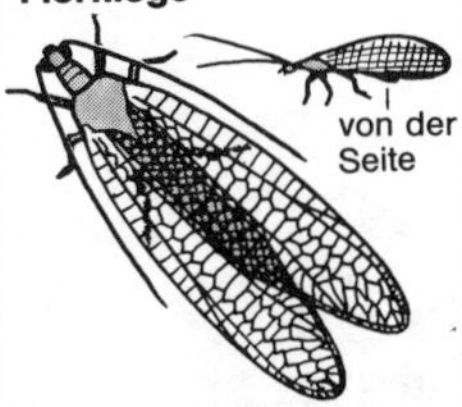

Flügel dachartig zusammengelegt. Körper grünlich, Auge goldglänzend. Die Fliege und ihre Larve fressen Blattläuse.

gesammelt von:

....

nützlich:
Schlupfwespe

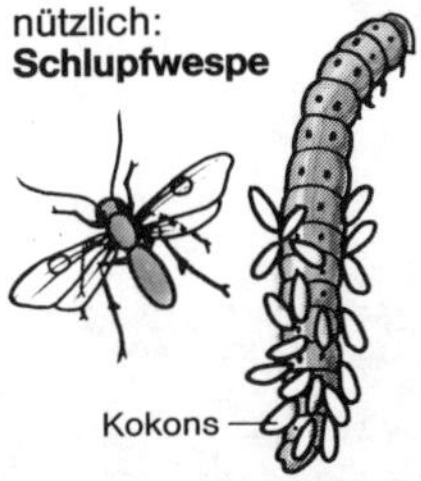

Winzig kleine bis mittelgroße Insekten. Weibchen legen Eier in Raupen, Blattläuse und andere Insekten.

gesammelt von:

....

ohne Bedeutung:
Schnellkäfer

gesammelt von:

....

ohne Bedeutung:
Fliegen

gesammelt von:

....

ohne Bedeutung:
Ameisen

gesammelt von:

....

ohne Bedeutung:
Spinnen

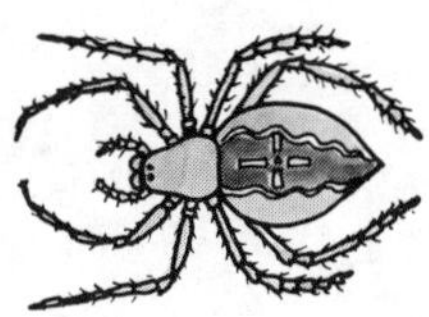

gesammelt von:

....

Bohnentierchen

Durch Auszählen von kleinen Stichproben kann man Populationsgrößen abschätzen. Dieses Verfahren wird mit einer »Bohnensamen-Population« ausprobiert.

Ort:	**Jahreszeit:**	**Gruppengröße:**	**Alter:**	**Zeitbedarf:**
Rasenfläche oder Pausenhof	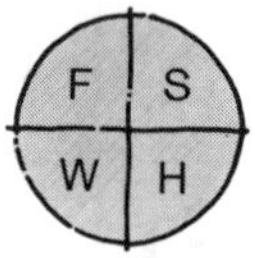	bis 30	ab 12 Jahren	30 bis 50 Minuten

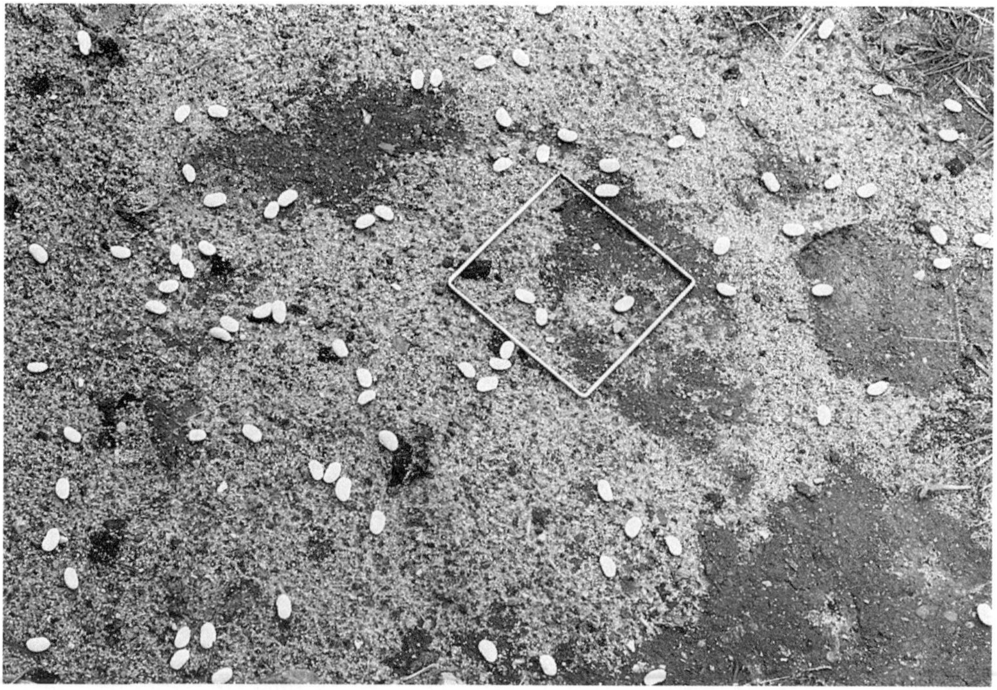

Was man wissen sollte

Alle Pflanzen- und Tierarten leben nicht isoliert, sondern mit ihresgleichen in mehr oder weniger großen Gruppen, sogenannten Populationen. Einige dieser Individuen-Gemeinschaften oder Populationen sind relativ klein, man kann ihre Größe durch Auszählen leicht bestimmen. Andere dagegen sind sehr groß und ihre Individuenzahl kann nur geschätzt werden, da eine vollständige Zählung viel zu viel Zeit beanspruchen würde.
Bei Lebewesen, die sich nicht rasch fortbewegen, besteht die Möglichkeit, die Individuen kleiner, genau ausgemessener Probeflächen zu zählen und diese dann auf die Gesamtfläche hochzurechnen. Meistens wählt man zu diesem Zweck kleine quadratische oder kreisförmige Probeflächen aus. Je nach der zu untersuchenden Organismenart können diese Quadrate unterschiedlich groß sein, meistens zwischen 10×10 cm und 1 m^2. Für unsere »Bohnentierchen« ist eine Fläche von 10×10 cm genau richtig.
Da die Individuen einer Population meistens nicht gleichmäßig über ein Gebiet verteilt sind, muß man an verschiedenen Stellen Stichproben entnehmen und dann aus diesen Einzelergebnissen einen Mittelwert bilden. Der Mittelwert wird mit dem Quotienten Gesamtfläche zu Probefläche multipliziert. Um gute Schätzwerte zu erhalten, ist es wichtig, das gesamte Untersuchungsgebiet mit Stichproben zu versehen und gleichzeitig die einzelnen Stichproben nach dem Zufallsprinzip oder nach einem regelmäßigen Raster auszuwählen. Wichtig ist, daß die Probeflächen von dem Probennehmer nicht gezielt in Gebiete mit besonders hoher oder besonders niedriger Individuendichte gelegt werden. Eine Möglichkeit: Kleine Drahtrahmen werden blind in das Untersuchungsgebiet geworfen; eine andere Möglichkeit: Es wird ein regelmäßiges Raster von Probeflächen über das Untersuchungsgebiet gelegt.

Beispiel:

Das Untersuchungsgebiet ist 100 m^2 groß, das Probequadrat 10×10 cm (0,01 m^2). Man ermittelt 10 Zufallsproben mit den Individuenzahlen 8, 3, 5, 7, 1, 0, 2, 5, 2, 3. Die Summe dieser 10 Proben beträgt 36, der Mittelwert also $36:10 = 3{,}6$. Da in dem Gesamtgebiet $100 : 0{,}01 = 10\,000$ Probeflächen enthalten sind, ergibt sich als Schätzwert für die Gesamtindividuenzahl $3{,}6 \times 10\,000 = 36\,000$.
Um diese Methode der Populationsabschätzung einzuüben, eignen sich kleine Bohnensorten, Erbsen oder Linsen. Sie dienen als Modelle für reale Populationen. Zunächst wird ihre Anzahl genau bestimmt, dann werden sie in einem abgesteckten Gebiet ausgestreut. Nun wird die Probequadrat-Schätzmethode angewandt. Die Ergebnisse können nun mit den genauen Zahlen verglichen werden, und so können Aussagen über die Genauigkeit dieser Methode und die Einflüsse von Stichprobenzahl und Art der Stichprobenentnahme auf das Ergebnis gemacht werden.

Was man braucht

Für jeden Teilnehmer:

1 Quadrat von 10×10 cm aus festem Draht (der Draht kann mit Hilfe einer Flachzange zurechtgebogen werden)
Papier und Bleistift
(feste Schreibunterlage)

Für die ganze Gruppe:

1 große Notiztafel (Hartfaserplatte, Zeichenkarton, Klammern)
1 Filzschreiber
2–3 kg Bohnensamen, Linsen oder Erbsen
4 Markierungsfähnchen
1 Rolle Paketband oder Wäscheleine (etwa 50 m, billigste Qualität)

Was man vorbereiten und bedenken muß

Vor Beginn sollen die Bohnen, Linsen oder Erbsen abgezählt werden. Die Samen müssen nicht unbedingt einzeln gezählt werden. Da sie ziemlich gewichtskonstant sind, kann man auch 50 g abwiegen und zählen und dann das Ergebnis mit 40 bzw. 60 multiplizieren. Auf 1 kg kommen ungefähr 2800 Bohnen.
Als Untersuchungsgebiet eignet sich gut ein kurz geschnittener Rasen. Ebenso gut geeignet sind asphaltierte oder gepflasterte Pausenhöfe, Wege, Turnhallen oder freigeräumte Klassenzimmer.
Messen Sie auf einem Rasen oder einem entsprechenden anderen Gelände 2 × 20 m ab und markieren Sie das Untersuchungsgelände mit Hilfe der Fähnchen und des Bandes. Streuen Sie nun die Bohnensamen auf diesen markierten 40 m^2 aus. Die Verteilung der Samen sollte weder zu regelmäßig, noch zu unregelmäßig erfolgen.

Es geht los!

1. Zeigen Sie den Teilnehmern das abgesteckte Untersuchungsgebiet und erklären Sie: »Hier lebt eine Population von Bohnentierchen«. Nehmen Sie einen Bohnensamen auf und zeigen Sie ihn. »Hat jemand eine Idee, wie wir herausbekommen können, wie viele Bohnentierchen zu dieser Population gehören?«
2. Greifen Sie einige Vorschläge auf. Versuchen Sie, die Aufmerksamkeit auf Ideen zu lenken, die zur Stichproben-Probequadrat-Technik hinführen.
3. Weisen Sie die Teilnehmer vor Beginn der Stichprobenentnahme darauf hin, daß sie folgende Punkte besonders beachten müssen:
   - Es sollten in jedem Falle mehrere zufällige Stichproben entnommen werden. Je größer die Anzahl der Stichproben, desto besser wird auch das Ergebnis. (Schreiben Sie auf die Tafel: Mehrere zufällige Stichproben).
   - Von allen Stichproben muß der Mittelwert M (Gesamtzahl der ausgezählten Bohnen durch die Zahl der Stichproben) gebildet werden. (Schreiben Sie auf die Tafel: M = Gesamtzahl der ausgezählten Bohnen : Stichproben).
   - Der Mittelwert der Stichproben muß mit 4000 multipliziert werden, da die Gesamtfläche 40 m^2 (= 40 × 100 dm^2) enthält (Schreiben Sie an die Tafel: Gesamtzahl = M × Gesamtfläche : Probefläche).
4. Geben Sie nun jedem Teilnehmer ein Drahtquadrat. Jeder Teilnehmer erhält für seine Schätzung 15 Min. Zeit. Sagen Sie, daß Ihnen die genaue Anzahl der Bohnentierchen in der Untersuchungsfläche bekannt ist. Wenn Sie wollen, können Sie für die beste Schätzung einen Preis aussetzen.
5. Wenn jeder Teilnehmer mit dem Auswerfen der Probeflächen, dem Zählen und dem Schätzen fertig ist, werden die Ergebnisse an die Notiztafel geschrieben. Möglicherweise ergeben sich große Abweichungen bei den Einzelschätzungen.
6. Geben Sie nun den vorher ausgezählten Wert bekannt.

Aus Fehlern kann man lernen!

Besprechen Sie nun mit den Teilnehmern, warum die Ergebnisse der Schätzungen so unterschiedlich ausgefallen sind. Mögliche Gründe:
- Proben sind nicht zufällig (Teilnehmer haben sich bewußt Gebiete mit vielen Bohnen ausgesucht),
- unvollständiges Auszählen der Bohnensamen (im Rasen sind die Samen oft schwer zu erkennen, wenn sie unter Blättchen gerutscht sind),
- Rechenfehler,
- einseitige Stichprobenentnahme (viel-

leicht liegen in einer Hälfte der Untersuchungsfläche mehr Bohnensamen als in der anderen. Wenn die Stichproben nur in einer der beiden Hälften entnommen wurden, ergibt sich ein falsches Gesamtergebnis),
- zu wenige Stichproben.

Der letzte Punkt läßt sich leicht überpüfen. Bitten Sie einen Teilnehmer, den Mittelwert aller Schätzungen auszurechnen. Vergleichen Sie diesen Wert mit dem im voraus bestimmten. Warum ist er genauer als die meisten Einzelschätzungen?

Was man noch tun kann

Erklären Sie den Teilnehmern, daß solche Schätzungen und »Hochrechnungen« in der Biologie und in den Sozialwissenschaften eine wichtige Rolle spielen. Dabei ist es für den Forscher jeweils wichtig, daß er nicht weniger, aber auch nicht mehr Stichproben entnimmt, als für die von ihm verlangte Genauigkeit des Ergebnisses notwendig ist. An dem Bohnen-Beispiel kann man leicht ausprobieren, daß eine sehr niedrige Stichprobenzahl zu äußerst ungenauen Ergebnissen führt, während eine Erhöhung der Stichprobenzahl ab einer bestimmten oberen Grenze keinen großen Vorteil mehr bringt. Eine sinnvolle Weiterführung dieser Übung wäre die Bestimmung der Populationsgröße realer Lebewesen (z. B. Regenwurmpopulation aufgrund der Kothäufchen, Gänseblümchen in einer Rasenfläche, Schnecken auf einer Feuchtwiese oder in einem Gartenbeet).

Literatur

Kuhn, K., Probst, W.: Biologisches Grundpraktikum. Band 2. G. Fischer, Stuttgart, New York, 1980. (Kapitel 7: Ökologie, 4. Versuchsgruppe: Bestimmung der Populationsgröße).

Ausführliche Darstellung verschiedener Methoden, Nachschlagewerke:

Dowdeswell, W. H.: Practical Ecology. Methuen, London, 1959.

Seber, G. A. F.: The estimation of animal abundance and related parameters. Griffin, London, 1973.

Das Populationsspiel

Die Zusammenhänge zwischen Futterangebot und Vermehrungsrate einer Tierpopulation werden in einem einfachen Spiel simuliert.

Ort:

Rasenfläche, Pausenhof

Jahreszeit:

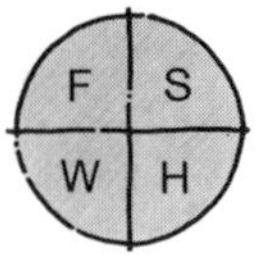

Gruppengröße:

bis zu 30

Alter:

ab 12 Jahren

Zeitbedarf:

30 bis 40 Minuten

Was man wissen sollte

Eine Population ist eine Gruppe von Lebewesen einer Art, die in einem bestimmten Gebiet zusammenleben. Die Populationsgröße (d.h. die Individuenzahl der Pflanzen oder Tiere in dieser Gruppe) kann sich mit der Zeit ändern. Solche Populationsschwankungen können unterschiedliche Gründe haben. Wichtigster Primärfaktor, der auf die Entwicklung der Populationsgröße einwirkt, ist bei Tieren jedoch das Nahrungsangebot.
Im Populationsspiel wird die Abhängigkeit einer Pflanzenfresserherde von ihren Nahrungspflanzen simuliert. Die Spieler untersuchen die Auswirkungen

- der Konkurrenz um ein begrenztes Nahrungsvorkommen,
- der Zerstörung der Nahrungsquellen durch Überpopulation,
- der Abwanderung der Tierherde in neue Nahrungsgebiete.

Das Spiel soll helfen, die dynamischen Beziehungen zwischen Populationsgröße und Nahrungsangebot eines bestimmten Gebietes zu verstehen. Der Begriff der »Nahrungskapazität« eines Gebietes soll eingeführt werden: Man versteht darunter die größte Individuenzahl, die ohne Verminderung des Nahrungsangebotes längere Zeit in einem Gebiet ernährt werden kann.

Was man braucht

Für jeden Teilnehmer:

10 Spielkarten einer Farbe für das alte Weidegebiet der Herde
6 andersfarbige Spielkarten für das neue Weidegebiet
4 Plastiktüten

Für die ganze Gruppe:

12 Fähnchen für die Markierungen von drei Weidegebieten (Bambusstock mit Schlitz, Karteikarte)
1 Stoppuhr
1 Notizbrett mit einer Tabelle
1 Filzstift

Was man vorbereiten und bedenken muß

Besonders gut geeignet für das Spiel ist eine Rasenfläche. Es kann jedoch auch auf einem asphaltierten Pausenhof und bei kleineren Gruppen auch in der Turnhalle oder in einer Aula gespielt werden.
Als »Weideland« wird eine Fläche von etwa 1500–2000 m² abgesteckt. Die Form dieser Fläche spielt keine Rolle. Natürliche Grenzen (Wegränder, Beete) können mitbenutzt werden. Nun werden zehnmal so viele Spielkarten auf diese Fläche ausgestreut, wie Spieler teilnehmen. Bereiten Sie dann in einiger Entfernung und zunächst für die Spieler unsichtbar 1–2 »neue Weidegebiete« vor, in denen Sie die andersfarbigen Spielkarten – sechsmal so viel wie Mitspieler – verteilen.
Bereiten Sie auf der Notiztafel hierfür eine Tabelle vor (vgl. Tabelle S. 232).

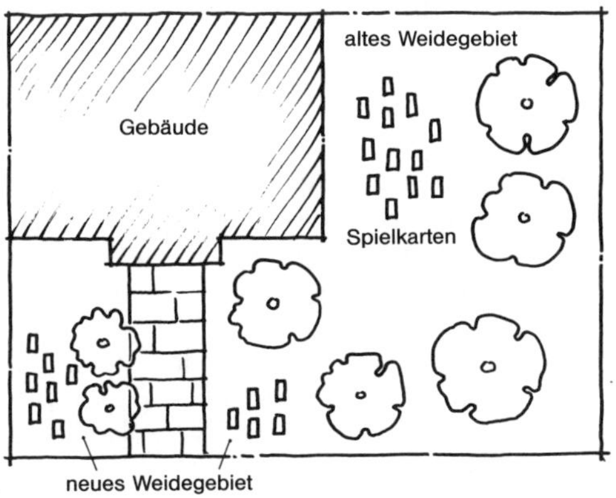

Es geht los

Erklären Sie den Teilnehmern die Spielregeln. Dabei sollten die Teilnehmer sitzen.

- Jede Plastiktüte bedeutet ein Tier, z.B. ein Reh. Alle Tüten zusammen stellen die Population dar. (Definieren Sie »Population« als eine Gruppe von Lebewesen einer Art, die in einem bestimmten Gebiet zusammenleben).
- Ein Spieler kann mehrere Tiere haben.
- Jede Spielkarte bedeutet eine Futterpflanze.
- Das Spiel geht über 5 »Jahre«; jedes »Jahr« dauert 1 bis 2 Minuten; Anfang und Ende jeden Jahres werden vom Spielleiter angesagt.
- Die Aufgabe der Spieler ist es, genügend Nahrung für ihre Tiere zu sammeln. Damit ein Tier eine Spielrunde überlebt, muß es mindestens 5 Spielmarken »fressen«; es wird dann gerade satt. Maximal kann es 10 Spielkarten »fressen«; es ist dann »übersättigt«.
- Jedes Tier, das ein »Jahr« überlebt, vermehrt sich auch, d.h. der betreffende Spieler bekommt im nächsten Jahr eine weitere Plastiktüte.

Spieler dürfen nicht zusammenarbeiten.

Das erste Jahr

1. Geben Sie jedem Teilnehmer eine Plastiktüte (ein Tier).
2. Die Spieler sollen sich nun entlang der Grenzen des Weidegebietes aufstellen.
3. Geben Sie das Startsignal und drücken Sie die Stoppuhr. Die Spieler sollen nun im Weidegebiet so schnell wie möglich Spielkarten sammeln.
4. Geben Sie – je nach Größe des Areals – 1 bis 2 Min. Zeit zum Sammeln. Rufen Sie dann die Teilnehmer wieder zusammen und kontrollieren Sie, wie viele Tiere überlebt haben.

Einführung in das zweite Jahr

Erklären Sie den Spielern erneut, daß eine Population durch Fortpflanzung wächst. Dies soll dadurch simuliert werden, daß für jede Tüte, die mindestens 5 Spielkarten »gefressen« hat, eine neue Tüte ausgeteilt wird. Nach der ersten Spielrunde werden so alle Teilnehmer zwei Tüten bekommen.
Das Einsammeln und Ausgeben der Tüten sowie das Notieren der Überlebenden muß gut organisiert werden. Am besten geht das mit 4 Personen: Eine Person sammelt die leeren oder nur teilweise gefüllten Tüten ein und leert sie aus. Eine zweite Person sammelt die vollen Tüten ein und führt eine Strichliste. Eine dritte Person gibt für jede volle Tüte zwei leere Tüten aus. Eine vierte Person füllt die Tabelle auf der Notiztafel aus.

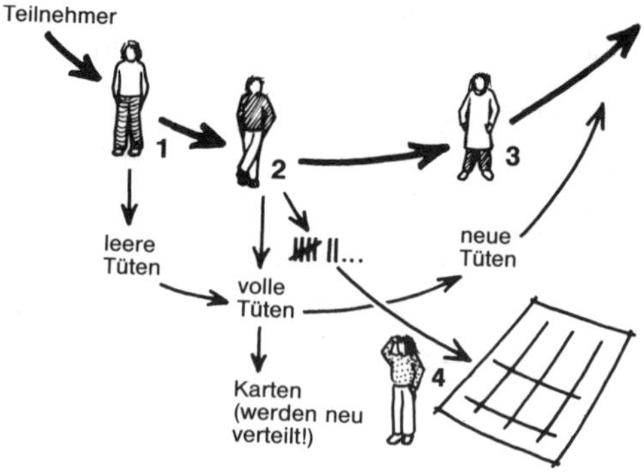

Verteilen Sie nun mit den Helfern die eingesammelten Futterkarten wieder im alten Weidegebiet.

Das zweite Jahr

1. Erklären Sie den Spielern, daß die Populationsgröße nun zu Beginn des zweiten Jahres erheblich größer ist als zu Beginn des ersten Jahres. Nennen Sie die beiden Zahlen, die auf der Anschreibetafel aufgeschrieben sind. Lassen Sie die Spieler

vorhersagen, wie viele Tiere die zweite Runde überleben werden.
2. Nach dem Startsignal muß wieder jeder Spieler 1–2 min Karten sammeln.
3. Nach Ablauf des zweiten Jahres werden erneut die Überlebenden gezählt und für jeden Überlebenden wird eine neue Tüte ausgeteilt. Vergleichen Sie die tatsächliche Zahl der »Überlebenden« mit den Voraussagen!

Einführung in das dritte Jahr

Nach der »Vermehrung« müssen nun manche Spieler für 4 Tiere Futter sammeln. Verteilen Sie die Spielkarten erneut im »Weidegebiet«.

Das dritte Jahr

Das dritte Jahr wird genau wie das zweite Jahr gespielt. Wieder werden die Ergebnisse in die Tabelle eingetragen.

Einführung in das vierte Jahr

Erklären Sie den Spielern, daß im letzten Jahr eine besonders große Tierpopulation nach Futter gesucht hat. Dadurch sind viele Pflanzen verschwunden, und es ist nicht genügend Futter nachgewachsen. Behalten Sie deshalb ein Viertel der eingesammelten Futterkarten und verteilen Sie für die vierte Runde nur dreiviertel der Karten in dem Weidegebiet.

Das vierte Jahr

1. Weisen Sie zu Beginn auf die große Zahl der Tiere hin, die in diesem Jahr um das knapper gewordene Futter konkurrieren. Lassen Sie die Überlebenschancen schätzen.
2. Geben Sie das Startsignal und verfahren Sie wie in den Jahren 1–3.

Einführung in das fünfte Jahr

Fragen Sie die Teilnehmer, was eine Tierherde tun kann, wenn ihr altes Weideland nicht mehr genügend Futter hervorbringt. Es soll dabei auf die Möglichkeit aufmerksam gemacht werden, daß Tierpopulationen in neue Weidegründe abwandern. Erklären Sie den Spielern nun, daß sie im fünften Jahr ebenfalls die Möglichkeit haben, neues Weidegebiet für ihre Tiere zu suchen. Geben Sie vor Beginn des fünften Jahres die Richtung an, in der diese neuen Weidegebiete liegen. Verteilen Sie im alten Weidegebiet die gleiche Kartenmenge wie im vierten Jahr.

Das fünfte Jahr

1. Stellen Sie sich so, daß Sie altes und neues Weideland überblicken können.
2. Geben Sie das Startsignal zum Kartensammeln.
3. Geben Sie das Zeichen für die Beendigung des fünften Jahres und rufen Sie die Teilnehmer zusammen. Zählen Sie die »Überlebenden« in beiden Weidegebieten und notieren Sie wie in den vorigen Runden. Wie hat sich die Abwanderung ausgewirkt?

Was man aus dem Populationsspiel lernen kann

Die Auswertung des Populationsspiels kann im Freien vor dem Anschlagbrett oder im Klassenzimmer an der Tafel geschehen. Besprechen Sie folgende Fragen:
1. In welcher Runde war es am einfachsten für die Tiere, zu überleben? In welcher Runde war es am schwierigsten? Warum?
2. Welche Faktoren beeinflussen sich wechselseitig? (Die Futtermenge und die Anzahl der Tiere, die um das Futter konkurrieren).
3. Was passiert, wenn man Wildtierpopulationen regelmäßig füttert? Welche Folgen

Jahr	Zahl der Tiere am Anfang	Zahl der überlebenden Tiere
1	19	19
2	38	28
3	56	26
4	52	18
5	36	31

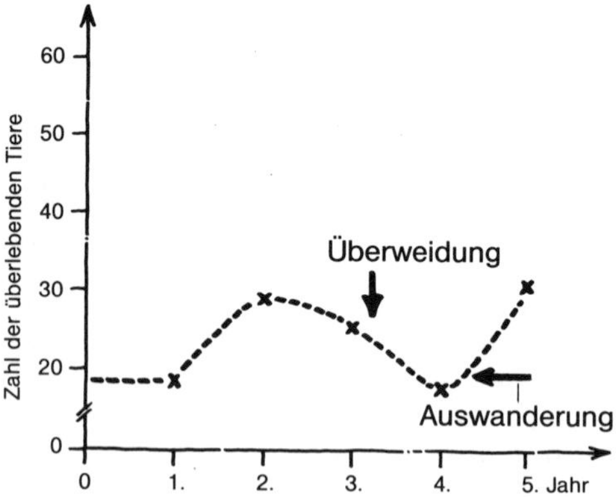

hat es, wenn die Fütterung plötzlich eingestellt wird?

4. Durch welche äußeren Faktoren kann die Populationsgröße vermindert werden? (Natürliche Feinde, Verhungern, Krankheiten).
5. In welchem Verhältnis steht das Ansteigen der menschlichen Population zu dem Anwachsen anderer Tierpopulationen?

Es empfiehlt sich, die Entwicklung der Population in den fünf Jahren grafisch darzustellen (vgl. Abb.). Stellen Sie nun dieser Kurve der Populationsentwicklung reale Populationskurven gegenüber. Überlegen Sie gemeinsam, welche Bedeutung die Veränderung der Populationsgröße einer Pflanzenfresserpopulation auf die von ihr abhängige Beutegreiferpopulation hat.

Literatur

DYLLA, K., KRÄTZNER, G.: Das biologische Gleichgewicht. Biologische Arbeitsbücher. Band 9. Quelle & Meyer, Heidelberg, 1984.

STRUGREN, B.: Grundlagen der allgemeinen Ökologie. G. Fischer, Stuttgart, New York, 1978.

Auslese

Bei einem Suchspiel zeigt es sich,
daß Tarnung eine wichtige Anpassung sein kann,
die die Auslesechancen mehrt.

Ort:
Rasenflächen, Sportplatz

Jahreszeit:
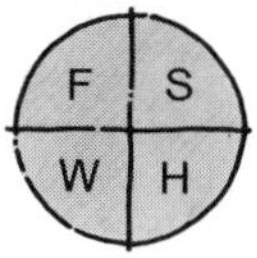

Gruppengröße:
bis zu 30

Alter:
ab 12 Jahren

Zeitbedarf:
60 Minuten

Was man wissen sollte

Charles Darwin und Alfred Russel Wallace haben 1858 erkannt, daß die richtungslose Variabilität der Organismen, die Überproduktion an Nachkommen und die anschließende Auslese der besser Geeigneten wichtigste Faktoren der Evolution sind. Neben der Auslese oder Selektion der besser Geeigneten kennt man heute noch einige andere Evolutionsfaktoren. Doch wird die Anpassungsselektion nach wie vor als ein sehr wichtiger Faktor für die Höherentwicklung der Lebewesen angesehen.

Das »Geeignet-sein«, die sogenannte Fitness eines Lebewesens, hängt von seiner jeweiligen Umwelt ab. Dabei kann eine entscheidende Rolle spielen, wie leicht ein Tier von seinen Freßfeinden entdeckt werden kann. Viele Beutetiere sind zum Schutz von ihren Räubern mehr oder weniger gut getarnt. Farbige Anpassung, Tarnmuster, unkenntlich machende Formen sind weit verbreitete Eigenschaften, die dem Beutegreifer das Auffinden der Beute erschweren. Solche Anpassungen werden als eine Folge der Selektion gedeutet. Ein gutes und vielzitiertes Beispiel, das die Herausbildung einer solchen Anpassung in geschichtlicher Zeit zeigt, ist der Industriemelanismus von Birkenspannern, der sich in bestimmten Industriegebieten, z.B. um Manchester, zeigte. Innerhalb eines Jahrhunderts wechselte die Färbung der Tiere von überwiegend weiß zu überwiegend schwarz. Die schwarzen Falter haben an flechtenlosen, oft auch noch dunkel berußten Borken der Industriegebiete – wie Kettlewell 1956 experimentell zeigen konnte – eine deutlich höhere Fitness als die hellen.

Im Auslesespiel sind die Spieler die Räuber. Die Beutetiere werden durch verschiedenfarbige Spielmarken symbolisiert. Als Biotop dient eine Rasenfläche oder ein Stück des Schulhofes, ein Feldweg oder ein Sportplatz. Das Spiel läuft dann nach folgendem Grundmuster ab: Die unterschiedlich gefärbten oder sich unterschiedlich deutlich von der Umgebung abhebenden Spielmarken werden in die Spielfläche verteilt. Die genaue Anzahl der verschiedenen Spielmarkentypen wird auf einer Anschlagtafel notiert. Auf ein Signal hin erhalten die Teilnehmer den Auftrag, möglichst schnell eine bestimmte Anzahl von Spielmarken im Spielfeld zu sammeln und dann zu der Anschlagtafel zurückzukehren. Nun vermehren sich die verbleibenden Spielmarken, und die Teilnehmer werden dann erneut auf die Suche geschickt. Dies wird mehrfach wiederholt, und zum Schluß kann man feststellen, daß die unkenntlich machenden Formen und Farben sich am besten vermehrt haben, während auffällige Markentypen verschwunden sind – sie waren nicht angepaßt und wurden gefunden.

Was man braucht

Anschlagtafel mit vorbereiteter Tabelle (vgl. Abb. S. 235)

500–1000 Spielmarken verschiedener Typen. Wir empfehlen Kieselsteine, die teilweise mit Ölfarbe gefärbt wurden (anmalen, eintauchen). Ebenso geeignet sind jedoch Holzstückchen, Kartonstückchen, Bierdeckel usw.

4 Papierfähnchen zum Abgrenzen des Spielfeldes (evtl. kann man zusätzlich mit Sägemehl oder Talkum eine Grenzlinie markieren).

Was man vorbereiten und bedenken muß

Als Spielfeld eignet sich jede offene, nicht von zu hoher Vegetation bestandene Fläche, z.B. ein Parkrasen, ein Sportplatz, ein Schulhof oder ein Weg. Besorgen Sie sich etwa 500 bis 1000 Kieselsteine gleicher Größe (Kies wird nach Größen sortiert verkauft). Die Steine sollten wenigstens einen Durchmesser von 2–3 cm haben.

Nun besorgen Sie sich einen kleinen Eimer

wasserfeste Wandfarbe (Außenanstriche) und verschiedene kleine Farbtuben zum Beimischen. Stellen Sie in Joghurtbechern verschiedene Farbtöne her. Es sollten dabei einige sehr gut an den Untergrund des Spielfeldes angepaßte Farben und einige auffällige Farben sein, z.B. weiß, rot oder gelb. Einige Steine können Sie auch ungefärbt lassen. Am besten probieren Sie mit einigen Probesteinen aus, wie leicht sie sich im Spielgebiet finden lassen.
Füllen Sie jeweils 100 gleichgefärbte Steine in Plastiksäcke oder Papiertüten. Bereiten Sie für die Anschlagtafel eine Tabelle wie oben abgebildet vor.
Verteilen Sie vor Beginn des Spiels die erste »Bevölkerung« (Population) von Spielsteinen: z.B. je 10 Steine in 10 verschiedenen Farben. Kleben Sie einen Stein jeden Typs auf die Tabelle der Anschlagtafel. Hierzu nehmen Sie einige Kinder als Helfer; auch beim Folgenden!

Es geht los!

1. Versammeln Sie die Teilnehmer um die Anschlagtafel und zeigen Sie die Spielsteine: »Stellt Euch vor, Ihr seid Raubtiere und das sind Eure Beutetiere, die Euch besonders gut schmecken.«
2. Zeigen Sie den Teilnehmern das Spielfeld: »In diesem Feld sind 100 Beutetiere versteckt. Wenn ich jetzt gleich das Startzeichen gebe, soll jeder von Euch so schnell er kann zwei (3, 4 ...) Beutetiere

suchen und hierher bringen.« (Es empfiehlt sich, in einer Runde etwa die Hälfte der ausgebrachten Spielsteine einsammeln zu lassen. Bei 25 Teilnehmern kämen dann auf jeden Teilnehmer 2 Steine, bei 10 Teilnehmern auf jeden Teilnehmer 5 Steine).

3. Geben Sie das Startsignal. Die Teilnehmer rennen nun in das Spielfeld, suchen ihre Steine und bringen die Steine zur Anschlagtafel zurück.
4. Die Steine werden nun nach Farben sortiert. Stellen Sie die Anzahl der Steine für jede Farbe fest, und schreiben Sie diese Zahl in das dafür vorgesehene Kästchen der Tabelle. Aus der Differenz von gesammelten Steinen und Ausgangspopulation erhalten Sie die Zahl der noch im Spielfeld vorhandenen Steine. Tragen Sie diese Zahlen in die dritte Zeile der Tabelle.
5. Jeder der »überlebenden« Steine darf sich nun um einen Stein vermehren. Entnehmen Sie hierzu aus den Vorratsgefäßen so viele Steine der verschiedenen Farben, wie in der dritten Zeile angegeben sind. Verteilen Sie selbst diese neuen Steine im Spielfeld und lassen Sie währenddessen einen Mitspieler die Zahlen für die erste Tochtergeneration (F_1) in die vierte Zeile der Tabelle eintragen (Zahlen der dritten Zeile verdoppeln).
6. Geben Sie das Startsignal für die zweite Runde.
7. Die Auswertung der zweiten Runde entspricht der Auswertung der ersten Runde. Spielen Sie etwa fünf Runden lang. Lassen Sie nach der letzten Runde alle Steine vom Spielfeld einsammeln und ordnen Sie die Steine nach Farben sortiert auf einen weißen Karton.

Auslesen und Anpassen

Weisen Sie darauf hin, daß zu Beginn des Spiels alle Steinsorten gleich häufig waren. Welche Steinsorte ist nun die häufigste? Welche Steinsorten wurden »ausgerottet«? Haben sich die Steine angepaßt oder wurden sie angepaßt?
An dieser Stelle bietet es sich an, zu besprechen, was man unter Anpassung und Angepaßt-sein in der Biologie versteht: Die gesamte »Population« der Steine ist am Ende des Spiels besser an ihre Umgebung angepaßt als vorher. Aber sie *hat* sich nicht angepaßt, sie *wurde* angepaßt. Die Spieler haben dafür gesorgt, daß die Steine häufiger wurden, die sich weniger leicht finden lassen. Die Steine haben dazu selbst nichts beigetragen. Erklären Sie, daß in natürlichen Populationen die Vielfalt der Formen und Farben durch Mutationen entsteht. Überlegen Sie gemeinsam, wie man bei diesem Spiel ebenfalls »Mutationen« herstellen könnte.

Literatur

KUHN, K., PROBST, W.: Biologisches Grundpraktikum. Band 2. G. Fischer, Stuttgart, New York, 1980.
SCHILKE, K.: Modellversuche zu den Evolutionsfaktoren. Unterricht Biologie, Heft 3, 54–60, 1976.

Alphabetisches Verzeichnis der Aktivitäten

Sachverzeichnis